英ケント大学准教授
ヴァイバー・クリガン＝リード
Vybarr Cregan-Reid
水谷 淳・鍛原多恵子 訳

飛鳥新社

サピエンス異変——新たな時代「人新世」の衝撃

もくじ

プロローグ——私たちの身体に異変が起きている

私がはじめて腰痛を経験したのは、一九九〇年代はじめにコンピュータを使いはじめたころのこと。新しい勤務先の私のオフィスには椅子があり、机は窓際にあって、そこからの眺めはすばらしかった。まだすべてが単純明快な時代で、マウスにはボールがあった。不埒な輩がまだ電子メールを発明していなかったから、郵便受けは書類や学内郵便であふれていた。

理由は知らないが、私の机の上の壁にA3サイズの絵が貼ってあった。何かの検査に使うダミー人形のようなものを描いた絵だ。人形は球体の関節を持ち、その可動域が線で示されている。背中はまるで銃身のように真っすぐで、両足は床の上にきちんとそろえて置かれていた。

それは、私の（そして私がやって来る前の臨時職員の）姿だった。完璧に固定された姿勢で机の前に座ったサイボーグであり、レーザーマイクロメーターで測ったようにきっかり九〇度で組み立てられた、人間と機械の理想的な融合体だった。この絵の労働者は理想的な従業員で、手を休めたり、おしゃべりしたり、だらしなく座ったりしない。椅子の上で動くことはなく、仕切り越しに噂話をすることもない。視線の先はつねに画面上にあり、身長がコンピュータの高さと完璧に一致している。この静止した「よい」姿勢をとっているおかげで、この人物には何も悪いことは起こらない。

この絵は当時の私にさえ作り話に思えた。そんな姿勢で働く人などいない。すべてが人間工学的に最適化された人間など誰一人いないのだ。固定された姿勢で座る人は、反復運動過多損傷（ＲＳＩ）、眼精疲労、座骨神経痛、そのほか座った生活や労働に関連する多数の病気のどれかに苦しむことを避けられない。

このライフスタイルが私の腰痛の原因である。私の身体が現代生活を送るには軟弱すぎたわけではなく、人体はそもそもこのような生活を送るようにできていないのだ。現在では、どのような姿勢であれそのまま動かないことが腰痛の原因の一つであることが知られている。

しかし、これは私の物語ではない。

私は、身体が現代生活によって変えられてしまった数十億人の一人にすぎない。エアコン、快適なベッド、長寿命など、現代生活に感謝すべき点がたくさんあるのは事実だ。私たちの生活水準は中世の君主をしのぐ。現代生活の利点は、無痛の虫歯治療、便利な交通手段、無数の処方薬そのほか多数ある。

もちろん、私たちはこれらの利点には感謝すべきだ。しかし、多くの問題の大半が現代の生活によって生み出されたことを思い起こせば、感謝の念も湿りがちになるだろう。

この本を読んでいる方々の多くは、自然死ではなくミスマッチ病による死を迎えるはずだ。だがそれは、正しい（あるいは誤った）ＤＮＡを持って生まれてきたからではない。ミスマッチ病は、身体とその身体が置かれた昨今の環境との緊張関係によって生じると考えられている。

これらの病気はいずれも私たちにはなじみ深い。たとえば、２型糖尿病は人類の誕生時から存在したものの、旧石器時代のヒト族（ホミニン）の環境と食事ではこの病気の遺伝子が発現することはほとんどなかった。当時、この病気につながるような加工食品も甘い食品もほぼ存在しなかった。時を二〇〇万年下ると、同じ遺伝子が有害な環境にさらされている。いまや、アボカド一個よりジャム入りドーナッツを一袋買うほうが安い。

初期人類はおそらく一年に大さじ一〇杯ほどの糖を摂(と)ったと思われるが、現代の欧米諸国ではこれが毎日の糖摂取量だろう。

こうした変化がどれほど速く起きているか、環境がどれほど速く変化しているか、私たちの身体が時代に「そぐわなくなった」のがどれほど最近かを示す円グラフを描こうとすると、少々苦労するだろう。人類史上の各革命を含む円グラフを描こうとしても、はっきり描けるのは私たちが農耕をしていた一万年のみだ（私たちの種(しゅ)としての寿命と比べてあまりに短い）。人類は途方もなく長いあいだ狩猟採集をした。都市の誕生や産業革命以降、あるいは私たちが座って仕事してきた期間を、私たちは人間の基準で考え、それが正常だと思う。それが伝統であり、何世代にもわたってずっとそうだったと考える。ところが、これらの期間はどれも人類史スパンで見ればほんの一瞬にすぎず、グラフには表わせない。コンピュータの画面上では一ピクセル分にも満たないのだ。

ここで人類史全体を、午前九時から午後五時の標準的な一日の労働時間で表わしてみよう。すると、農業革命が起きるのは午後四時五八分だ。四時五九分台の終わり近くになっても、小規模な都市すら建設されていない。産業革命？　それに気づくにはかなり目がよくなくてはならないだろう。それは四時五九分五八秒にはじまる。私たちが使っているテクノロジーは、くしゃみをするほどの時間で生まれては消える。

その結果、私たちの身体はこうした変化による衝撃に苦しんでいる。

現代生活は、氷水に飛びこむくらい、人体に緊張を強いる。人体はみずからを現代生活から守り、

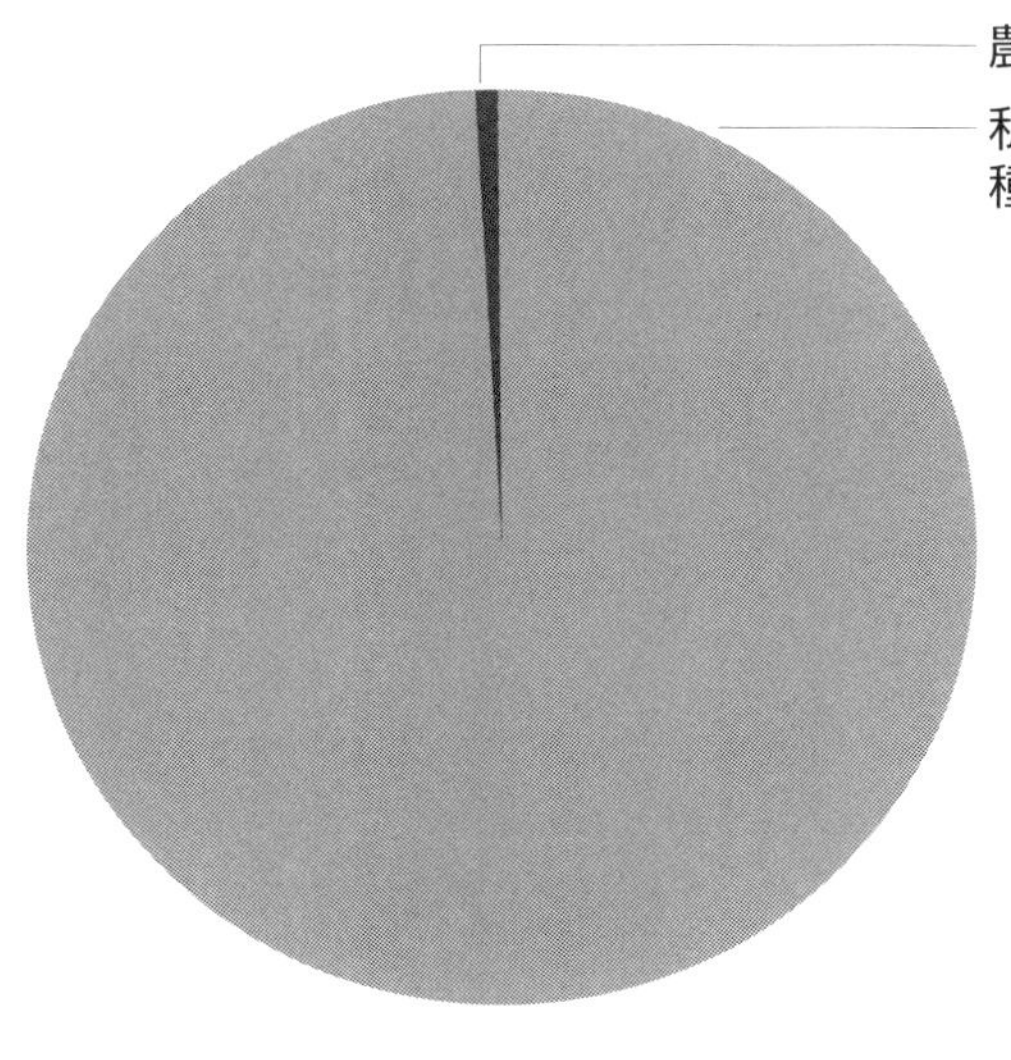

この円グラフでは、都市革命と産業革命はどちらも計算にふくめたが、種の寿命に比してあまりに小さく、それとわかるように印刷することはできない。

またそれに対応して変容させてきた。人類史上はじめてなじみのない都会の環境に放りこまれた私たちの大脳辺縁系は、すさまじいまでの神経緊張にさらされる。この環境は意識のレベルでは正常に思える。しかし無意識のレベルでは、伝統的な食糧源や水源が見つからないことから、私たちの原始的な脳は自分たちが過酷な砂漠に住むことを選んだと考える。

現代生活では、遺伝子組み換え食品、仮想現実、拡張現実、人工知能（ＡＩ）などのイノベーションが泉のごとく湧き出て、多くの職がロボットに奪われつつある。そこで、狩猟採集（私たちの身体はそれをするように進化した）時代のように野外で活動しようとすると、新たな病気に見舞われる。

こうした野外活動の欲求は私たちの合理的な思考過程とかけ離れているが、人体は野外活動によって最大の報酬を得る。活動の種類はおどろくほど多い。この欲求に応える方法はあるのかもしれない。奇妙なことに、手がかりは現代を生きる私たちの全身に、まるでタトゥーのように刻み込まれている。つま先から膝や腰まで、関節、骨盤、胸腔、肩周り、腕から手の指先まで、曲線を描く脊柱、ゆがんだ顔、傾(かし)いだ頭のてっぺんまで、変化が身体中に現われている。それを読み解くことさえできれば、私たちのたるんだ身体を元に戻せるだろう。

本書では、私自身の身体が読者のみなさんと共有する特徴をいくつか例に挙げた。それはごくふつうの欧米の男性の、標準的で健康な肉体だが、いましも中年の足かせをはめられ、数十億人とまではいわずとも数百万人が共有する病気に苦しめられようとしている。現代人の身体を完全に理解するには、母乳哺育(ほいく)、避妊薬、美容整形、抗生物質から、身体のあらゆる場所にできるがん、アレルギーまで種々のテーマの本が必要になる。だが焦点は、人類史上の重大な局面で特定の身体部位が注目されたかどうか、そしてその重大な局面でその身体部位にどのような影響が与えられたかにある。

人類史をざっくり眺めたところで、私たちがどのような生き物になろうとしているのかというテーマに移ろう。

「人新世」とは何か

私たちの外見と、私たちが動き、休み、眠り、考え、食べ、集まり、連絡し合うやり方は、ホモ・サピエンスがおそらく三〇万年以上前にこの地上をはじめて歩いたときから見ると劇的な変化を遂げてきた。当時からさほど進化していないにもかかわらず、農耕、灌漑(かんがい)、計画、建設、採鉱、掘削、検査、周辺へのごみの廃棄にひたすら励んできた結果、私たちは自分たちをとり巻く環境によって変化させられてきた。そして、種としての自分たちの営みが環境に与えてきた甚大な影響にもとづいて命名された、人類史上で特異な時期を迎えようとしている。

一年前のこと。英文学部のゼミで一九世紀の文豪チャールズ・ディケンズと都会の暮らしについて講義していたとき、私はこんな比較的やさしい問いを学生たちに投げかけた。

「私たちは何という地質年代にいるのだろうか？」

中学生のころなら答えられただろうが、大人になると、もうとっくに答えを忘れてしまっているような質問だ。

ところが、それは答えるのが難しい問いでもあった。

地質年代は一九世紀に定義されたものの、定義した当の専門家たちは地質年代がどれほど古くさかのぼるのかを把握してはいなかった。数千年、たかだか数百万年くらいだろうと考えていたのだ。しかし、二〇世紀初頭に放射年代測定法が確立されると、地球の地質年代が四五億年前までさかのぼることがわかった。

歴代の地質学者による努力のおかげで、私の質問には少なくとも一つの正しい答えがある。だが、じつはもう一つ別の答えもある。

一つ目の答えは、約一万一七〇〇年前に最終氷期が終わったのちにはじまった「完新世（かんしんせい）」である。それは地球史上約一〇万年続いた氷期後に訪れた、比較的安定した温暖な時期だ。

完新世にまつわる不思議な現象の一つに、その期間がかなり短いことがある。たとえば、その前の「更新世（こうしんせい）」（人類はこの時代に進化した）は何と二五〇万年続いた。

最終氷期は人体にとって過酷だった。寒冷期と温暖期が少なくとも二〇回にわたって交互におとずれ、地球上の温度はいまより平均五度低かった。大量の水が巨大な氷床に固定されて大気中の水分が少なくなったため、地球は極度に乾燥していた。仮にこれらの厳しい寒冷期がなかったら、現在の地球上に私たちと異なる人類種も現存していたかもしれない。

二つ目の答えは、「人新世（じんしんせい）」（アントロポセン）だ。

この用語は「人間」を意味するギリシャ語（anthropos）と、「近年」または「新しい」を意味するギリシャ語（kainos）に由来する。

数年前にこの造語を発案したのは、ノーベル賞を受賞した大気化学者のパウル・ヨーゼフ・クルッツェンだった（ただし一八七三年に、イタリアの地質学者アントニオ・ストッパーニが「人類の地質時代（anthropozoic era）」という類似の用語をすでに提案している）。

人新世という言葉はまだ一般にはあまり知られていないが、もうすぐそうなる。この本の英語版が出版されて一年くらいのうちに、正式な地質年代名として認められる予定になっているからだ。今後一〇年で、子どもたちが学校から帰ってきてこの用語について親に話すようになるだろう。そのころには、バスでたまたま隣に座った男性もこの用語を知っているにちがいない。一〇〇年後、人びとはまだこの用語について考え、書き、話しているだろう。五〇〇年後……いや、先回りするのはよそう。

人新世という名称はもう正式に採用される寸前だ。こうした用語を正式に認める時期や名称そのものについて議論し決定するのは、国際地質科学連合の会員たちだ。一九六一年に創立されたこの連合は、地質学における国際協力の確立を目標に掲げている。

二〇〇九年、人新世の証拠を集める作業部会が立ち上げられた。旧来の地質年代を変えるという提案に、会員たちが戸惑いを覚えたのも無理はない。累代（るいだい）、代（だい）、紀（き）、世（せい）、期（き）と整然と下位区分された地質年代表は、化学の周期表にも似て美しく、簡略で、簡潔で、網羅的だ。表中のすべての名称の背後には物語があるだけでなく、私たちが暮らす世界の、完璧であるとはいえ理解の難しいバージョンなのだ。周期表が軽々しく変更されることがないように、新しい地質年代がはじまったという考えも、とうてい受け入れがたく思われた。地質年代表の新しい世を確立するための証拠は、地球の一部ではなく全体から得られなくてはならないからだ。

　作業部会は、地球、その大気、海洋、野生生物が人間によって永遠に変化させられたことを示す圧倒的な証拠がある、と結論づけた。現在私たちが経験している変化は、最終氷期が残した変化と変わらないほど大きい。その変化の証拠の多くは、私たちが日常生活では見かけないようなものだ。新たな世を示す全球的な証拠を見つけようとすると、地球上に新しい鉱物が突然増えたことに気づく（人類はその発明の才によって多くの新化合物をつくり出してきた）。多くの核実験が残した放射性同位体も地球上のすみずみで見つかる。土壌に含まれるリン酸塩と窒素（人工肥料の残りかす）の、危険なまでに高い濃度も証拠になる。そして人新世に暮らす人ならみな知っている諸問題がある。プラスチック公害、世界全体に拡散したコンクリート粒子、ニワトリの骨。ニワトリの骨が証拠になるのは、人類の食糧として飼育されたおびただしい数のニワトリの残骸が、いま急速に化石記録の一部となりつつあるからだ。人類の食糧となるべく大量生産された現代のニワトリは、わずか数十年前のニワトリより大きく肉付きもいい。私たちの行動のおかげで、いまや人新世の人類のみならず人新世のニワトリまで存在するのだ。

　以上は私たちの理解を超えるようにも思えるが、それは私たち自身の身体が変化したことを明確に示す例なのだ。動物の大きさ、形、身体は人為的介入の結果大きく変化してきた。これらの変化はイヌの品種改良と同じく無害に思えるかもしれない。だが、実際のところそれは、とるに足りないように思える繁殖や飼育の管理によって、複雑な生き物がどれほどたやすく変化するかを教えてくれる。人類の変化にしても、いくらか複雑度を増すとはいえこれと同じ経路をたどるのだ。

　大きく複雑な人体では、遺伝子は数千年をかけて選択される。一方で、あとで見ていくように、文化的な変化は三〇年もあれば人体に組み込まれる。


　人類史における重要な転機は、世界の異なる地域で起きた、狩猟採集から農耕への移行だった。コメは紀元前一万三〇〇〇年ごろに中国で、ヒヨコマメやレンズマメなどのマメ類は紀元前一万一五〇〇年ごろに中東で作物となった。メソポタミア（現在のイラク）では、ブタが紀元前一万五〇〇〇年ごろという早期に家畜となり、ヒツジはそれから二〇〇〇年から四〇〇〇年後に、ウシはずっとあとの紀元前一万年ごろに家畜化された。約四〇〇〇年にわたる期間を革命と呼ぶのも変かもしれないが、それはまごうかたなく「農業革命」だった。

　人類が狩猟採集から農耕への移行によって周辺環境との関係を大きく変えた結果、今度は人類の身体が変わりはじめた。新たな食性によって胃だけでなく顔まで変わった。もともとあった歯の数（いまでも同じ）は必要な数を超えてしまった。食事が柔らかくなった結果、あごが十分に発達して広がらず、不正咬合（こうごう）が生じた。すべての歯が頭に収まり切らなくなったのだ。炭水化物中心の食事は虫歯の増加につながった。私たちの遺伝子も何とかこうした変化についていこうとするが、一貫性にとぼしく速度も遅い。つまり、ここに進化の出番はないのだ。健康や幸福、繁殖期後の痛みや病気について、進化は気にもとめない。一万年は、種全体の時間から見ればあまりに短い（11ページの図参照）。

　しかし、私たちはその短い時間であくせくと世界を変えてきた。岩石圏を変え、他種に介入し、海洋を汚染し、地層に穴を掘った。人新世を生きる人類の身体はすでに変わり果てているが、それは進化のせいではなく、自分たちがつくり出した環境に対する身体の反応によるものだ。新たな科学的発見、新たなライフスタイル、労働パターンの変化、社会状況の変容、そのほか無数の変遷、改善、イノベーションによって、私たちが変えてきた環境もまた秘かに私たちを変えてきたのだ。

セミナーの話に戻ろう。私はディケンズと地質年代表の世(せい)について学生たちに話していたのだが、頭を占領していたのはひどい腰痛だった。私は二〇代のころからときどき腰痛に苦しんでいて、ときにはあまりに長く痛むので、それがついに消えない痛みとなり、気分まで台無しにする慢性病になったと感じていた。講義で歩いたり話したりしている最中に、ときには立ち止まってその場にうずくまり、痛みをまぎらわさなくてはならなかった。

ディケンズ最後の小説『我らが共通の友』(筑摩書房ほか刊)に登場する人物たちの身体について話しながら、私は教室内を歩いた。この小説に登場する身体がゆがんだ小柄なジェニー・レンは、人形のドレスをつくって酒飲みの父親を養う。小説中、ジェニーは何度かこんなことをいう。

「私は自分の世話も焼けないのよ。腰が痛むし、脚は役立たずだから」

この小説は、ジェニー・レンの脊柱のようにズタズタに引き裂かれ、傷ついた社会を描いているのだ。

ところが一九世紀以前には、文学作品に腰痛が出てくることはあまりない。有名なのはシェイクスピアが描いた実在のイングランド王、リチャード三世で、彼はもう四世紀にもわたって舞台の上をよろよろと腰をかがめて歩いている。一六世紀の思想家トマス・モアは著書『リチャード三世伝』(千城刊)で、リチャード三世を「手足に障害があり、背中の曲がった小男」と形容している。しかし、この記述は当時の生物学的決定論に影響されている。当時、人の性格はその外見に現われると考えられていたので、リチャード三世の倫理観は彼の脊柱と同じくひん曲がっていると思われていた。ディケンズの時代までには、この状況は変わっていた。一九世紀ヴィクトリア朝の人びともそれなりの生物学的決定論を持っていたものの（こんにちでもそうだ）、障害が多様で頻繁になったのは、労働パターンが極端に変化したからだと考えられるようになっていた。

　こんにち、私たちは自分たちの労働が昔より楽になっていると考えている。私も自分の仕事がきついとは思わない。私の祖父は農場を経営していた。それは過酷な労働だ。一方の私は、セントラルヒーティングとエアコンの備わったセミナー室で講義用の演壇の前に立つ。部屋のなかを歩き、電子メールを書く。

　それでも、背中の痛みがひどいときもある。それに、こういう状態になるのは私だけではない。背中の痛み、とくに腰痛は、現在では世界で障害の原因の第一位にある。仕事を休む原因の第一位でもあり、医師に相談する原因の第二位だ。アメリカ人成人の半数が背中の痛みを感じた経験があり、八〇パーセントが生涯のどこかの時点でこの痛みに悩まされると推測されている。[1]

　昨今では、こうしたよく見られる現代病（腰痛、２型糖尿病など）に対するヘルスケアのコストが急増していて、あとしばらくすれば、少なくとも数カ国で保健サービスが破綻（はたん）すると考えられている。欧米諸国で寿命が延びているが、わずかな延命でも病気の罹患（りかん）率はおそろしいほど急増する。

　このことが希望が持てないように聞こえたにしても、打つ手はある。人新世に対する解決策はなくとも、人新世の身体に対する解決策ならたくさんあるのだ。私たちの病気の多くの原因がライフスタイルなのだから、生活に大きな影響を与えるようなかんたんで身体によい変化を心がければいい。つまり、コンクリートの世界の代わりに、身体が期待して生まれてきた環境を提供すればすむ。生肉を食べて川の水を飲もうというのではない。現代生活の利点をもう少し自分たちのために役立てるのだ。

本書では各部の最後に、注意と助言を含めた「まとめ」という短いパートを用意した。これらの注意や助言は研究にもとづいたもので、私たちの身体と環境のあいだの緊張関係をわずかなりともやわらげることを目的としている。これらの「まとめ」は、環境の変化の度合いが大きくなり、それにともない人体バージョンが変わるにつれて長くなる。

それではまず、私たちの多くがとり戻したい身体はどんなものかについて考えよう。そして、私たちがどのようにして現在の状況に陥（おちい）ったのかを探っていこう。

第Ⅰ部　紀元前八〇〇万年〜紀元前三万年

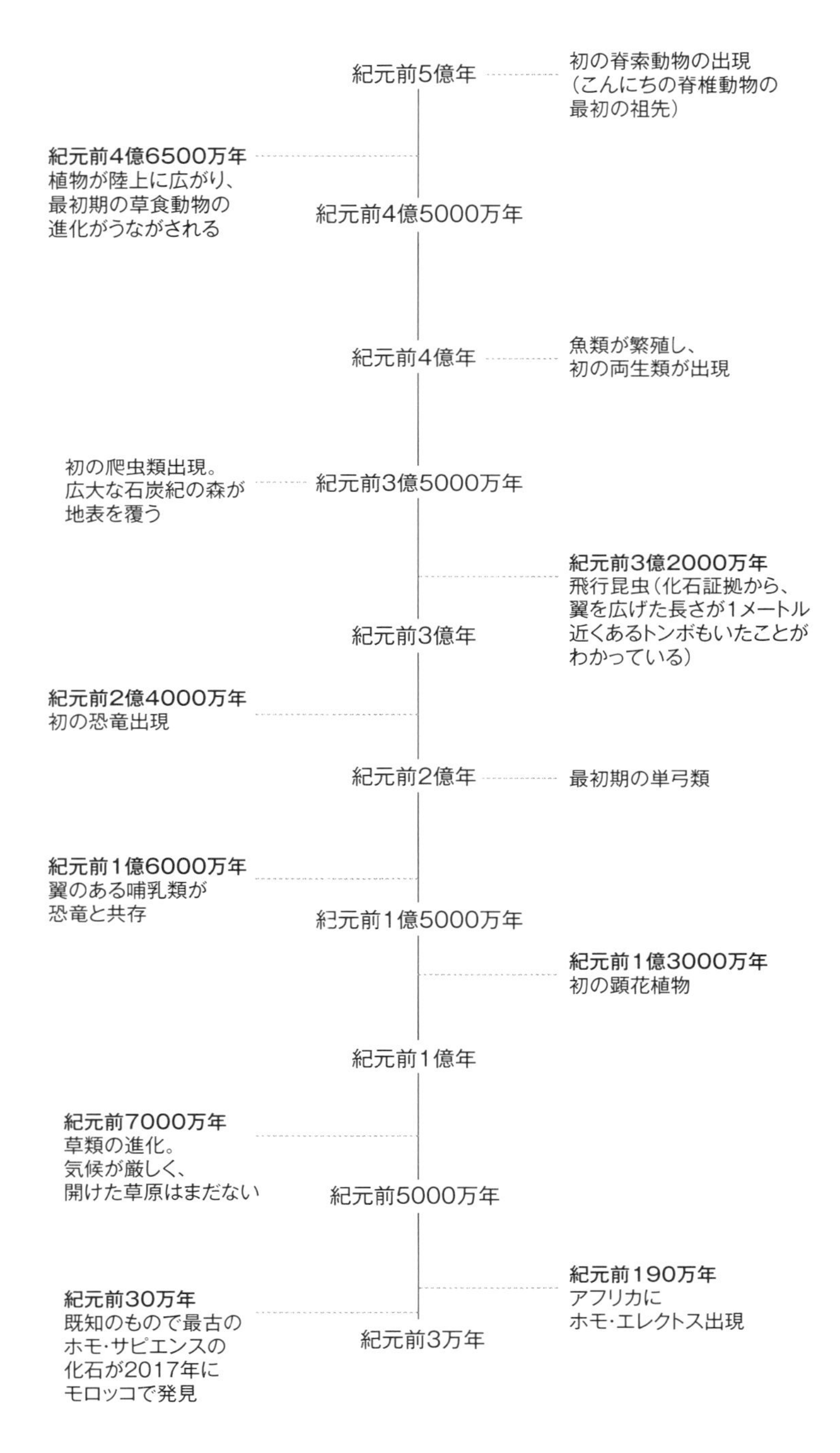
紀元前5億年
初の脊索動物の出現
（こんにちの脊椎動物の
最初の祖先）
紀元前4億6500万年
植物が陸上に広がり、
最初期の草食動物の
進化がうながされる
紀元前4億5000万年
紀元前4億年
魚類が繁殖し、
初の両生類が出現
初の爬虫類出現。
広大な石炭紀の森が
地表を覆う
紀元前3億5000万年
紀元前3億2000万年
飛行昆虫（化石証拠から、
翼を広げた長さが1メートル
近くあるトンボもいたことが
わかっている）
紀元前3億年
紀元前2億4000万年
初の恐竜出現
紀元前2億年
最初期の単弓類
紀元前1億6000万年
翼のある哺乳類が
恐竜と共存
紀元前1億5000万年
紀元前1億3000万年
初の顕花植物
紀元前1億年
紀元前7000万年
草類の進化。
気候が厳しく、
開けた草原はまだない
紀元前5000万年
紀元前190万年
アフリカに
ホモ・エレクトス出現
紀元前30万年
既知のもので最古の
ホモ・サピエンスの
化石が2017年に
モロッコで発見
紀元前3万年

すべては「足」からはじまった

人体は一度も完全だったためしがない。産業革命時も、農耕民が大地を耕した封建時代も、砂漠にはじめて都市が建設されてメソポタミアやエジプトが生まれたときも、約一万年前の農業革命時も、それ以前ですら完全ではなかった。しかし、一部の古生物学者が認知革命と呼ぶ現象が起きたあとに、なんとか食物連鎖の頂点にたどりつけるほど頑強だったことだけはわかっている。私たちはどのようにしてその地位に上りつめたのだろう？　私たちの身体は環境を利用するためにどのように適応したのだろうか？

「足跡」でたどる人類八〇〇万年史

とくに古いヒトの化石は頭骨であることが多い。そのほかの身体部位のデータが少ないのにはいくつか理由がある。私たちが死者を埋葬しはじめたのはほんの約一〇万年前である。それ以前の古代人の骨格が後世に残るには運が必要で、全身骨格がめったに残されていないのはこのためだ。

初期人類の大半は、現在の類人猿とそう変わらない暮らしをしていただろう。ジャングルで暮らす類人猿を想像してほしい。ジャングルはとても酸性度が高く、水が少ない。類人猿が死ぬと、たいていは地面に倒れる。遺体は動物に食われ、酸性土壌のためにすぐに朽ち果てる。

初期人類の遺体は洞穴にあったり、川に落ちて下流の三角州まで流されたりしたかもしれない。そうした場所では遺体はやがて泥土に覆われ、数千年ないし数百万年を経て考古学者に発見されるまで残っただろう。これらの遺体は捕食者に食べられていないので、良好な状態で保存されている。捕食者は人体を末端から食べる。いわゆる清掃動物は、食べやすい手足に栄養豊富な赤色骨髄（せきしょくこつずい）があることを知っているのだ。そのため、初期ヒト族の足にかんするデータはほとんどない。

　おそらく二足歩行したと思われる最初期の人類については、何もわかっていない。DNA解析によれば、八〇〇万年前までさかのぼるらしいが、私たちがいつ、どのようにしてチンパンジーから分岐したのかを教えてくれるような化石人骨が一つも残されていないのだ。私たちはチンパンジーの進化についてもほとんど何も知らない。化石記録にはわずか三個の古代の歯があるだけで、このうち最古のものはほんの五〇万年前にさかのぼるだけだ。しかし、ヒトの進化についてもう少し物語ってくれるさらに古い時代の化石は存在する。

「ヒト族」という言葉は、私たちが約七〇〇万年前から八〇〇万年前にチンパンジーから分岐したあとに出現した類人猿の系統を指し、現在のところ最古のものはサヘラントロプスだ。

　サヘラントロプス・チャデンシスは、二〇〇一年に中央アフリカのチャドで発見された、六七〇万年前にさかのぼる頭蓋骨の化石だ。種分化の直後に出現したことを考えれば、それはおどろくほどヒトらしく見える。ヒトの頭蓋骨の特徴をいくつか備えているのだ。たとえば、顔面は扁平で、脊柱が頭蓋骨の後ろではなく下につながっている。これら二つの特徴は、ほかの二足歩行するヒト族と身体（化石は残されていない）の重心が同じだったことを示している。現生人類との類似点もあり、たとえば歯はとても小さい。

　オロリン・トゥゲネンシス（「トゥゲン丘に住んでいた人」を意味する）は、二〇〇一年に西アフリカで発見された。骨格はサヘラントロプスと同時期にさかのぼり、二〇個の化石片が見つかっている。そのなかのあごには現生人類に似た歯がついていた。大腿骨片も二足歩行を示してはいるが、証

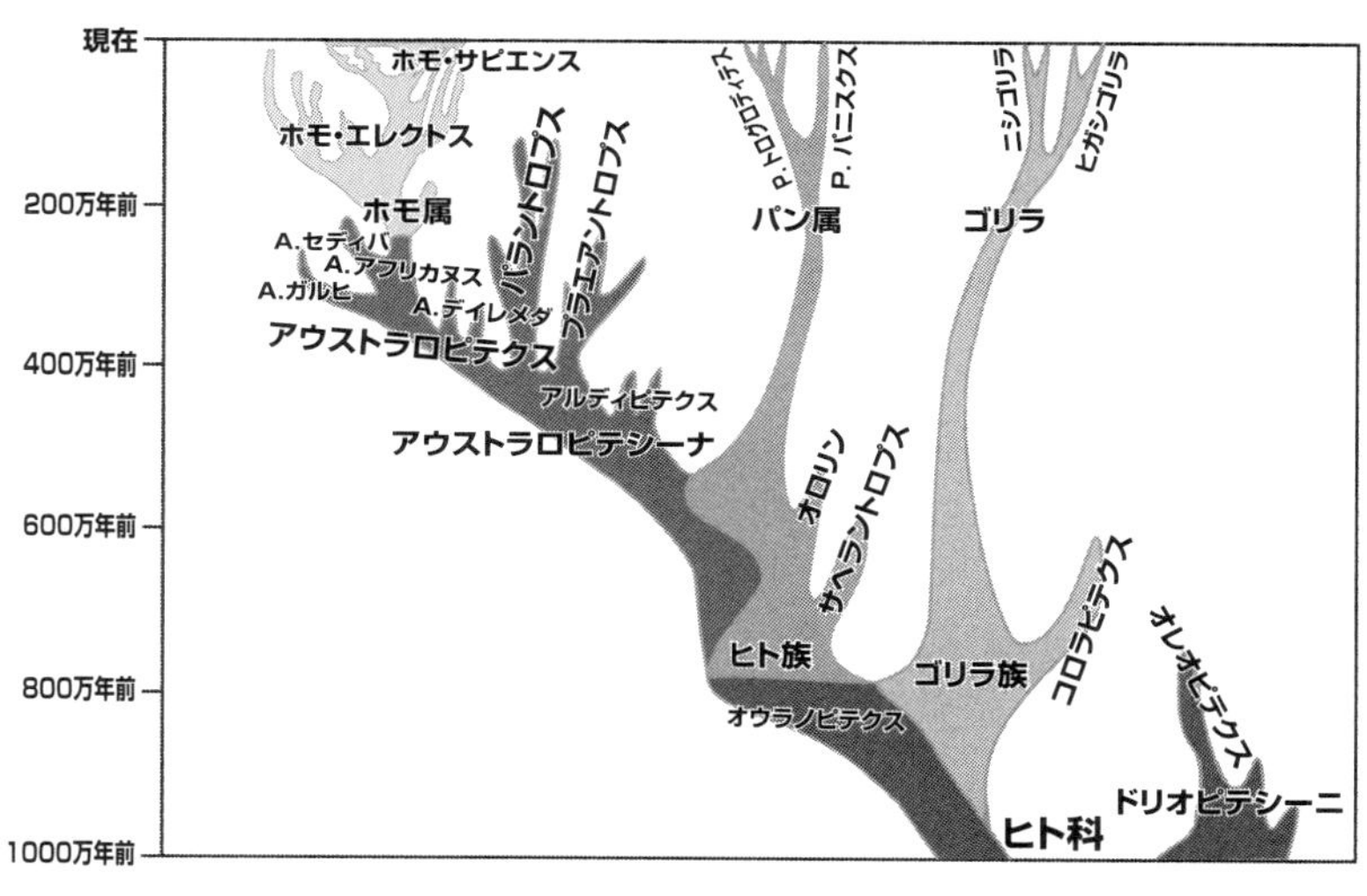

過去1000万年にわたるヒト族の進化モデル

拠として決定的ではない。

二〇〇万年ほど時代を下ると、西アフリカにアルディピテクス・ラミダスが出現する（五八〇万年前から四〇〇万年前）。体重が五〇キログラムあるアルディと名づけられた女性の標本は、たくさんの骨がきれいにそろっており、非常に長い腕と広がったつま先を持っていた。このことはアルディたちが完全に二足歩行に移行したわけではなく、おそらく必要に応じて二足歩行したことを示すようだ。アルディピテクス・ラミダスは長いあいだ存続し、存続期間がヒト科で二番目に長い。

古人類学者のイアン・タッターソルとジェフリー・シュワルツは共著『絶滅した人類』（*Extinct Humans*）で、タンザニアのラエトリ遺跡で一連の足跡化石を発見したときのことを述べている。化石には三六〇万年前にさかのぼる七〇個の足跡が含まれていた。この足跡を残したのはアウストラロピテクス・アファレンシスと呼ばれる種で、有名なルーシーはこれに属する。ほかの化石記録と比べると、ルーシーの骨格はおどろくほど完全だった。骨格の四〇パーセントが出土し、人体はそもそも左右対称なので、ほぼ完全な骨格を再現することができた。

ほかの古い時代の骨格と同じく、ルーシーの足は残っていなかった。しかし、足が残っていたほかのアウストラロピテクスの骨格を調べたところ、足根骨と中足骨を含む各部の割合から、この種が現生人類よりチンパンジーにより近いことがわかった（現生人類は移動に効率のよい、より短い足指を持つ）。それでも、現生人類との類似点もたくさんある。より柔軟で開いた腰、脊柱に大きな仙骨がつながった、短く広い骨盤などだ。これらの初期ヒト族は二足歩行したものの、身体は全体に類人猿の樹上生活に適した特徴を残していた。ルーシーは二本の足で歩けたが、彼女の身体を見れば長時間の歩行が難しいとわかる。手と足に曲がった骨を持ち、立った状態で手の指先がひざに届いたと思われる。完全に長距離歩行に向いた特徴群（土踏まず、衝撃を吸収するための大きな足の関節、力強い足の親指）を構成する骨格形質がよりはっきりと見られるようになるのは、もっとあとのヒト族だった。

これらの形質の核心にあったのが足のテクノロジーだった。

ほかのたいていの霊長類では、足は別の機能を持つので、デザインもちがう。類人猿は物をつかむのに適した足を持つ。足の親指は残りの指と対向することができ、足の中心から外側に飛び出るようについている。親指と残りの指のあいだの広い間隔は、筋肉が発達できる空間を確保しており、木登りするときに枝などをつかむのに適している。指趾骨（足指の骨）も曲がっていて、これによって物をつかむ力が増える。曲がった骨を持つにもかかわらず、ほかの類人猿はアーチのない扁平足を持つ（足裏を地につけて歩く）。ルーシーの足は、これらの二つのデザインの中間にあるようだ。

ホモ・ハビリス（器用な人）の出現は二三〇万年前にさかのぼる。より小さなあごと歯を持っていたので、類人猿にもっと近いいとこたち（たとえば、パラントロプス・ボイセイ）と同じ食物を食べることはできず、長い腕と短い脚を持つ狩りの名手でもなく、どちらかといえばこそこそと動物の死骸などをあさっていただろう。

二足歩行する陸生の清掃動物であることは、サンダルをはき、目隠しをして、腹ぺこのライオンの群れが待ち構える上で綱渡りするくらい危険だ。サバンナでは、ハビリスはイヌ科やネコ科の競争相手よりあきらかな利点を持っていた。脳である。これらのヒト族の消化管が小さくなったことは（食べ物が改善したことを示す）、のちの世代ではほかの内臓の進化にとり組めることを意味した。摂取カロリーが増えるにつれて、脳のような生物学的構造への栄養補給が容易になる。脳は多くのカロリーを必要とし、消費カロリーの約二〇パーセントも食うが、肉がそれだけの付加的な栄養とエネルギーを与えてくれた。

次に生まれたヒト族は、寒冷で乾燥した気候のおかげで熱帯雨林が後退してサバンナや砂漠が残った時期に、ホモ・ハビリスから進化したと考えられている。また、一般にホモ・エレクトスと呼ばれる過渡期の種を経て進化した可能性もある。「働く人」を意味するアフリカのホモ・エルガステルが、南アジアのホモ・エレクトスと異なる種かどうかについてまだ結論は出ていない。エレクトス／エルガステルは、化石記録のなかで長距離の二足歩行の証拠を示すはじめての種だ。骨は運動パターンを反映するが、四肢の長さや大腿骨骨頭がこのことを強く示している。エレクトス／エルガステルは、樹上生活する種が持つ特徴の多くに欠ける。

ホモ・ナレディはつい最近の二〇一三年に発見された。このヒト族は小柄だった。手は数百万年前にさかのぼると思われた（かなり曲がっていた）が、足は現生人類に似ていた。ところが最近の炭素

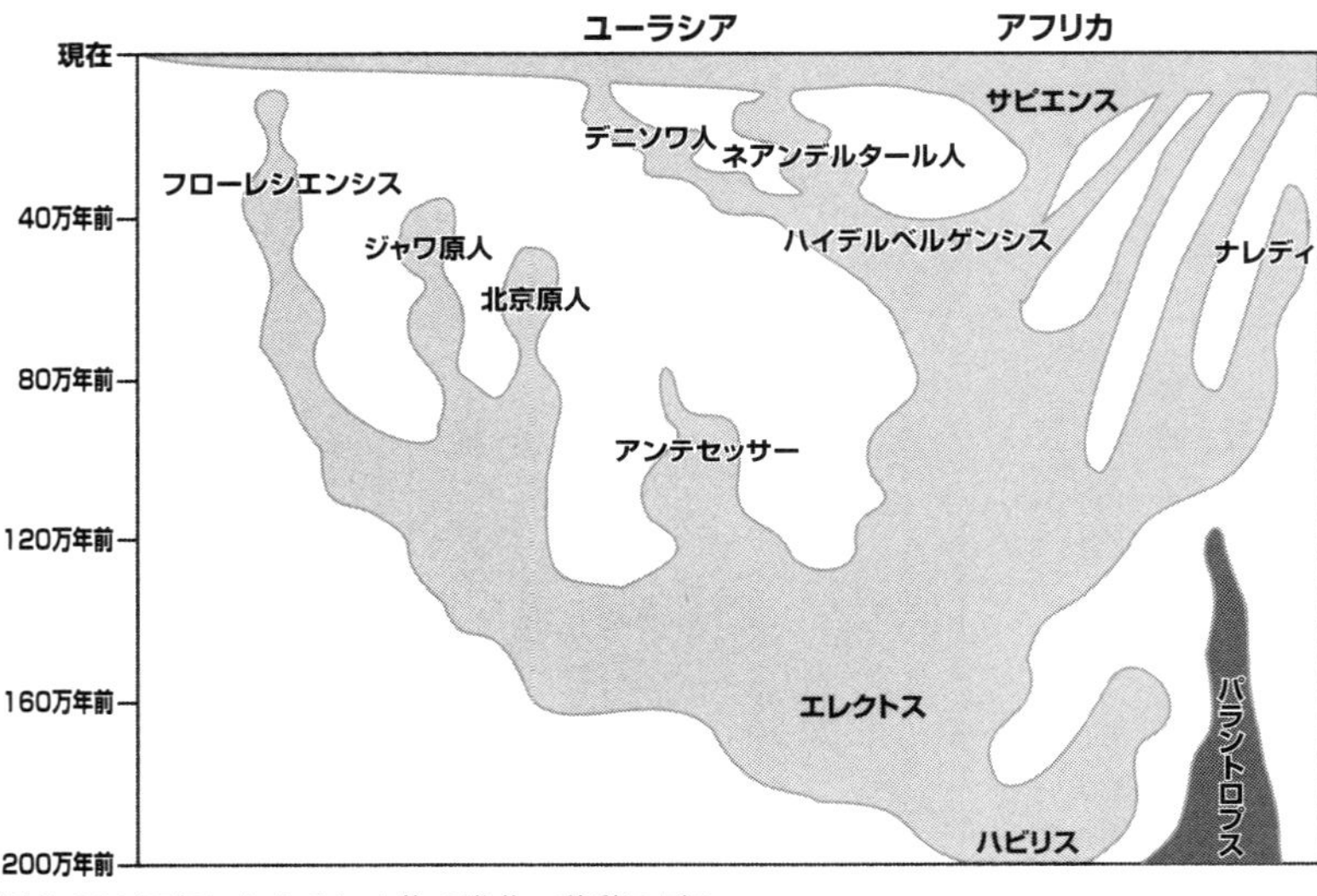

過去200万年にわたるヒト族の進化・移動モデル

年代測定によって、おどろくことにわずか二〇万年前に生きていたことが確実になり、骨格は新旧どちらの人類の特徴も備えていたと受け止められている。脳は二五〇グラムほどで（数百万年前のアウストラロピテクスと同程度）、ホモ属でいちばん大きな脳を持つネアンデルタール人に比べれば四分の一を少し超すくらいしかない。しかし、ナレディは南アフリカでほかのヒト族に混じって、ホモ・ハイデルベルゲンシスと同時代に存続した。手が類人猿やヒトの足と同じく曲がっていたということは、樹上生活と二足歩行のあいだを行き来していたのだろう。

ホモ・ハイデルベルゲンシスは、エレクトスとより最近の人類種のあいだの移行種を示す名前だ。およそ六〇万年前に生まれ、四〇万年という私たちより長い存続期間中に、少なくとも北ヨーロッパまで移動した（名前は最初の発見地に由来する）（上図参照）。化石はアフリカ大陸全域で見つかる。

古人類の運動パターンを知る最良の証拠は化石ではなく、二〇〇九年にケニアで発見された、約一五〇万年前にさかのぼるとされる足跡だ。一五〇万年前といえば、現生人類が出現する一〇〇万年以上前になる。二〇一六年にマックス・プランク進化人類学研究所とジョージ・ワシントン大学のチームが、これらの足跡はホモ・エレクトスのものだと結論づけた。[1] 足跡はヒトの足とよく似ていて、彼らがどのように動いたかをどの骨よりも雄弁に物語る。ホモ・エレクトスの歩きぶりと生体力学は現生人類に近く、足跡からは彼らの足が私たちと同じく丸いかかと、アーチ、横に広がらずに縦に伸びる親指を持っていたことがわかる。この足なら運動がとても楽で、ほかの霊長類に見られない長距離移動が可能だっただろう。

どうやらヒトは、つま先、そしてアーチと地面のあいだにできる空間とからはじまったようだ。何より、これらの部分が私たちをほかの霊長類と区別する際立った特徴だ。

それがわかったところで、人新世の身体がどのように生み出されたのか、どこでそのように進化したのかを知る旅に出よう。

第1章　ヒトは「移動」で進化した

『種の起源』を執筆してからずいぶんたったころ、一九世紀ヴィクトリア朝の著名な動物学者チャールズ・ダーウィンは、自説のなかでも人類進化に直接かかわる諸側面（性選択、進化心理学、種族）について、考えをまとめる作業にとりかかった。一〇年間の奮闘をへて、彼は私たちが他にすぐれた種になれたのは足のおかげだったと『人間の由来』（講談社ほか刊）で説明した。足のおかげで手（ほかの霊長類ではおもに移動を担う）が移動の仕事から解放され、繊細で高度な能力を獲得することができたというのだった。

ダーウィンが手に注目したのは正しかった。手が持つ能力としくみは、まさに賞賛に値する。手にはさまざまな機能を持つ何万もの受容器が皮下組織にあり、きわめて高度な仕事を可能にしている。

これらの受容器はいずれもマルチコア・プロセッサで、異なる種類の信号を同時に処理できる。たとえばエレベーターを呼ぶときに、手先を見ずにボタンを押しても、押したボタンの圧力と触感を指でただちに感じることができる。

手にある数千もの触覚受容器は、末梢神経をとおして情報をつねに脊柱に伝える。脊柱はただちにこれらの信号を脳に送り、脳が受けとった信号を解読して処理する。脳がこれらの信号を増幅したり焦点を合わせたりできるようになるのには何カ月、あるいは何年もかかるため、デジタル的な俊敏さを身につけるのは難しい。しかし音楽家は、指の動きにかんする視覚情報を比較的短時間で必要としなくなる（どの鍵盤のキーの上に手があるかを目で確認する必要がなくなる）。刺激に反応して、手や指の位置を本能的に知るための神経再マッピングが十分に行なわれるからだ。

受容器	機能
メルケル細胞	圧力、軽い接触、形や辺縁の検知
ルフィニ小体	固有感覚受容、皮膚上の動きの検知（何かを落としたときなど）
パチニ小体	圧力や振動の速い変化
マイスナー小体	接触検知（とくに指先や足裏）、伸展、振動、接触と手触り；とくに点字習熟者
自由神経終末	複数の機能：温度、圧力、伸展、かゆみ、痛み
筋紡錘線維	手の筋肉の中、長さや伸展の検知
ゴルジ腱器官	手の腱の中、長さや伸展の検知

この機能にかかわるシステムが、進化上どれほど古いかはわかっていない。創造力と想像力を手指の繊細な運動制御に関連づける認知能力と、これらについて話す言語能力とが同時に発達したとも考えられるかもしれない。生理学的に見れば、これらの受容器は早くから手に備わっていたし、足についても同じだった。しかし人の手の能力と器用さのおかげで、言語が先に発達した可能性が高い。

母語とまったく異なる言語が話されている国や地域を旅したことのある人なら誰でも、人どうしのコミュニケーションに普遍的な部分があることを知っている。何かを指で指し示さない文化、相手に見せる指の数と意図する数が一致しないような文化を私は知らない。

物を指し示す行為は乳幼児期（たいてい生後一四カ月ごろ）にはじまるが、これほどかんたんなしぐさでも特定の世界観を暗示する——心理学者のアンドリュー・ホワイトンはディープ・ソーシャルマインドにかんするエッセイでそう指摘する。[2] ディープ・ソーシャルマインドとは、互いの心を読みとる、ヒトに特有の能力のことだ。それは自分の頭蓋骨の周辺で終わることなく、他者の頭蓋骨にまで入りこむ心とでもいえよう。この能力がヒトとほかの霊長類で異なるのは、ヒトではそれが完全に再帰的である点だ。他者の意図を読もうとする類人猿の行為は、悪だくみと自己利益に動機づけられているので、ループが個のレベルで閉じる。ヒトはループを開けたままにして相互作用を可能にする。「私はあなたの意図を読み、私の意図もあなたに伝える」のである。これがヒトのコミュニケーションと共同体の本質だ。

このような世界観の共有が、言語の起源にかかわるという説がある。言語はジェスチャー（身ぶり手ぶり）と関連した発声としてはじまったというのだ。手のしぐさは現在でも日常の会話でよく使われる。ジェスチャーと言語が非常に密接につながっていることは、手と口の動きを処理する脳領域どうしが大脳皮質中で隣り合っていることからもうかがえる。幼いころには、ジェスチャーがおもなコミュニケーションの手段だが、やがてそれは補足的な情報になっていく。

遺伝子の発現もまた重要だ。いちばん重要なのが言語になくてはならないＦＯＸＰ２遺伝子で、私たちはこの遺伝子のおかげで新しい経験を日常の行動（発声したり楽器を弾いたりする）に変えられる。ＦＯＸＰ２遺伝子は、脳内の特定の遺伝子を活性化するタンパク質をコードし、ヒトのＦＯＸＰ２遺伝子には二つの変異がある。あるマウス実験では、これらの変異がマウスで再現され、一部の運動能力（迷路を解くなど）や発声（音声による意思表示をより頻繁に使った）が大きく改善した。ネアンデルタール人はこのＦＯＸＰ２遺伝子を持っていたし、解剖学的にも形態学的にも発声できる特徴を備えていた。もっとも、彼らが実際に話したかどうかはわかっていない。現在得られている証拠からは、話したことはありうるし、その可能性は高いと思われる。

言語が生まれた理由には諸説ある。いちばん説得力のない説は、はじめは手や身体を使ったジェスチャーがコミュニケーションのおもな手段だったが、やがて道具を使うようになると手をコミュニケーションに使えなくなって、声に頼ったというものだ。声は闇のなかや遠距離でも相手に伝わるという考え方もある。

声と目を結びつける人もいる。ヒトの目の強膜（白目の部分）は目立つので、視線の方向が相手によくわかる。だが、白目がまぶたに隠れているゴリラなどでは視線の方向は見えない。ゴリラの場合、身体がどちらを向いているかはわかっても、何を見ているかまではわからない。ヒトは相手の目を見て、その人の考えや感情を読みとることが初期の進化で重要な情報となり、この生理機能あるいは能力を持たない者は繁殖年齢に達する前に死ぬか殺された。他者の心を読む能力は、初期人類にとって生死にかかわったのだ。

ブローカ野の発見によって、言語とジェスチャー間のつながりがさらに見つかった。ブローカ野とは、言語優位半球における前頭葉の一領域で、私たちが身ぶり手ぶりを交えながら話すときに活性化する。

数世紀にわたる議論があったにもかかわらず、私たちはいつヒトが話すようになったかという問いの答えにあまり近づいてはいない。観察にもとづく証拠が得られず、諸説にふり回されている。言語の起源は、科学で答えるのがもっとも難しい問題で、それは発見できるデータというものがないからだ。

考古学によれば、ネアンデルタール人は話すことのできる形態学的特徴を備えていたし、ホモ・ハイデルベルゲンシスは一種の発声（ほかの霊長類のように）をしたようだ。このことから、文化が発達するにつれて言語も発達したと推定できるが、それを証明することはできない。

一八二八年に現在のドイツで発見されたカスパー・ハウザー少年から、一九七〇年にカリフォルニア州当局によって救出されるまで社会的に孤立して虐待されていたジーニーまで[3]、孤立児たちの研究や伝承からわかっているのは、現生人類は身長やあごの発達と同じように、言語とその複雑な文法を人生のある時期（臨界期）に習得するということだ。この機会を逃すと、もう二度とそれは起きない。ジーニーは一三歳で救出されたが、放置されて意図的に隔離されていたからか、救出後も言語を習得することはなかった。たくさんの語彙を覚えたとはいえ、文法や構文を理解することがなかった。子どものころに言語を習得しなければ、成人してからも十分に学ぶことはできないようだ。

言語の習得はおそろしく繊細なバランスゲーム「ジェンガ」のタワーに似て、タワーが真っすぐ立っているためには、すべてのブロックが絶妙に選ばれた位置になければならない。言語は古代に何世代もかけて発達し、それに適した形態が世代を超えて受け継がれたのだろう。さもなければ、つながりは永久に断たれたと思われるからだ。これほど強力な選択圧が働いていることを考えるなら、言語はもっとも単純なものですら、最初から種の存続に適したツールだったと思われる。私たちの手と声の歴史は、失われた言語と無数の人びとのネットワークによって支配された過去に埋もれている。これらの人びとは言葉を使って外の世界に飛び出したが、その言葉をわかってくれる人はいなかったし、自分の考えに耳を貸してくれる人もいなかった。

称えられるべきは手だけではない。足のテクノロジーもきわめて優秀で、二〇万個ほどの受容器を皮下組織に持つ。ただし、現生人類は二五センチほどの靴に足を押しこんで形と機能を変え、効率の低い弱い足にしてしまう。

また、目のテクノロジーもおどろくべきものだ。目の中央にある三色の光受容器からの情報に応じて、脳は驚嘆すべき仕事をやってのける[4]。光は目の角膜、水晶体、その他の部位をとおって、三色（一部の女性では四色）の受容器の一つに当たる。一定の波長の光が当たると、受容器の分子が揺さぶられる。この揺れが電気インパルスに変換され、受容器の奥にある神経細胞のネットワークに入る。インパルスはやがて視神経に入り、脳の視覚野に送られて処理される。視力もやはり二〇万個の受容器によって支えられていることから考えても、進化は足をただ靴に入れておくだけでなく、もっと野心的な計画を持っていたらしい。

私たちの脳が持つ演算能力のおよそ三分の一が、受容器からの視覚刺激の処理を担っている。一方で、あまりに長く甘やかされてきた足は、感覚的な言語を失ってしまっている。外界からの刺激をほとんど受けとらないからだ。感覚の遮断についていえば、足に靴を履くのは目に目隠しをするのに等しい。

もしダーウィンが正しいなら（彼はたいてい正しい）、二足歩行によって道具、食物、子どもなどを運ぶことがたやすくなった。四本の足ではなく二本の足で立つことによって、捕食者から逃れることもたやすくなっただろうし、食物や水がある場所、雨風をしのげる場所などへの行き来も楽になったはずだ。かつて海をはじめて飛び出した種は、水のすぐそばにいる必要があっただろう。しかし、二足歩行するようになると、ヒトは水辺から何キロも離れた場所に自由に行けるようになり、やがて自由な手と強い足で大陸を歩いて横断したり、別の大陸にわたったりしたのだろう。

まっすぐ立つことを可能にする足と尻の筋肉の物語は、人新世の身体にたどり着く旅のはじまりだ。そして私たちが変えてきた世界が、どのようにして私たちを変えるようになったかを知る旅の焦点でもある。

自由になった手と二足歩行

初期ヒト族の足によって手が自由になったという事実も、自由になったその手に何かをする能力がなければほぼ無意味だ。手が器用になったのが進化史でいつのことだったのか、正確なところはわからない。私たちは二〇〇万年以上にわたって二本の足で立ってきたが、それは私たちの手がずっと使い勝手がよかったことを意味するわけではない。

二〇一三年に発表された研究[5]によれば、二足歩行と手の器用さは、それぞれ独立して発達したという。

身体の各部位と脳・神経系の各領域間のマッピングは「体性局在」と呼ばれる。神経系に指の体性局在があるおかげで、私たちはシューベルトのピアノソナタを弾くことができる。このためには、指が一本一本独立してマップされ、個別に動けなくてはならない。コンピュータのキーボードをあやつれるのも体性局在のおかげだ。

ホモ属の一部が、ホモ・ハイデルベルゲンシスが出現する前に投げ槍（やり）のような鋭い槍を使っていたという証拠はない。彼らから一〇万年以上たってようやく、ネアンデルタール人が先端に尖った石（葉の形をしていた）をとりつけた槍を使った。さらに二五万年後、これらの尖った石が矢じりに変わった。

私たちの過去の大半では、槍と弓矢で用は足りたようだ。しかし、獲物に槍を投げるか弓を射る距離にいなかったなら、何を使えばいいだろう？

サルの足は彼らの手に似ているかもしれないが、あまり器用とはいえない。物をつかめるし、強い力を持つとはいえ、ほかにたいした能力はない。足で字を書いたり絵を描いたりしようと試みた人なら、ヒトも同じだと思うかもしれない。だが、そうではない。私たちは足指でピアノを弾くことはできないものの、末端はある程度独立して動く。

ヒトでは、中央にある三本の足指が一緒にマップされ、いちばん外側の小指が五本の指でもっとも自由が利かない。最大の特徴は親指にあり、この指には残りの足指とは別の機能がある。この強力な指はほかの足指と独立して曲がり、足を下腿につなげる筋付着部を持つ。このことは親指が二足歩行と強い関連性があることをうかがわせる。

狩りに適した初期人類の身体

ヒトの足には四層の筋肉があり、これらの筋肉が足裏を伸びる強い靭帯（じんたい）によって支えられている。これらの筋肉はアーチがつぶれるのを防ぐのみならず、体重から得られる推進エネルギーをたくわえ、歩くときや走るときにそのエネルギーをつま先に戻す。ほかの足指と対向できる親指ならこのエネルギーは失われてしまうが、ヒトの足はこのエネルギーを利用できるのだ。

ヒトの足の形や機能は運動をあらゆる点で最大化する。すべての足指が縦方向に伸びるので、歩行サイクルの前半にアーチにたくわえられた推進エネルギーが後半に戻される。縦に伸びる親指が歩行や走行時に最後のエネルギーを戻して歩きにバネを与える。身体のモーメントと重みを使って運動エネルギーを発生する、じつに精巧なメカニズムだ。

ホモ・エレクトスは、少なくとも一六〇万年にわたって現代的な足を持っていたようだ。トゥルカナ・ボーイと呼ばれる化石人骨はおどろくほど全身がそろっている。彼の身体は長距離を走るために無数の適応が起きたことをうかがわせる。長く強い脚、大きな殿筋（尻にある代表的な大殿筋）があったことを示す大きな筋付着部、（現生人類と同じく）頭が前のめりになるのを防ぐ項靭帯、小さな肩、腰椎の部分から左右に回転できる脊柱などだ。ほかのヒト族に比べてホモ・エレクトスのほうが骨盤と脊柱が強力につながっていて、衝撃の吸収と安定性にすぐれていた（これは腰、膝、足首の関節にも当てはまる）。私たち現生人類の持つ、効率が高く大きな安定化系（前庭系）ですら、ホモ・エレクトスには備わっている。この前庭系のおかげで、私たちは動いている最中でも物に焦点を合わせることができる（運動、平衡、空間定位データも処理できる）。ほかの人類と同じく、この高度な平衡・焦点系はほかの霊長類より大きい。

　初期人類の身体は、細かく見れば見るほど、その見事さが手にとるようにわかる。

　彼らの身体は変化しつつある環境にほぼ完璧に適応した。およそ一八〇万年前、閉ざされた生息地から開けた草原（こんにち私たちがサバンナと呼ぶものだ）への環境変化が東アフリカで起きた（私たちの身長も背丈の高い草の上を眺めるのに適していた）。

　ホモ・エレクトスは、祖先より強い足首（距骨）、縦アーチ、そして多くの可動部を堅固なてこに変換する能力を有していた。このてこは膝近くの腓腹筋（ひふくきん）の力を足指の先まで伝えることができた。古人類学者（とくにダニエル・リーバーマンとデニス・ブランブル）による別の研究も、走る能力にかんしては足のみならず全身の形態学が重要だったことを強調した。[6]

　獲物が倒れるまで長距離にわたって追いかけて殺す狩りのおかげで、初期人類はこの地上でもっとも恐るべき狩人になった。

　走る速度は思うほど重要ではない。ホモ・エレクトスは長い脚と短い腕を持っていたことから、のちに出現したサピエンス（つまり、私たち）より速く走っただろう。なかでも彼らの長い脚は大きな利点だったにちがいない（こんにちの西アフリカ出身のアスリートのように）。しかし、緊急の場合をのぞいて、走る能力は人類にとってさほど必要ではない。必要とされるのはスタミナだ。ウサギやリスも含めて、地球上のほぼすべての四足動物が短距離なら私たちより速く走ったし、現在でも走るだろう。だが、私たちの冷却テクノロジー（発汗）はきわめて効果的だった。だから途中で身体を休ませながら獲物を根気よく追い回し、獲物が私たちに入れない場所に逃げこまないかぎり、たいてい追いつけた。

二本の足で立っていれば、日中のいちばん暑い時間帯に身体があまり太陽光にさらされない（太陽光の当たる面積が四足動物より三〇パーセントほど少ない）。したがって、私たちは身体から熱を逃がすのがうまい上に、そもそも吸収する熱が少なく、体温があまり上がらないという利点を持っていたのだ。獲物を追うとき、獲物より先に熱にやられることが少なかった。走る能力は重要だが、この冷却能力がなければ無用の長物だっただろう。

足の古いバージョン（ルーシーが属していたアウストラロピテクス・アファレンシスのようなより古い種のもの）では、枝や木々に対処する必要性、木登りと歩行のどちらも可能にする必要性が見てとれるが、後期ヒト族は平原での暮らしにどんどん適応していった。

遺伝学的研究によって、まだ化石記録のない種族の存在が浮かび上がってきている。そんな種の一例がホモ・アンテセッサーで、エレクトスとハイデルベルゲンシスの中間種、もしくはネアンデルタール人と現生人類の最後の共通祖先として想定されている種だ。しかし、数個の骨片、しかもおそらく子どもと思われる骨しかないことを考えれば、それから得られる情報は少ない。

二〇一三年、ホモ・アンテセッサーのものと考えられている足跡（靴のサイズで二六・五センチ）がノーフォークで発見され、八〇万年以上前にさかのぼることがわかった。当時の気候は、現在のスウェーデンかノルウェーに似ていただろう。足跡（アーチと一部の足指がくっきりと残されている）を見ると、この足跡を残した人びとは裸足だったか、堆積物に明確な痕跡が残らないほど簡便な履物をつけていたようだ。

これらの足跡はアフリカからはるばるやって来た人びとのもので、種どうしの関係や身体部位の進化が単一の起源を有するという前提と同じく、移動が一カ所からはじまったという前提もまた誤っている。遺伝学的研究によると、私たちはネアンデルタール人とデニソワ人から分岐した（それぞれ五〇万年前と一〇〇万年前）。デニソワ人の遺伝子構造を解析したところ、現生人類と三八五個のヌクレオチド（ＤＮＡの基本的構成要素）がちがっていた。この差異が持つ意味合いを知っていただくために述べると、私たちとネアンデルタール人とでは二〇二個のヌクレオチドが、私たちとチンパンジーでは一四〇〇個のヌクレオチドが異なる。ＤＮＡ解析によって、現生人類がネアンデルタール人やデニソワ人と何度も交雑していたことがわかった。

「靴」によって長距離移動が可能に

火の発見は古人類学者のあいだではホットなテーマだ。専門家ははじめて火を使ったのが誰か、どう広まったか、使用目的が何だったたについてまったく意見が嚙み合わない。しかし、更新世に起きたような移動が火の使用と制御なくしては無理だったことはわかっている。火の使用を示す最初の証拠ははっきりしないが、ホモ・エレクトスは一五〇万年前までに火をおこすことができたようだ。火を使う調理の痕跡となるとこれよりだいぶあとのことになる。南アフリカのある洞窟で炭化した葉や枝が発見され、これらの証拠が約一〇〇万年前にさかのぼることがわかっている。

火のおかげで日の長さが延び、捕食者に襲われることが減り、害虫が寄りつかなくなった。栄養状態がよくなったことで、身長が少し伸びただろう（人新世に生きる私たちなら知っていることだが、火を使った調理によって主要栄養素と微量栄養素の両方を摂ることがたやすくなる）。また、火があることで、寒冷な地域への移動が楽になった。食物を火で調理または乾燥させれば保存と運搬に便利だからだ。家と炉をつくって定住するより、火を手に入れたことによって人類はやや移動型に傾いただろう。長い時間をかけて長距離を移動し、移住できるようになったのだ。

火が私たちの身体をどう変えたかはあとの章で述べよう。火が足をどう変えたかについては正確なところは判断が難しい（ホモ・エレクトスの足のサイズはわかっていないが、身長が一五〇センチを超すことがめずらしかったことが参考になるなら、北アメリカに住むというビッグフットより大きいことはないだろう）。

裸足のままどのようにして狩りや移動をしたのだろう？　まず、足裏の着地部は固い地面に対応するようにデザインされている。この部分を覆う固い皮膚は、摩擦と圧力に順応するためにある。下の皮膚を守るために固いケラチン層を形成するのだ。やすりなどで削ったことのある人なら誰でも知っているように、ケラチン層は完全に無感覚で、強力な接着物質に細胞を混ぜたような構造をしている。また、私たちのより原始的な共通祖先とのもう一つのつながりが、ケラチンが体毛や角を構成する物質と同じ点にある。岩だらけの切り立った道を歩けば、あなたの足裏にはシロイワヤギのひづめと見まがうようなものができるだろう。

初期人類の移動はそれが可能だったというより、気候変動のせいで起きた。後期ヒト族がアフリカを出たことを示す証拠は約二〇万年前にさかのぼるが、この発見に対する反駁（はんばく）が多いことを考えれば、出アフリカはもっと早期に起きたことが遠からず判明するだろう。

当時は、まだ気候が不安定だった。最終氷期はきわめて過酷で生物種を絶滅の危機にさらしたと考えられ、実際に多くの種が絶滅した。

ホモ・エレクトスの子孫であるホモ・ハイデルベルゲンシスは、アフリカとヨーロッパで数十万年にわたって繁栄した。彼らは知性においてエレクトスを追い越し、火をあやつり、より高度な道具を使った。協力して行なう狩りなど複雑な行動をした証拠もあることから、ある程度の言語能力があったとも考えられている。およそ五〇万年前、ハイデルベルゲンシスはアフリカ、中東、ヨーロッパ（化石人骨がイギリス南岸のウエストサセックスで発見されている）中に拡散した。雨風をしのぐ住居をつくって炉で調理をしたのは、ホモ属で彼らが最初だった。

　この時期を通じて気候の変化が激しく、氷冠の前進と後退が周期的に繰り返された。寒冷期には、北ヨーロッパは広大かつ不毛で真っ白なツンドラ地帯になった。温暖期には、ブナやカバの森が広がった。ハイデルベルゲンシスはこうした気候変動に可能なかぎり適応した。アフリカのいとこたちに比べて、身長が低く、胴体が太く、頑丈になった。熱を逃がさないための適応である。やがて、彼らはネアンデルタール人に進化する。

　ネアンデルタール人の身体は、変化する気候にさらにうまく適応していた。気候の過酷さは想像を絶した。何しろ、数百キロというもの地表は氷に閉ざされていたのだ。現在のイギリスを覆っていた氷は、数百メートルの厚みに達していたと思われるが、この高さはイギリスにあるどんな建造物よりも高い。氷の前進と後退に合わせて住む場所を変えながら、ネアンデルタール人は氷の辺縁部で暮らした。

　ハイデルベルゲンシスから分岐したもう一つの人類がデニソワ人だ。ネアンデルタール人が西ユーラシアで発見されたのに対して、デニソワ人の存在を示す希少な証拠は東ユーラシアで見つかっている（発見されたのは数本の歯と一本の指骨のみ）。シベリアのデニソワ洞窟で発見された骨片の解析で得られたデニソワ人のＤＮＡは、ネアンデルタール人とも現生人類とも異なる。身体の大きさと形は想像するしかない。

一方で、ネアンデルタール人の化石はたくさん残されている。ＤＮＡ解析によれば、彼らの一部は肌が白く（かぎられた太陽光をビタミンＤに変えるのに適している）、髪は赤毛ないしブロンドだった。肉中心の食事のおかげで、脳がどの人類より大きくなった（私たちより約一〇パーセント大きい）。

ネアンデルタール人の会話をこっそり聞くことは無理だが、どの証拠を見ても彼らが話したことはほぼ事実だろう。彼らは森の外れでシカなどの大型動物を狩った。さまざまな武器を持つ優秀な狩人だったが、五万年前から四万年前に大寒冷期が訪れた。巨大な氷床が北ヨーロッパを覆い、北大西洋の大部分を凍結させると、ネアンデルタール人はあえなく絶滅した。一部の化石に残された食人の痕跡は、彼ら独自の風習かもしれないし、周辺の物がすべて凍っていくなかでの絶望の果ての行為だったかもしれない。

このとき、人類の世界総人口は一万人にまで減ったとも推定されている。大寒冷期があとほんの少し厳しかったならば、あなたはこの本を読んでいない。

現生人類とネアンデルタール人はかなりの頻度で交雑したようだが、ネアンデルタール人の身体が私たちとかなり異なっていたことから、暮らしぶりもまた相当に異なっていただろう。彼らの頑丈な身体は長距離歩いたり走ったりするのに向いていない。現代的な足を持っていただろうが、この足は軽くなかったはずだ。男性はつねに狩りをしていたし、体温を維持しなくてはならないので、一日に四〇〇〇カロリー以上必要だったと思われる（体重が増えれば必要な摂取カロリーも増える）。

私たちが種としてやや複雑な移動をしてきたという話は、遺伝学を研究する古人類学者には笑い話だろう。かつての人類拡散の地図には、直線的な太い矢印や移動ルートが自信たっぷりに描かれていた。さまざまなヒト族が共通のＤＮＡを持っていることが知られるようになると、地図はしだいに複雑になり、交雑種や中間種の歴史が数十万年前にさかのぼることがわかってきた。最初の移動（たとえば、ホモ・エレクトスのユーラシア大陸南部への移動）を池に一個の小石を投げたときに広がる波紋にたとえるなら、その後の移動はいくつもの小石を池に放りこんだときに広がる波紋のようなものだ。遺伝学と歴史によれば、いったん立ち上がった人類は絶え間なくあらゆる方向に拡散したことがわかっている。その過程で頻繁に交雑し、敵対感情を示さないホモ属の仲間なら種を問わず交雑した。

移動の過程で道具が発達した。鋭い投射物（おそらく約四〇万年前にホモ・ハイデルベルゲンシスが発明した）が出現した。一五万年後、ネアンデルタール人がフリント石器をつくる新たな方法を編み出した。より軽く尖った狩猟具をつくるようになった彼らは、より大型の動物を楽に仕留められるようになった。食糧の供給が増えて人口も増え、テクノロジーや交易も発達した。先史時代の遠い昔のことである。装身具の最初の証拠もちょうどこのころに現われる。海産巻貝の貝殻がビーズとして使われた。

しばらくすると、靴のテクノロジーが出現した。足を暖かく保つための履物（動物の毛皮でできた覆い）は五〇万年前くらいにできただろう。この柔らかい履物は足の強度と骨密度を維持するのに向いていた（柔らかくサポート力のない靴はいまでも足に仕事をさせるので、骨密度や筋肉の成長と強度を促進する）。こうした柔らかい覆いが化石記録に痕跡を残すことはまずなかった。

やがて、足を守ってくれる頑丈な履物が後期旧石器時代の後半に現われた。ネアンデルタール人やサピエンスの化石では、親指をのぞく四本の足指が以前の化石記録より未発達のままだ。

靴のおかげで厳しい気候でも遠くに歩いていくことができるようになった。靴によって私たちの身体の動きが変わったとはいえ、長い時間をかけて、歩行によって生じる変化が私たちの骨に刻みこまれた。足を押し返す靴は歩きぶりを変え、この変化によって可動部どうしの関係に変化が生じた。この変化は通勤用の靴や、かかとの高さが一五センチもあるハイヒールを履いたときと比べて、スリッパを履いた自分がどう動くかを考えれば実感できるだろう。靴によって私たちのアーチがつぶれ、内在筋が使われないか、間違った使われ方をするために弱くなったり、骨の炎症など深刻な問題も起きるようになったりした。

二〇〇五年、自然人類学者のエリック・トリンカウスが、ある論文をジャーナル・オブ・アーキオロジカル・サイエンス誌に発表した。[7] 論文で彼は中期および後期旧石器時代（二万六〇〇〇年前から四万年前まで）における化石の指趾骨の形成と発達を比較し、比較的急速な変化が認められる（足指の骨が未発達になった）と述べた。初期北米先住民（裸足で歩いたことが知られている）の比較的短く太い足指と、イヌイット（アザラシの厚い毛皮でできたブーツを履く）の足指を比較した結果、ブーツを履く足は裸足のようなストレスを受けないため、厚みがなくなると結論づけた。

靴は四万年ほど前に起きた創造性の爆発（シャーマニズム、儀式、宗教、洞窟アートが生まれた）の一環だったようだ。この時期に靴が洗練されていったのも当然なのだろう。

初期人類は毎日八キロから一四キロ歩いたと推測されている。もしこの推測が正しいなら、ある種が地球上の生息可能で到達可能な場所すべてに拡散するのにそれほど多くの世代を重ねる必要はなかったのだ。イスラエルのミスリヤ洞窟で最近発見されたホモ・サピエンスの上あごの骨は、現生人類がかつて考えられていたよりかなり早期（約一四万年前）にすでに移動していたことを示している。中国でもサピエンスの歯が発見されていて、これらの歯はおよそ一〇万年前にさかのぼることがわかった。

サピエンスという種の最初期からすでに、私たちにとって移動は美しい夕陽を楽しんだり、マンモスのステーキを食べたりするのと同じくらい自然なことだったのだ。

第2章「人新世」以前の身体

ホモ・エレクトスがアフリカのサバンナを駆けていた時間の長さは、私たちの脳が理解できる限界を超えている。私たち一人ひとりの人生の長さに比べて、一九〇万年という年月は想像すらできない。それほど長い期間にわたって、この草原は初期人類のゆりかごだったのだ。その間ずっと身体が変化していた人類にとって、サバンナは理想的な環境だった。この本で訪れるほかの地形や環境とちがって、それは人類が暮らした場所ではあっても、人類によってつくられた場所ではなかった。

初期人類の身体はたまたまサバンナに出会っただけだ。だが、ヒト族の身体は適応を重ね、突如としてその時と環境に理想的なものに変化した。それは一〇〇万に一つのまぐれ当たりだった。

いや、それはまぐれではなかった。

霊長類の歴史は、個体や種が住んでいた場所が変化し、カロリーや栄養素を得るのがどんどん難しくなるような例に満ちている。パラントロプスがよい例だ。パラントロプスとホモ・エレクトスのあいだには数え切れないほどの差異があるが、もっとも目を引くのは大きさのちがいだ。ホモ・エレクトスは身長が高く細身だったが、それでも両者の消化管を比べると、小柄なパラントロプスのほうがホモ・エレクトスより大きく長い消化管を持っていた。

ホモ・エレクトスは、はじめからより短く小さい消化管を選んだ。このことは食物の質が改善したことを物語る。彼らの身体が食物の栄養素をうまく処理したか、処理が口の外（調理など）で行なわれたかのどちらかだ。敏捷性が最大限に高まると、ホモ・エレクトスは結果的に良質の食物を食べ、さらに敏捷性が高まるという自然選択の上向きのスパイラルが生じた。

この敏捷性と力を可能にしたのは、霊長類にある地味な筋肉群だったが、これらの筋肉の形、大きさ、機能はけっして地味ではなかった。初期人類の化石を調べると、骨盤の後ろに大ぶりの筋肉付着部が見つかる。このことは、ホモ・エレクトスが大きな……ケツを持っていたことを示している。どんな武器でもそうだが、これらの大きな筋肉は獲物を追い回して仕留めるのに重要だ。

ホモ・エレクトスの強みは「尻」だった

ホモ・エレクトスは「直立した人」を意味する。殿筋がなければ、私たちは二本の足で立つことはできなかった。そればかりか、広大なサバンナを走り抜けることも、ましてアフリカ全域と南ユーラシアに拡散することもなかった。

推進力を与える足指の先から頭頂を太陽光から守る髪の毛までの特質は、ホモ・エレクトスが優秀な「狩人」になる鍵だった。関節が衝撃を吸収し、身体が獲物を負う際に発生する大量の熱を逃がす必要もあった。

ホモ・エレクトスはとりわけすぐれた投擲（とうてき）能力を発達させた。しかし、動きながら獲物に焦点を合わせられないなら、武器を投げても無意味だ。彼らを優秀な狩人にした特徴はさらに少なくとも一〇ほどある。それらの特徴を重要性の高い順にリストアップすれば、殿筋はたぶん最上位近くにあり、足の感覚やテクノロジーがその近くにまとまってあるだろう。

殿筋（ヒトに特徴的な尻の形を形成する筋肉）は、全部で六個の筋肉からなり、うち大きな筋肉は強力で、丈夫で、まず損傷するということがない。ほぼどの筋肉も九〇キログラムほどの重さを支えられる。私たちは足で立っているが、背中と脚をつなぐ場所の後ろにあるこれらの大きな筋肉が「立つ」という動作を支えている。これらの筋肉がなければ、私たちは前方に倒れて手と足で這うだろう。

全体で六個の筋肉のうち、左右の殿部はそれぞれ三層から成る。小殿筋（三種の筋肉のうちいちばん小さく深い場所にある）、中殿筋（中間にある）、大殿筋（仕事の大半をこなし、ヒトに特徴的な外見を与えるいちばん大きな筋肉）である。並外れた仕事をしてのけるのは最後の筋肉だ。尻の伸展、外転（脚を外側に動かす）、骨盤傾斜、胴体をのばしたりひねったりするなど、じつに広範な機能をこなす。この強靭な筋肉の筋繊維は、骨盤から脚の付け根の付着部へ斜めに延びる。

ヒトの大殿筋が大きいのは、ヒトに特徴的な歩行と走行という機能を果たす必要があるからだ。大殿筋にはおもに二つの機能がある。最初の機能は骨盤を安定して維持することだ。つまり、股関節から骨盤がずれないように支える。私たちのように二足歩行する動物の股関節は四足動物より仕事が多い。二番目の機能は、股関節の伸展だ。この機能はとくに走るときに重要になる。また歩くときや立つときにも重要な役割を果たす。三種の殿筋のうち、ヒトに特異なのは大殿筋だ。残りの二種の殿筋は少し異なる機能を持つ。

中殿筋もなかなか大きく、厚みがあり、短い。速度より力を与える。左右のバランスをとるのもこの筋肉で、この機能は歩行に際してとりわけ重要になる。中殿筋は強力な外転筋でもある。中殿筋が正しいタイミングで働かないと、骨盤側方傾斜、つまりトレンデレンブルグ歩行が起きる。

たいていの人は、ベルトの後ろから見ると歩くときに骨盤が地面と並行になっている。ところが、一部の人では骨盤側方傾斜が見られる。こういう人を後ろから見ると、ベルトが嵐の海に浮かぶ船の

ランニングの推進力は
おもに殿筋によって得られる。

ように左右に揺れる。これは多様な問題につながり、とくに腰痛が起きがちになる。直接あるいは間接の原因は多いが、たいていは現代生活に根差している。パンパンに膨れた財布の上に長時間座り（初期のホモ属にそんな習慣はなかった）、横向きに寝るために身体の片側が縮み（マットレスの上でないと快適に眠れない）、固まった姿勢で長時間運転し（片方の腕を窓から出している）、片方の肩ばかりにバッグをかける。こうして身体が側方に傾いた姿勢に順応することで力学が変わってしまう。

小殿筋はおもに中殿筋のバックアップとして働く。体重が片方の足にかかっているときに、外転や骨盤の安定化を補助する。

殿筋は地上生活に向いた筋肉群だ。類人猿の脚の後筋は短くて非常に強力で、可動域全体で大きな推進力と加速度を発生する。基本的に、これらの筋肉は木登りに向いている。ヒトの生体力学は、この能力の代わりに効率の向上（とくに長距離の歩行や走行時）を選んだ。

サバンナでは、殿筋は十分に働いた。更新世や完新世では、ヒトは時間のほとんどを歩いたり走ったりすることに費やした。つまり殿筋は働きっぱなしだったのだ。ホモ・エレクトスは横になって休息したかもしれないが、しゃがむことも多かった。深くしゃがんだ姿勢は、座りこみの古代版だ。この姿勢は快適だし、比較的長い時間保つことができる。

しゃがむのが苦手な現代人

ウォルフの法則によれば、骨は負荷に応じて強くなったり弱くなったりする。ストレスがかかったり、負荷が繰り返しかかったりする場合には、骨は強くなる。高密度の骨格系が必要とされない場合には、身体はその骨格系を高密度に維持するカロリーを無駄使いしないため、骨は弱くなる。

軟組織についても同じようなデイヴィスの法則がある。ジョン・ナットが、『足の病気と奇形』(*Diseases and Deformities of the Foot*) と題する一九一三年刊の著書で、この法則についてはじめて以下のように述べた。[8]

少しでも負荷がかかると、その負荷が継続してかかる場合には、新たに材料が付加されて靱帯あるいは軟組織が伸びる。反対に、ずっと緩んだ状態にあると、柔らかい材料がとり除かれ、靱帯あるいは軟組織はしだいに収縮して、身体構造との以前の付着関係に戻る。筋肉や靱帯の元の位置といまの付着点のあいだの距離が一定期間継続して収縮したままの場合、その筋肉あるいは靱帯を元の長さに維持するために自然が時間や材料を無駄使いすることはけっしてない。

これは私たちの一生のうちに、周囲の状況が変化するにつれて身体に起きることにかんする、重要な法則だ。ウォルフの法則は「骨を使わなければ骨密度は減る」ことをいい、デイヴィスの法則も同様のことを軟組織について述べている。これらの法則は、二頭筋の収縮について述べているというより、現代人に何が起きているかを暗に説明しているのだ。法則はさらに、可動域はフルに使わなければ失われるし、エネルギーを靱帯や腱にためる能力も利用しなければ失われる、といっている。

人新世の身体に起きることのあまりに多くが、さまざまな可動域の消失にかかわっていて、これらの消失は身体が穴埋めにほかの関節を使おうとしたり、似通った別の消失が起きたりすることで倍増する。

現代生活では椅子に座ってくつろぐのがふつうだが、ヒト科は二〇〇万年以上にわたって椅子に座ることがなかった（だから、椅子はもっとあとになって出現するのだ）。狩猟採集時代には椅子は存在せず、初期人類の身体にとって最大の目的は狩猟と摂食だった。食べる行為はたいていしゃがんで行なわれた。深くしゃがんだ姿勢で休息し食事するのが快適だという考えは、座ることを好む何十億人という現代人にとっておかしな話にちがいない。

深くしゃがむとき、初期人類は骨盤をてこに使っただろう。少しわかりやすく説明すると、大腿部を胴体に対して一〇度ないし一五度（時計の針が一一時と一二時を指すときの角度）に保ち、重心をぴったり足の上に持ってこなくてはならない。そうすれば、体重が足の前部とかかとに平均してかかる。

この休息の姿勢だと股関節も広がる（腰痛持ちにはありがたい）が、この姿勢を保つには長い腓腹筋が必要になる。ところが、人新世の人類は靴やハイヒールを履いたり椅子に座ったりしている時間

しゃがんで休む人。重心に足の前後方向の偏りがなく、体重が腰の深い位置で支えられている。

が長いので、腓腹筋が収縮してしまっている。こうなると体重が平均してかかるように足を平らにするのも、重心を正しい位置に保ったままほんの少し前のめりになった休息の姿勢をとるのも難しい。

アメリカ、イギリス、ヨーロッパ、ロシア、オーストラリアに住む成人で、しゃがんだ姿勢で快適に休息できる人は一パーセントに満たないだろう。植民地化以前のインドでは、くつろぐときの一般的な姿勢は脚を組んで座るか、しゃがむことだった。だが、若年世代の大半は学校や大学に通い、座ってする仕事に就いたため、もうこのような姿勢をとることができない。私たちの多くと同じく、可動域を幼いころに失う。ところが、インドネシアなど東南アジア諸国では、人びとは広場や道ばたで脚を組んで座ったり、しゃがんだりして人の往来を見て楽しんでいる。インドネシア国民の娯楽は、ロコック・ロコック（喫煙）に次いでダダク・ダダク（座ること）だというジョークがあるほどだ。

荷重のかかる筋膜

人類はつねに快適さを追求してきた。問題解決能力やテクノロジーを使う能力は、初期にも原始的方法ながら快適さの追求に貢献した。しかし、身体の皮膚の種類を少し調べただけでも、私たちの尻が長時間座ったままでいるのに生理学的に向いていないとわかる。

手のひらや足裏の皮膚は、身体のほかの部位の皮膚と異なる。まず、淡明層と呼ばれる特殊な層を持ち、この層が残りの層を摩擦から守っている。これと比べると、耳たぶの皮膚は柔らかくてなめらかだ。腕の皮膚は柔軟で移動できる。脚の皮膚は毛深いが、末端はそのかぎりでない。手のひらや足裏以外では、私たちの身体のどこを探しても渦巻き、稜線、ループのある皮膚はない。

皮膚が黒い人も、手のひらや足裏はメラニンが少ない。荷重のかかる筋膜を紫外線から守るのにメラニンは不要で、それは手のひらや足裏が腹側（下側、背側の反対）にあるからだ。これらの部位は、おもに運動中に身体の下側を支える。

したがって、荷重のかかる筋膜にはいくつかの類似点がある。刺激に敏感に反応し（必要に応じて硬くなったり柔らかくなったりする）、下の骨に付着し、保護機能のある薄い脂肪層を共有する。皮膚下の組織にある受容器は手足では高密度に分布し、効果的な動きや空間認知のためのあらゆるデータを与えてくれる。これらの筋膜は恋愛映画のように繊細で、アクション映画のようにタフで、何度倒されても生き返るホラー映画の悪漢のように頑丈だ。

しかし、殿筋はちがう。これらの筋肉は何か別の物と接触するということがあまりない。殿筋はそのためにあるのではないからだ。殿筋の目的は仕事をすることにある。だが、どれほどの仕事をするのだろう?

初期人類は一日どのくらい働いたのか?

数十年にわたって、古人類学者は先史時代の狩猟採集民が一日何時間働いたかを計算しようとしてきた。誰の計算もせいぜい近似値でしかないが、それでも結果は驚異的だ。

狩猟採集にはさまざまな技能が求められる。どの植物やベリーが食用になり、どれが毒を持つか、どの木の実が割りやすいか、野生動物をどう追うか、狩りをどのようにして辛抱強く続けるか、道具をどうつくって使うか、仕留めた獲物の肉をどう処理するか、雨露をしのぐ場所をどうつくり、どう火をおこし、衣服をつくるか、子どもたちをどう守るか、どう調理するか。ほかにもまだまだある。更新世に進化した身体は、これらの欲求と環境に適応した。しかし、ホモ・ハビリス、エレクトス、ハイデルベルゲンシスは、これらの目的を達成するテクノロジーを持たなかったため、一週間に六〇時間から七〇時間働いたのだろうか?

一九六〇年代、文化人類学者のマーシャル・サーリンズは、これらの社会が人びとのあらゆる欲求が満たされた、初の豊かな社会だったと説いた。[9] サーリンズは、これらの初期の社会がすべての欲求を満たすには、人びとは一日あたり三時間から五時間働かなくてはならなかったと考えた。

一九六〇年代以降、サーリンズの主張、とりわけ「豊かさ」についての見解は、ほかの専門家たちから激しい非難を浴びてきた。しかし、その後も一日の推定労働時間はさほど変わらず、より最近の推定値は約六時間だった。この数字を見ると、何をしていたかわからない時間がけっこう長い。何となく人とつるみ、ゴシップにうつつを抜かし、周りをただぼんやり眺めるのが初期人類の活動のすべてだが、どれも退屈そうだ。だが、人類のイノベーションが開花したのは、まさにその退屈しのぎのおかげだったと考える人もいる[10]。

やがてアフリカからユーラシア大陸の奥地や寒冷地に移動した人類の身体は、生きていくために一生懸命働く必要があったはずだ。環境が提供してくれる食物はとぼしく、遠くへ移動しなくてはならなかっただろう。

残された化石は、労働時間は減ったとはいえ、彼らの身体が重労働したことを物語る。狩猟採集民と農耕民の標本の骨密度を比較した研究によって、農耕がはじまると骨密度が激減したことがわかった。この研究は数百万年分の標本の骨密度をはじめてスキャンしたもので、こう結論づけた。「骨密度はヒトの進化史をとおして高かったが、最近の現生人類の時代になって大きく減少した。このことは、私たちの骨格と定住時間の増加のあいだにつながりがあることを示している」[11]。遊動民から定住農耕民に変わったとき、骨密度が減少したのだ。

ここで忘れがちなのが、これらの古代の農耕民の骨密度はこんにちの私たちよりまだかなり高かった点だ。二〇一七年に発表された研究実験の結果によれば、紀元前五三〇〇年から西暦一〇〇年までの九四人の女性の標本をスキャンしたところ、これらの女性の骨はアスリートを除く現代女性より平均で三〇パーセント強かった[12]。初期の農耕民女性が一生懸命働いたことが骨に見てとれた。「女は家事をして、男がつらい仕事をする」というロッカールームの噂話もこれまでだ。この実験結果は、これらの女性が現在のオリンピックに出場するボート選手より重労働したこと、そして彼女たちの「上腕骨の強度が農耕をはじめた年から五五〇〇年にわたって現代のアスリートより高かったこと」を示している。

遊動民だった狩人が定住農耕民になったときに骨密度が減少したとはいえ、これらの定住者の骨はまだ現代のオリンピック選手よりかなり強かった。狩猟採集民は、人新世に生きる私たちの大半には想像もつかないほど強くて健康だっただろう。

遠い昔、一日の労働時間は長くはなかったかもしれないが、人体は彼らが重労働したことをたしかに物語っている。骨を見ると、さまざまな仕事と娯楽があったようだ。骨密度にはいくつかの要素が関連し、その一部については産業革命後の章で再度述べるが、重要な刺激の一つが荷重だ。骨にストレスがかかると、骨芽細胞が再生と強化をはじめる。多くの活動が骨密度の増加に寄与し、とくにフリント石器の製作や衣服用の獣皮から肉をこすりとるなどの重労働がそれに当たる。これらの仕事は過酷で、現代の標準的な仕事（キーボードのキーを四ミリほど押す）に比べればとくにそうだ。一枚の獣皮の処理に八時間ほどかかり、一着の衣服には四、五枚の獣皮が必要になる。更新世のきびしい気候では、少なくとも一年に一度は新しい衣服が必要だっただろう。これを経済の観点から比較するとおどろく結果になる。現在では、二週間程度の賃金で一年分の衣服がまかなえるのだ。

先史時代の祖先たちの身体では、運動の痕跡が骨に刻みこまれた。まるで古い指紋のように、骨はそれが人新世の人間には理解できそうもないほど酷使されたことを記録している。

完新世のイノベーション爆発

数百万年前に気候が乾燥に傾いて、中央アフリカの森が草原になったとき、人類はこの新しい環境に適した身体を得て草原に進出した。そこで、生き延びて遊動生活をはじめた。つねに動き回っていた彼らは、毎日少しずつ移動して地球上にゆっくり拡散した。多様化と変異がたえず起こることで、

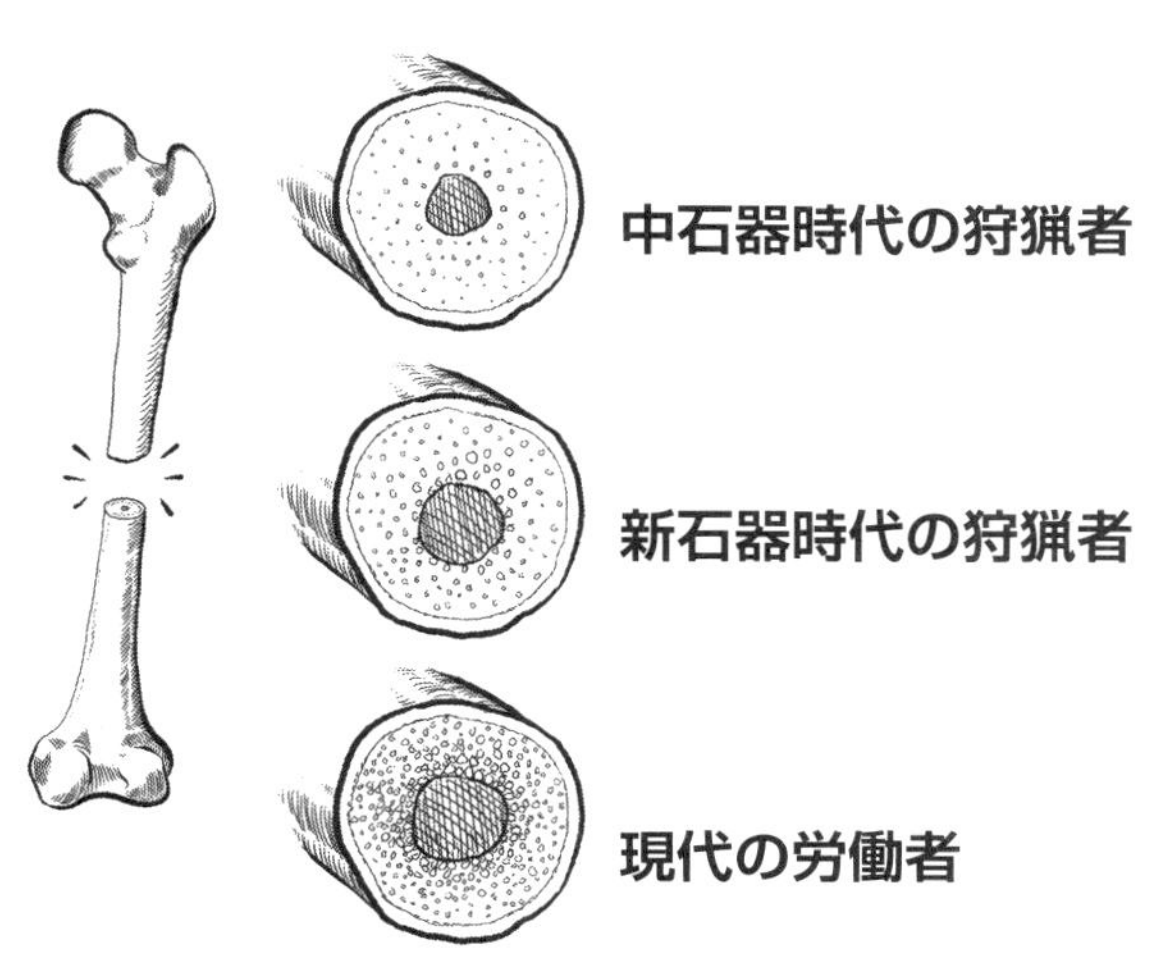

研究によれば、ライフスタイルにかかわる各革命のテクノロジーを経るごとに、私たちの骨はどんどん薄く脆くなってきている。

新種が生まれ、合流し、絶滅した。生きることは過酷だった。平均寿命は短かっただろう。これら初期バージョンの人類は、私たちにはおなじみの疾患に悩むことはなかっただろうが、危険な暮らしを送った。歯茎に埋伏歯があったり、ただ転倒したり、道具の製作中に手がすべったりしただけで死ぬかもしれないのだ。

完新世まで生き延びたのはホモ・サピエンスのみだった。ほかにも数種が生き延びかけたが、いまとなってはすべて絶滅している。それでも、これらの人類は自分たちの亡霊を私たちのＤＮＡに残した。デニソワ人はオーストラリアやパプアニューギニアの先住民の細胞内にその痕跡を残している。ネアンデルタール人も、東アジアや西ヨーロッパの大半の人びとの遺伝子に自分たちが生きた証しをひっそりと残した（これらの人びとのＤＮＡのおよそ二パーセントから四パーセントを占める）。

完新世では、種の絶滅は自然現象で、毎年一種ないし五種のペースで起きた。人新世では、この数字は一〇〇〇種ないし一万種になる。毎日、数十種が絶滅する計算だ。[13]

本章で注目した二つの身体部位、つまり尻と足は、その後同じ運命をたどった多くの身体部位と同じく、次の数千年で大きく変化した。そのこと自体は問題ではない。人生とは変化なのだ。問題は、これらの身体部位の形態と機能のコードが変化しなかった点にある。狩猟採集民に比べて、私たちの足は長く、薄く、平たいが、それはＤＮＡが変化した結果ではないのだ。

私たちは放射線やアルコール（最近の研究によると、アルコールは幹細胞のＤＮＡに損傷を与えるという）[14]など、一生のうちにＤＮＡを変えるさまざまな要因に遭遇する。老化とはＤＮＡ損傷が修復されずに蓄積することで起きると考える人もいる。それでも、妊娠が成立するときに母親の胎内で活性化する遺伝子はずっと変わらない。現代に生をうけた赤ちゃんの足は、先史時代の赤ちゃんの足にやはり似ているだろう。しかし、その遺伝子のなかには、一定の物理的刺激を外部から受けたときに異なる反応をする行や配列がある。

イノベーションと変化が完新世（人類史の〇・五パーセント未満の期間）に激増しはじめたとき、私たちは快適さがいちばんで、手っとり早いものが理想的で、自分たちがよいと感じるものがよいと何度も勘ちがいした。変化、発明、快適さ、技術的解決法が積み上がり、パワーショベルのバケットが私たちの頭上で開いてこれらを一気にぶちまけた。私たちの身体は、自分たちが生み出した変化、いまも生み出しつづけている変化についていけずに苦しんでいる。

第Ⅰ部のまとめ

さあ、前に進もう。もう、ここに見るべきものはない……。

旧石器時代の人類は多くの苦難を経験したとはいえ、現在私たちが苦しんでいる病気の多くとはまだ遭遇していない。

後代の諸々の革命（農業革命、産業革命、座業革命）では、現在私たちを悩ませている病気を生み出し、その病気をより深刻にするような基本的な変化が起きることになる。この時期には進歩（道具の製作と使用、協力して行なう狩り、言語や芸術の誕生）もあったとはいえ、初期ホモ属の身体に革命的変化がただちに刻まれることはなかった。

サバンナは、ヒトのＤＮＡが安定した環境に遭遇した場所だった。人類の身体は、完璧ではないにしろ安定した環境で繁栄した。わかっているかぎりにおいて、私たちは数百万年後に有害と判明するような習慣や行動をこの時期に身につけることはなかった。仮に身につけたのであれば、あの場所であれほど長く生き延びられただろうか？

この先は、その後の解剖学的革命がはじまって身体が問題を抱えていく時代に、革命的な変化がどのようにして現代人の習慣を生み出し、私たちの形態、運動、健康に大きな影響を与えたかを見ていくとしよう。

次章以降の「まとめ」では、過去に人体によい影響を与えた習慣や行動について述べていく。また、それぞれの革命で何が変わったかをあきらかにし、身体によい結果をもたらすとともに、現代の多忙な生活にもたやすく組みこめる行動と活動について見ていこう。

第Ⅱ部　紀元前三万年〜西暦一七〇〇年

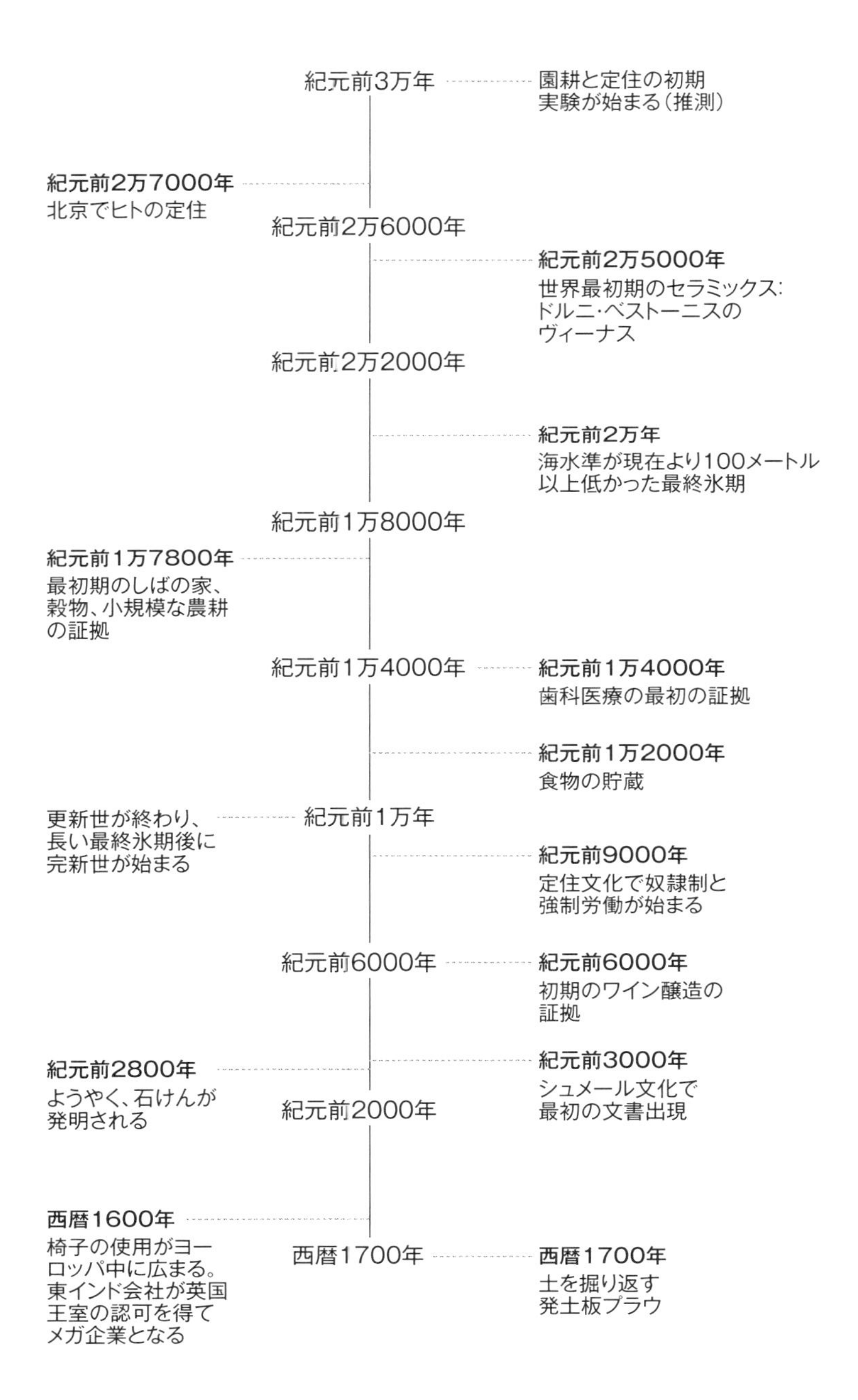
紀元前3万年
園耕と定住の初期
実験が始まる(推測)
紀元前2万7000年
北京でヒトの定住
紀元前2万6000年
紀元前2万5000年
世界最初期のセラミックス:
ドルニ・ベストーニスの
ヴィーナス
紀元前2万2000年
紀元前2万年
海水準が現在より100メートル
以上低かった最終氷期
紀元前1万8000年
紀元前1万7800年
最初期のしばの家、
穀物、小規模な農耕
の証拠
紀元前1万4000年
紀元前1万4000年
歯科医療の最初の証拠
紀元前1万2000年
食物の貯蔵
更新世が終わり、
長い最終氷期後に
完新世が始まる
紀元前1万年
紀元前9000年
定住文化で奴隷制と
強制労働が始まる
紀元前6000年
紀元前6000年
初期のワイン醸造の
証拠
紀元前2800年
ようやく、石けんが
発明される
紀元前3000年
シュメール文化で
最初の文書出現
紀元前2000年
西暦1600年
椅子の使用がヨー
ロッパ中に広まる。
東インド会社が英国
王室の認可を得て
メガ企業となる
西暦1700年
西暦1700年
土を掘り返す
発土板プラウ

「移動」をやめた人類に何が起きたのか？

ここ二〇〇万年にわたって、労働の種類は比較的一貫していた。移住によって、初期人類の労働は多様化したが、集団や部族内では基本的に安定していた。象徴的な芸術作品の誕生は、人びとのあいだで単純労働と技能労働の分化に変化があったことを明確に示している。彫刻には高度な専門技術が必要となる。象徴的な作品のアイデアを思いつくだけでなく、それを具体的な形に変換しなくてはならないからだ。よって、一人の人物が象牙彫刻をするには、創作を手伝うために、ほかの人びとが毎日外で特殊な作業を延べ何百時間もこなさなくてはならない。

認知能力が高まると、労働の種類も増えた。人類史の大半をとおして労働に見られた多様性は、生態学によって説明できるかもしれない。生態学という言葉は一九世紀に生まれ、生物と環境の関係を調べる生物学の一分野を指す。この学問はすぐに人間と環境間の社会的な側面に注目するようになり、やがて人類の定住地に形成される系全体を意味する「生態系」という概念を生み出した。

私たちと環境の関係は、主に労働にもとづいている。労働する生物はそれを完了するように適応しなくてはならない。要求される作業が身体能力を超えた場合には、その生物はその環境で苦しむか死んでしまう。

人類史（おおよそ農業革命に到達するまでの時間）の九九・五パーセント以上を支配した労働の生態学には、かなりの多様性があった。あらゆる生態系がそうであるように、多様性があってこそバランスがとれる。初期人類は現代医療ならかんたんに治せるような疾患に悩まされたとはいえ、彼らの人機能上の健全性は生体力学や代謝関連の疾患にかんたんに屈するようなものではなかった。彼らの人生は過酷でつねに空腹を抱えていたとはいえ、家庭の維持、食事の用意などすべての作業を足し合わせると、狩猟採集民は週に三〇時間ないし四〇時間、あるいはそれより短い時間しか働かなかっただろう。

欧米社会では、たいていの人は週に四〇時間ないし五〇時間働く。ホモ・エレクトスやホモ・ハイデルベルゲンシスの労働時間はこれより少ないが、大きくちがうわけではない。現代人は電子メールに夢中で、祖先の人びとより少し余計に働くこともありがたく受け入れる。しかしすべての作業（家庭の維持、家計の管理、週末の電子メール、買い物、料理、掃除から私たちがレジャーと考えていることまで）を考慮すると、欧米社会の労働時間を計算するコンピュータはきっとバネと煙を出して壊れてしまうだろう。

問題は人類が歩くのを止めたときにはじまった。ある部族がもう「十分」歩いたといつ決めたのだろう？　そう決めたとき、彼らの身体に何が起きただろうか？

これが、現生人類の身体のはじまりだった。たぶん三万年前から二万五〇〇〇年前のある瞬間、どこかの誰かが、ここに水があり、食べ物や住まいの材料も豊富にそろっているのだから、もうこれ以上移動する理由はない、と決めたのだ。これが「瞬間」だったなら、それは人類史上もっとも重要な瞬間だ。とはいえ、農耕が定住の結果だったのか、あるいは定住が農耕の避けようとして避けられない副産物だったのかを知る人は誰一人いない。

この新たな環境で、人類の移動範囲がやや狭まった。歩く距離が少し減り、木に登ることが少し減り、狩りをすることはかなり減った。一部の人はすでに靴を履いていた。穀物を栽培していたので、石臼（いしうす）などを使い、灌漑、貯蔵、保存を試みた。頻繁に道具を使い、家で眠り、家を維持し、動物を家畜として育てた。最初は肉を食べるためだったが、だんだん皮革、乳、使役のために動物を育てた。

人口が増えた。こうした行動のわずかな変化が雪だるま式に増えていった。

人類が移動を止めると、身体が縮んで変化がはじまった。新しくはじまった炭水化物中心の食事に不満でもいうかのように、平均身長が大幅に減った。定住者の骨は、現代人に比べればまだかなり強かったが細りはじめた。彼らが口にしはじめた新しい食べ物は、歯やその並びだけでなくその数までも変えた。歯は小さくなっていたにもかかわらず、口が突然混み合って、歯が口のなかにきちんと収まらなくなった。なぜだろうか？

二〇〇万年というもの、人類は野外で暮らした。しかし、いったん住居、定住地、都市が生まれると、太陽光の届かない場所で働く時間が増えた。

まだ文字が発明されて歴史的なできごとを記録しはじめる前の先史時代のことなので、少なくとも最初のころについては考古学と化石記録から推測するしかない。

進化史上、農業革命は急速な変化の時期だった。これらの初期の定住者たちは私たちとはあまりに遠い存在に思えるが、彼らの身体はゆっくりと私たちに似通ってきていた。おどろきの表情や笑いも私たちに近づいていた。

オハロ－Ⅱ遺跡が教えてくれたこと

過酷な干ばつが起きることで有名なイスラエルは、一九八〇年代に一連のひどい干ばつに見舞われた。考古学では、こういう特殊な状況が特別な発見につながることが多い。この地域でも前例のないようなひどい干ばつが起きた一九八九年、数千年にわたって湖水に守られてきた先史時代の定住地跡がガリラヤ湖畔に姿を現わした。
オハローは農業革命のポンペイとでもいうべき場所だ。紀元前約二万年にさかのぼる考古学遺跡、オハローⅡ遺跡は水辺に位置する古代の定住地で、おそらく例外的な豪雨、[1]あるいは人類の起源にかかわる神話に登場するさまざまな洪水の一つ――聖書のノアの洪水や古代バビロニアの叙事詩「ギルガメシュ」や「アトラハシース物語」の洪水――によって水中に没して保存されたらしい。水位が上がって、定住地跡は砂と沈泥に覆われた。発掘されたとき、それは人類学者にとってまさに金脈だった。

　オーク、ヤナギ、タマリスクの柱を使ったドーム型の草ぶきの家屋が多数発見された。この形状はやがて巨大な丸天井を持つ構造体に発展し、世界中のたいていの都市の教会などで見られるようになる。オハローⅡ遺跡の住居には床の敷物や、穀物の茎をたばねた寝台のマットレス（マットレス！）があった。

　ここの住人たちが果物、野生の野菜、そして人新世の人類が主食とする穀物を食べた形跡もあった。人類学者たちは、オオムギやコムギの穀粒を大量に見つけた。この時期にさかのぼる定住地としては、きわめて例外的だ。食べのこしを見ると、人びとが大型動物（野生のシカやガゼル）を狩り、優秀な狩人だったこともうかがわれた。

　良好な保存状態にあった四〇歳の男性の化石人骨（67ページの図参照）は、右手と右腕が左手と左腕よりかなり発達していた。このことから彼が槍か弓矢を使ったか、過酷な手仕事をしたことがわかる。手ひどい怪我を負い、数カ月にわたって傷が癒えなかったようだ。しかし、化石人骨には誰かに世話してもらった形跡があり、死後に丁重に葬られていた。両腕を胸の前で交差し、両脚は後ろ側にそろえて折り曲げられていた。ここで暮らしていた人びとには、年長者や病人の世話をするという強い社会的なつながりがあったようだ。

農耕は、互いに世話を焼くという利点をもたらした。食物の確保という生死にかかわる欲求が農耕とその関連のテクノロジーによって満たされたとき、人類はほかのことに目を向けはじめたのだ。

オハローⅡ遺跡は園耕〔訳注：雑多な植物の栽培〕が最盛期にあったことを示している。小規模な耕作が行なわれ、数々の作物が栽培されていたらしく（広い耕地ではなかった）、あまり摩耗していないフリント石器の鎌が発見されている。新しい食糧源に慣れていくにしたがい、これらの初期人類と私たちの外見がしだいに似通ってきた。

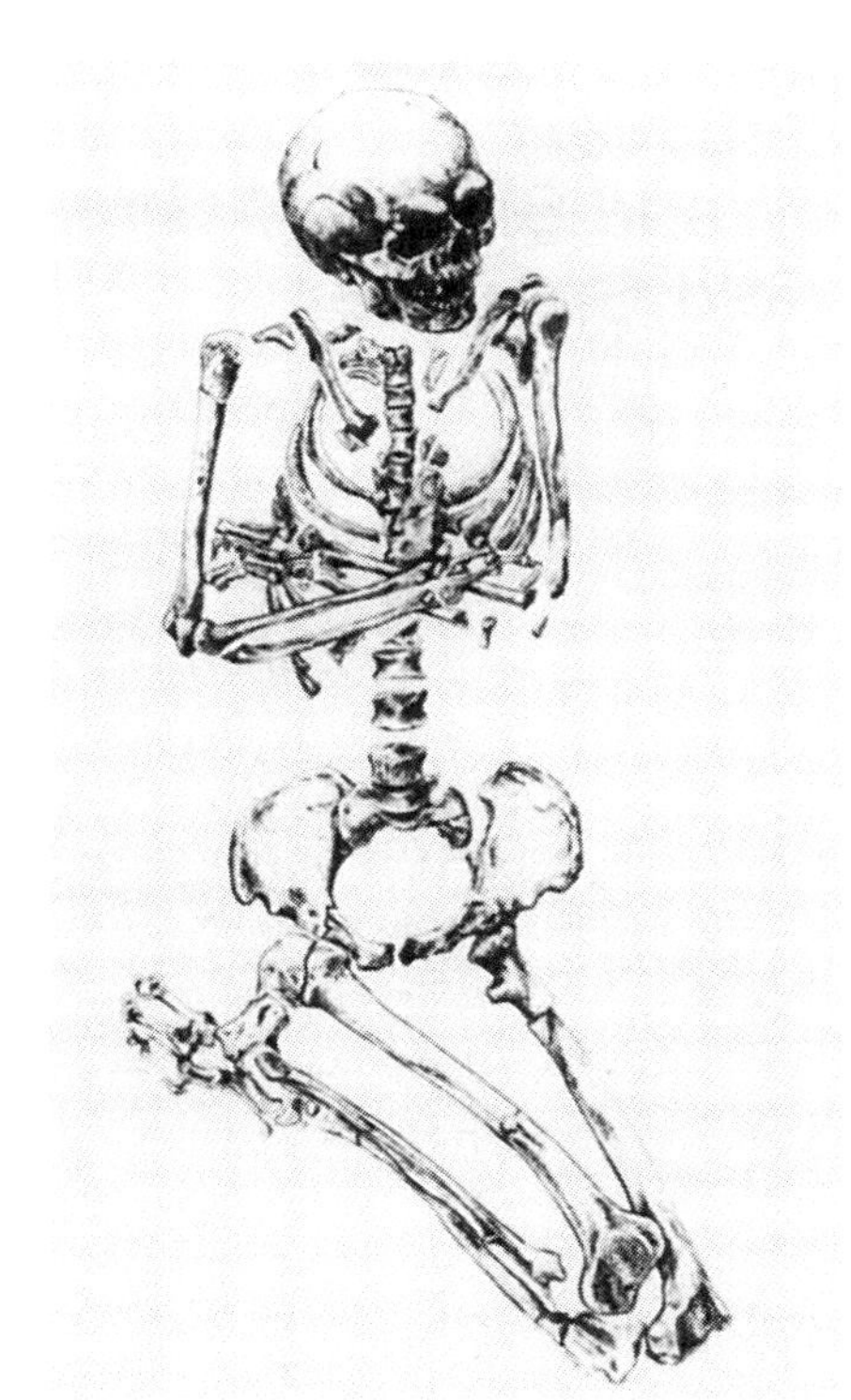

オハローⅡ遺跡で発見された、埋葬されていた男性の骨格のスケッチ

第3章　人類は「定住」に適応していない？

数万年にわたって、人類は野生の穀粒を集めて食べた。この習慣は正確にはいつはじまったのだろうか？　それを教えてくれる考古学的な証拠が発見されることはまずありそうにない。植物の化石が保存される条件は人骨よりさらに厳しいからだ。それでも、人類が三万年前ないし二万年前から園耕を試みていた証拠は存在する。ただ、完全に農耕といえるようなものがはじまるのはまだだいぶ先のことだ。それでも、穀粒を挽いて食用に供するために石臼が使われていたことがわかっている。実際、一定の食物加工がさかんに行なわれていた証拠は広範囲の地域で得られる。考古学者のアイニット・スニールとダニ・ナデルによれば、野生のコムギやオオムギの加工が二万三〇〇〇年前にさかのぼる証拠がある。[2]

これよりずっと以前にも、ほかの種類の食物加工が行なわれていた証拠はある。肉や野菜の調理などの食物加工は広範に行なわれていた。用いられていた技術に、いまでいうところのホイル焼きがあった。食べ物を植物の葉でくるんで熱い灰の上で調理するのだ（この方法は魚類などとくに傷つきやすい食材に向く）。カバノキやヤナギの枝でグリルをつくり、弱い火か熱い灰の上に置くこともあった。広い皿のような石を熱して、それを火の上に橋をわたすように置くとフライパンになった。こんにちバーベキューに欠かせない焼き串も使われた。[3]

こうした変化はすぐに広がったわけではないが、私たちに与えた影響は大きい。統計によれば、私たちはほぼ例外なくハンバーガーが好きだ（私はあまり熱心な菜食主義者ではなく、すぐにハンバーガーが恋しくなる）。ハンバーガーの人気は、私たちの身体が必要とするものとは別に、私たちの嗜好について教えてくれる。平均的なアメリカ人は毎年約二八キログラムもの牛肉を消費する。自分の体重の半分ほどもあるステーキに食らいつくことを想像してみてほしい。あごとこめかみの痛みを想像してみよう。肉を噛める大きさに前歯で引き裂き、一〇回、三〇回、五〇回、六〇回とのみこめる大きさになるまで奥歯で噛むことを想像してみよう。こんなことをしていれば、やがて下あごにひびが入るだろう。

私たちが食べる肉はその大半がハンバーガーに加工されている。つまり、牛肉はすでに加熱されているばかりでなく、加熱する前にひき肉に加工されているのだ。一部の研究によれば、いわゆる認知革命で人類のＩＱ（知能指数）が上がったとされるが、その原因は人類が肉を食糧源として得たこと、そして肉の栄養素を調理と加工によって吸収する能力を持っていたことにあるという[4]。しかし現在の私たちは、住んでいる場所から数千キロも離れた場所にある巨大な工場で、すでに細かく切り刻まれた肉を食べる。もちろん、加工食品はハンバーガーにかぎられていない。欧米社会の食事の大半はこれと似たり寄ったりで、どれもおどろくほど消化が楽で、身体は食物からすべてのカロリーと糖をいたってかんたんに摂取できるようになっている。

こうして、私たちのあごの線、歯の噛み合わせ、顔の形、外見まで変化している。私たちが口にする食物が人新世の顔を形づくっているのだ。

農耕が「歯」を変えた

　私たちの顔が変化した話をする前に、私たちが生まれながらに持つフードプロセッサーである歯を見ていく必要がある。歯について述べることは、私たちの進化全般について述べることにいちばん近いといってもいいほどだ。歯は私たちと私たちの祖先やほかの哺乳類とのつながりを教えてくれるし、歯の摩耗やひび割れは文化と環境を物語る。

　二万年前、進化はまだヒトの顔を少しずつ変える仕事をしていた。ＤＮＡの対立遺伝子が種内と種間で多様化と変異を起こしていた。

　ヒトの種内でどれほど多様化が起きるかについて説明しよう。一組の男女が子をもうけるとき、どちらも自身の染色体のなかから二三個のランダムな染色体をその子に受け継がせる。このたった二人の親から生み出される染色体の組み合わせは二の四六乗になる。つまり、約七〇兆とおりの可能性がある。この数字はこれまで地球上に生まれたすべての人間の数倍だ。さらにＤＮＡの交差すなわち相同染色体の部分交換（両親の遺伝子がランダムに染色体を交換する）を考慮すれば、多様性は無限になる。

　このことは、私たちの顔がみなちがうことを意味する。眉、鼻、唇、虹彩などすべてだ。だが、身体は生息地から刺激や食物を得られなければ正常に発達することはできない。水や食物があって、比較的たやすく発見できるような場所でなければ生きられないのだ。そのような場所に恵まれない場合には、身体に変化や変異が生じる。これが最初に農耕をはじめた人びとに起きたことで、人類の身長や寿命の変化にまつわるほかの物語と同様に、これらの人びとが暮らした新たな生息地が彼らを変え

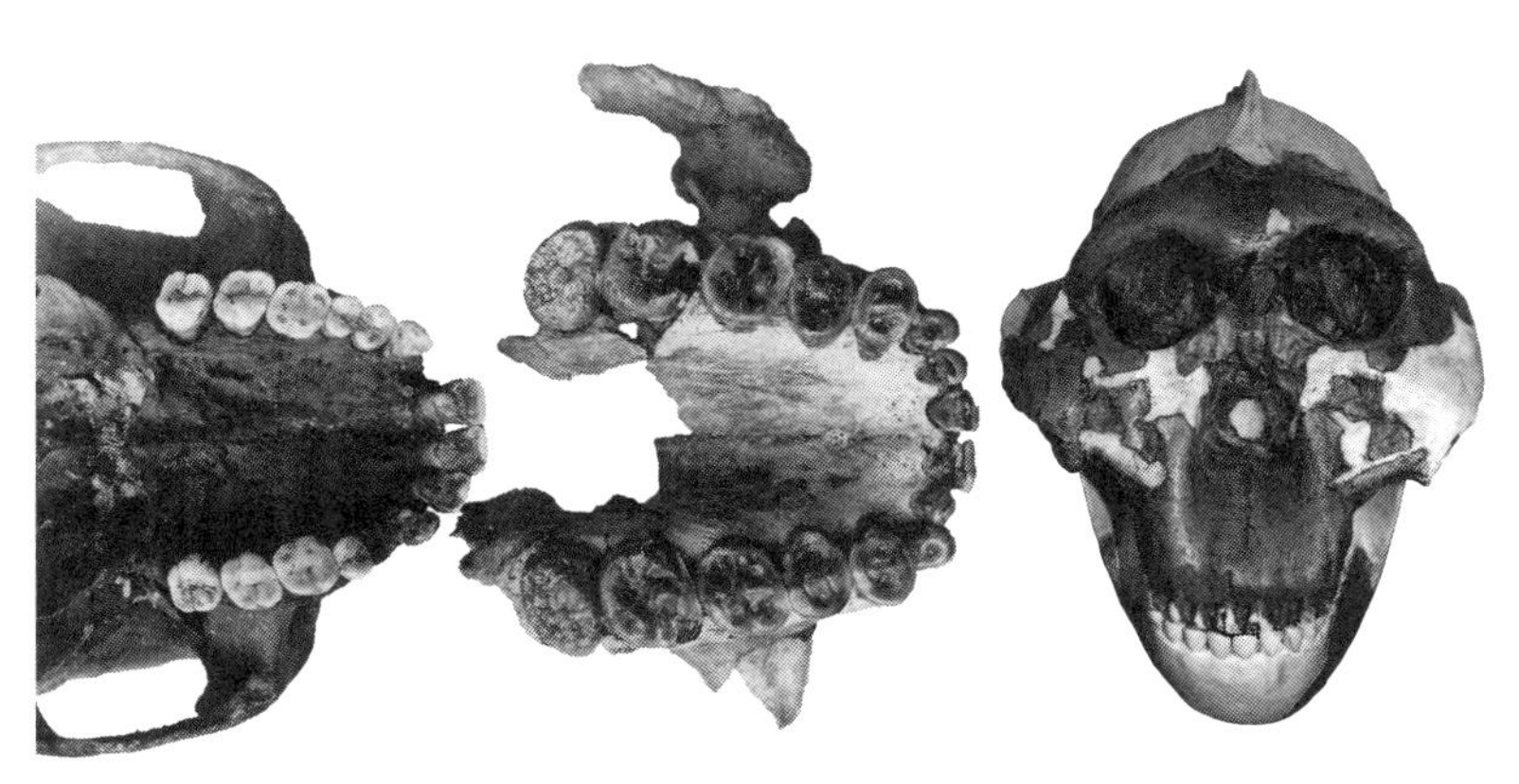

パラントロプス・ボイセイのあご（中央）と、現生人類のあご（左）およびパラントロプス・ボイセイの頭蓋骨（右）の比較。パラントロプスのあごと歯はかなり大きい。ヒトより最大で60センチ身長が低かったことを考慮すると、なおさらそういえる。

た。この時期には歯とあごの変化が際立っていた。だが、彼らの身体の変化を理解するためには、彼らの歴史も見てみる必要がある。はじめて穀粒を嚙んだとき、これらの人類はどのような歯を持っていたのだろうか？　そもそも、彼らはどこからやって来たのか？

霊長類全体を見ると、私たちの歯はその大きさと位置において特徴的だ。それは頭のずっと奥にある（この構造のおかげで、立っているときや、二本の足で動いているとき、とくに走っているときに正常な重心を維持することができる）。私たちのあごは比較的小さく、そのなかに収まった歯もまた小さい。

より初期のヒト族、たとえばルーシー（アウストラロピテクス・アファレンシス）やパラントロプス・ボイセイでは、歯は現代人よりかなり大きかった。このことはすべてのヒト族に当てはまるわけではない。小柄なホモ・フローレシエンシスは頭蓋骨が現代人の数分の一しかなく、サピエンスのいとこたちより小さい歯を持っていた。パラントロプス・ボイセイは一二〇万年前から二三〇万年前に東アフリカに住んでいて、身長が低かった。男性がおよそ一三七センチだった。あごが極端に大きく、歯は私たちの二倍近かった。頭蓋骨に矢状隆起を持っていた。矢状隆起は頭蓋骨の中央に沿って走る骨性隆起〔骨でできたモヒカンカットのようなもの〕で、この部位にとりわけ強力な筋肉が付着していることを意味する。つまり、この種は手に入る食物がかなり硬く繊維質であるような場所でも生きていけるということだ。

咀嚼力が強く大きなこの歯は、やや厚いエナメル層と大きな板状の歯根を持っていたが、身長の高いホモ・サピエンスの口では何らかの理由により数分の一の大きさになった。初期人類の大臼歯は前歯の一〇倍ほどの大きさがあった。現代人の大臼歯は前歯の二倍ないし三倍の大きさしかなく、下あごはあまりに小さく、第三大臼歯〔親知らず〕があることはめずらしい。

初期人類の歯の化石記録で著しく重要な要素はその状態だ。人新世に生きる私たちの歯は、祖先たちのあごに生えている歯には似ていない。歯並びや噛み合わせなどに問題のある不正咬合は、現在ではよく見られる〔高所得国では、深刻なケースが総人口の二〇パーセント近くもある〕。症状にもばらつきがあり、とくに深刻な場合には歯列矯正器や固定装置を数カ月つけて矯正しなくてはならない。外見が問題になる場合もあるが、たいていは歯とあごの発達中に何かがうまくいかなかった結果だ。

歯が私たちよりかなり大きかった初期ヒト族では、歯列矯正器をつける必要がある証拠は見られない〔一万八〇〇〇年前にさかのぼるホモ・フローレシエンシスの頭蓋骨の、前から四番目の第一小臼歯が曲がっていた〔訳注：転位と呼ばれる〕ケースはある。これは現生人類でも起きる。歯が生えてくる際に歯茎内で転位するのだが、これはかなりめずらしい現象だ〕。ヒト族たちのあごと口が小さくなるにつれて何かがうまくいかなくなったようだ。農耕がはじまるまでは、不正咬合や転位のあるホモ・サピエンスはほとんど見られない。その後、農耕がすっかり定着したころに、歯が頭のなかに収まり切らなくなったらしい。

人類が狩猟採集を止めて作物を栽培して家畜を飼育しはじめたとき、不正咬合が頻繁に見られるようになった。

虫歯についても同じことがいえる。農耕がはじまる前、化石記録に虫歯が見られる割合は非常に低かった。おおよそのところ、ホモ・エレクトス（二〇〇万年前）で四・六パーセント、パラントロプス・ロブストス（一二〇万年前から一八〇万年前）で二・六パーセント、ホモ・ナレディ（二三万六〇〇〇年前から三五万年前）で一・三六パーセントだ。[5]

現代人のあいだには極端な多様性があるが、それには相応の理由がある。イギリスでは、七・三一パーセントの成人に虫歯があり、七四パーセントが抜歯の経験がある。口腔健康が優良といえる人は、成人では一〇人に一人にすぎない。この数字を北西ケニアに暮らし、虫歯をほぼ知らないトゥルカナの人びとと比べてみよう。彼らはエセコンの木でできたブラシで歯を磨く。加工食品を食べないトゥルカナの食事で唯一甘いものといえば少量のハチミツしかない。彼らに虫歯が極端に少ないという事実は、農業革命後の人類に何か特別な事情があることを示している。

あごと虫歯の人類史

多くの現代人を悩ます歯の問題は、穀物、マメ類、そのほかの農作物を食べはじめてから生じた。とはいえ、ヒト族にも虫歯があったことを示す証拠は約一五〇万年前にさかのぼる。ホモ・サピエンスとほかのヒト族を正確に比較することが難しいのは、古い種では標本数が少ないためだ。しかし、南アフリカのスワートクランス洞窟で出土した標本群と、ザンビアのカブウェで出土した一体のホモ・ハイデルベルゲンシス（約五〇万年前にさかのぼる）にはひどい虫歯があった。反対咬合や過蓋咬合についていえば、若干の過蓋咬合が正常だが、これについて調査できる初期のあごの数が少なく、同一人物のものと確認できる上あごと下あごが見つかることもめずらしい。多くの種では、単一のあご、または一〇個ないし一五個の標本があるのみで、これほど少数の標本が数千年にわたって生きた無数の人を代表しているというのが現状だ。したがって、口腔健康にかんして、どの集団がどういう状態にあったかが正確にわかることはかなりめずらしい。

一方で、歯はとても強靱であることから、考古学者や進化人類学者にとっては貴重だ。化石として入手できるのが一、二本の歯であることもたびたびだが、歯の全体が残されていることも多い。そして、たった一本の歯でも私たちに多くを教えてくれる。歯は身体とＤＮＡにかんする情報の宝庫なのだ。環境が私たちを変えるとき、一本の歯は、口内で生えたその瞬間から損傷、欠け、引っかき傷、虫歯、摩耗にさらされる。その表面にはあらゆる物語や歴史が刻まれるのだ。

化石記録にある歯の多くは損傷している。塊茎のような固い食物によって起きる欠け、あるいは、くぼみや尖りなどのエナメル質形成不全もある。白い線は重篤な疾患や栄養不良が原因のこともあるが、毎年繰り返される食糧難によってできることもある。

ヒト科のどの種をとっても、あごの大きさにかんする問いが浮かんでくる。あごは大きいほうがいいのだろうか？

はっきりいえば、答えはイエスだ。現代人の歯があまり大きくないのは、食べ物が口に入る前に処理されているからだ。骨は一生を通じて変化するので、四歳児のときから三〇歳ないし四〇歳まで食べ物をよく噛んで食べたとすると、骨はあごをしっかり支えるようにリモデリングされる。

現代生活ではほぼ避けようもないのだが、食事が変わってしまった現代では、これと反対にあごが弱くなり、歯を支える骨が薄くなる。

二〇一四年のある論文は、ヒトは青年になると下あごの成長が上あごを上回るので顔が横に広がると説明している。[6]この時期には、身長が成人のそれに成長するにつれて大腿骨（大腿）の長さも劇的に変わるものの、この成長が起きるのは短い期間にかぎられている。きちんとした食事を摂っていれば、完全な成長が見こめるが、その期間をすぎると、二〇代半ばになって健康的な食事を心がけても、残念ながら大腿骨は伸びない。研究によればおそらくあごもこれと同じで、身長と同じようにそのリモデリングも食事に依存しているようだ。

ハーヴァード大学の人類進化生物学者ダニエル・リーバーマンは、有蹄動物であるケープハイラックスの頭蓋顔面の成長パターンを調べ、生の食物は調理された食物を食べるよりあごの力が二倍必要になることを発見した。実験では、調理された食物を食べたケープハイラックスは下あご後部の成長が少なかった（一〇パーセント）。リーバーマンによれば、「得られた結果は、最近の人類の上顎弓と下顎弓の顔面成長が食物の加工技術によって低下したことを裏づけている」[7]。

ニューヨーク大学バッファロー校のノリーン・フォン・クラモン＝タウバーデルは、この問題についてヒトを対象に調べた。[8]彼女は、食事のちがいによってあごの形が変わると示唆している。農耕民および狩猟採集民の嚙む行動に見られる大きな相違点が、下あごの形と大きさに影響を与えるおもな要素だと仮定した彼女は、この仮説が地球全体で成立するかどうかを見定めようとした。その結果、下あごは（残りの頭蓋骨とちがって）親から受け継いだ遺伝学的な特徴より、食事と食糧調達戦略を「大きく反映する」ことを発見した。

狩猟採集民は、加工食品および穀物中心の食事をする人びとより幅が狭く長いあごを持っていた。クラモン＝タウバーデルが得た結果は、現代人の柔らかい食事は狩猟採集民の食事でよく嚙むことに

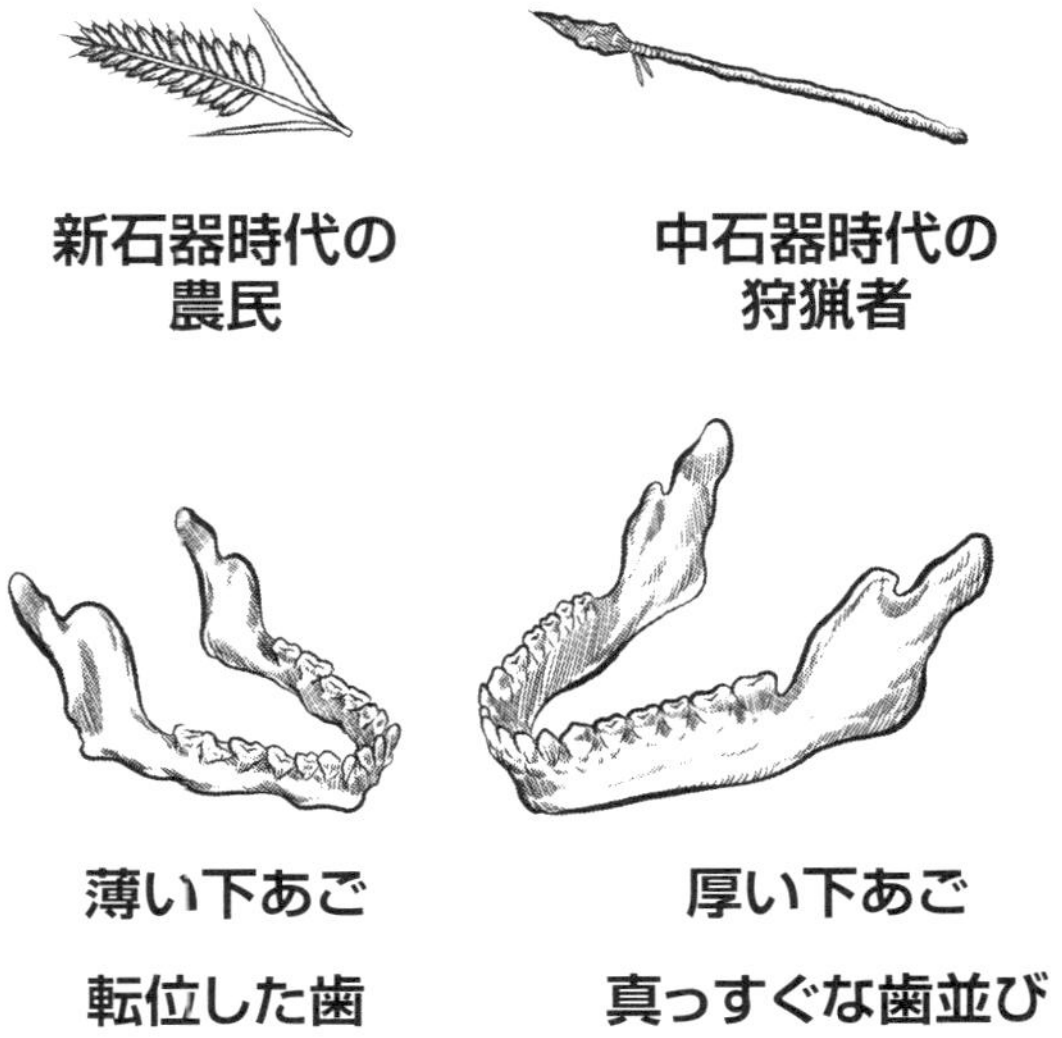

中石器時代の狩猟者
厚い下あご
真っすぐな歯並び

新石器時代の農民
薄い下あご
転位した歯

よって得られる刺激にとぼしいという考えを裏づける。「あごの骨にかかわる発達理論は、産業革命後の現代人のあいだに、下あごと歯列間のミスマッチが起こりがちで、これが不正咬合の頻発につながる理由も説明する」。

化石記録を調べた別の研究で、地理的にも時代的にも広範囲にわたる二九二体の標本を調べた結果、狩猟採集民のあごに目立った問題は見られなかった。[9] 過蓋咬合や反対咬合と呼ばれる現代のミスマッチ病は、マメ類や穀物中心の食事への切り替え時に生まれたようだ。この研究論文の筆者によれば、狩猟採集民の歯は問題なくあごに収まり、下あごと歯列の長さが一致しているのに対して、「半定住狩猟採集民および農耕民の場合には、このような一致が見られなかった。このことは、歯列と下あごのあいだの不一致が定住と農耕による食糧調達への移行とともにはじまったことを示している」。

私たちのあごはかつての大きさに戻っていない。祖先たちが持っていた強い歯は、柔らかい食べ物ばかりの食事には必要ないのだ。あごは私たちのライフスタイルに合わせて縮みつづけていて、歯もまた同様に小さくなっている。

私たちの歯は昔に比べてかなり小さい。このことは、現生人類の頭蓋骨と菜食主義だったパラントロプス・ボイセイを比べればあきらかだ。パラントロプス・ボイセイは、立派な矢状隆起、大きい頬骨、巨大な歯、厚いエナメル層、複雑な歯根を持っていた。すべての特徴は、しっかり食べ物を噛むために選ばれた。しかし、ヒトの歯が小さくなった理由はもう一つある。私たちの大臼歯は後ろ側から小さくなったのだ。過去には、第三大臼歯（親知らず）があごのなかでいちばん大きな歯だった。だが、現生人類ではたいてい第一大臼歯が最大で、これによって口の後方で歯の埋伏が起きることを避けている。

歯はエナメル質と象牙質でできていて、もし小さい歯を選ぶ選択圧があれば、さまざまな方法で実現される。ヒトの場合には、全体的に象牙質が減少して保護作用の強いエナメル質が残された。

現代では歯科医療が十分に行き渡り、歯の埋伏は不快なこととして受け止められている。最悪の場合には、抜歯と抗生物質の投与が待っている。だが、私たちの祖先にとっては、それは生死にかかわる欠陥だった。

歯の感染症が起きると膿（うみ）があごに漏れてあごの骨が腐敗する。膿は口内にも漏れ出す。こうした例は化石記録にも見つかる。たとえば、スペインのシマ・デ・ロス・ウエソスで発見されたネアンデルタール人（虫歯のある割合はわずかに一パーセント程度）は、ひどい状態で埋伏した歯があり、それが骨を変形させていた。このネアンデルタール人が子をもうけた可能性はかなり低い。口のなかに膿が漏れ出しているとすれば異性にとってあまり魅力的ではないし、この症状は重い感染症につながって生死にかかわるからだ。歯を小さくする自然選択によって埋伏歯のリスクは減る。

進化は、いまだに私たちの親知らずの対策を練っている最中だ。この本を読んでいる方々の多くは、すべての親知らずが生えていないだろう。すでに抜歯した人、あるいは私のように一対の親知らずのみ生えて、残りは歯茎のなかにある人がいると思われる。だが、親知らずが一本もない人もいる。こういう人たちのＤＮＡは、埋伏の恐怖、特有の痛み、膿が漏れ出した場合の困惑、そして何よりリスクを避けるようにプログラムされている。これは私たちの身体で現在進行中のわずかな進化のうちの一つだ。

中国に、いちばん新しく見積もって約三〇万年前にさかのぼる、親知らずが一本もない人の化石がある。[10] ここ数百年でヘルスケアが進化に介入したと考えられるが、それ以前に親知らずを持たないというのは生存と繁殖を優先する自然選択の結果だろう。三〇万年前から四〇万年前というわずかな期間に、この遺伝学的形質は推定二五億人に広がったようだ。これらの人びとは少なくとも一本の親知らずが欠失していて、多くはまったくない。

進化はこうした発達問題の解決速度が遅いとはいえ、それでも解決しようと試みてはいる。私たちの食事が劇的に変化してからの一万年ほどで、食べ物によってあごのなかの空間が足りなくなった問題にとり組んでいるのだ。

狩猟採集時代の食事をまねる、近年流行りのパレオダイエットの問題は、初期ヒト族が何を食べていたのか、じつのところ誰も知らないことにある。彼らが狩った動物から推測できるとはいえ、いったいどの果実、ベリー、塊茎、昆虫を食べていたかとなると私たちにはわからない。ある研究によると、少なくとも七八万年前のレヴァント回廊（地中海沿岸部）では、人類は手に入るものなら何でも調理して食べた。[11]「食用植物にくわえて、水生動物や陸生動物も食事に含まれていた」。このことは、「多様な植物性食材を使った食事、植物性の主食、環境の知識、季節の感覚、食べ物の加工に火を使ったこと」の証拠になる。彼らが食べた肉には、ゾウ、カバ、ラットもいた。さあ、パレオダイエットしたい人は？　どなたか？

初期の農耕定住地からは、農耕民が何を食べていたかがわかる。私たちと同じく、彼らはたくさんゴミを出したからだ。たしかなのは、炭水化物の摂取が急速に増えたことだ。いずれにしても、人類は季節の変化によく対応し、環境によく適応した。

すべての食べ物はいくつかの成分に分けられる。水、食物繊維、ビタミンとミネラル、そして三種の主要栄養素（タンパク質、脂肪、炭水化物）。炭水化物は糖類とデンプンを含む。糖類には、グルコース（ブドウ糖）、果糖、ガラクトースなどの単糖類がある。これらの単糖類は消化されるまでもなく吸収され、細胞内で分解される。二つの単糖類が炭素、水素、酸素などの化学結合でくっつくと、砂糖や乳糖などの二糖類になる。デンプンは多糖類の一種で、いくつかのグルコース分子がグリコシド結合で縮合したものだ。炭水化物を多く含む植物を育てて収穫するようになったということは、人類が主要栄養素の配分が異なる食事をする新たな時代に突入し、維持しやすいエネルギー源が生まれ、その結果として初期の農耕民が人生のほかの側面に集中する満腹感を得られたことを意味した。

園耕による小規模な収穫によって、住みやすく堅牢な住居を建てる時間ができた。庭で作物を育てれば以前より多くの人を養える。デンプンは多様な植物がエネルギーを組織や器官に貯蔵したもので、人が食べてもエネルギー源になる。問題は、ジャングルで人骨をすぐに腐食させてしまう酸性土壌と同じく、ヒトの口内もどんな種類の糖質を食べても同様の環境になることにある。

歯の表面は再生しないにもかかわらず、発酵する炭水化物を好む口のなかで細菌にさらされる。食べかすが歯に付着すると、口内の細菌がそれを代謝し、歯垢と呼ばれる酸性の副産物ができる。歯垢は歯のエナメル質の上、なかでも歯茎周囲にたまる。糖質をあまり含まない食事をする人は、口腔環境が細菌の繁殖に適していないためリスクが少ない。しかし、糖質が主要栄養素となるような農耕民の食事では、口内の生態系が大きく変化する。

種として進化するにしたがい、私たちは口内の細菌の進化を変えてきた。ストレプトコッカス・ミュータンスという細菌の研究によれば、約一万年前、この細菌の遺伝子の一部が選択された。この細菌は、「糖の代謝と耐酸性」にかかわる遺伝子を持つようになったのだ。ストレプトコッカス・ミュータンスが持つ別の七三個の遺伝子も、「この細菌が新たな生態的地位、すなわちヒトの口腔環境への適応に貢献した代謝過程、および農耕のはじまりにともなう食性の変化に関連している可能性がある」[12]。

口のなかで歯垢をつくるこの細菌は、私たちの新たな食性を好み、歯をより効果的に腐食させるべく進化した。

私たちの歯は間違いなく体内でもっとも強靱で硬いとはいえ、歯に何らかの支障が起きれば、その影響は全身に波及する。歯痛ほどつらいものはなく、狩猟採集民の歯は初期の農耕民より（もちろん現代人より）だいぶ健康的だったとはいえ、彼らもまたそれに苦しめられた形跡がある。歯科医療にはおどろくほど長い歴史があるのだ。

二〇一七年六月、国際古歯科学学会の学術誌に、数体のネアンデルタール人の化石人骨にかんする研究論文が発表された。研究者チームは、ある一体の標本に残された数本の歯にある傷を調べた。彼らの発見は先史時代の歯の治療のみならず、初期人類の工夫の才にかかわる私たちの理解に新たな光を投げかけた[13]。

調べた歯のうち数本には、つま楊枝（ようじ）のようなものでなければできないような摩耗痕があった。引っかき傷や溝があることから、この歯の人物はおそらく歯周病にかかっていたらしいが、歯が下あごについていなかったのでたしかなことはいえない。くぼみや欠けから判断すると、この歯の持ち主は不快な痛みをなだめようと曲がった小臼歯を手入れしていたようだ。この証拠が特別なのは、どんな証拠よりずっと古いからだ。この自分で歯を手入れする行為は、約一三万年前にさかのぼる。

別の証拠によれば、農耕以前の人びとが歯に残った食べ物のかすをとり除くのに、枝、羽根、骨のかけら、ヤマアラシの針すら使ったようだ。

私たちの食事に変化があったころに、少々削ることで歯を治療した初期の例がある。ボローニャ大学のステファノ・ベナッツィ率いる研究チームが、ある若い男性の化石人骨の歯を調べた。[14] この男性は、紀元前一万三八二〇年から紀元前一万四一六〇年に生きたことがわかった。調べた歯に穴が数カ所見つかり、いちばん大きな穴に不思議な痕跡があった。感染した組織を小さく繊細な石の道具で削りとったらしかった。この道具は特別な目的のためにつくられたもので、新石器時代以前に歯科医療が行なわれたことをうかがわせた。食べ物のかすではなく虫歯の腐食部分を楊枝のようなものでとりのぞいた初の例だった。

一八世紀フランスの外科医ピエール・フォシャールは歯の詰め物を発明したとされるが、イタリアのチームが二〇一二年に蜜蝋を詰めた石器時代の歯をスロヴェニアで発見した。この発見は、フォシャールより約六五〇〇年前にすでに詰め物が存在していたことを示唆する。[15]

農業革命のあいだに、いくつかの別の歯科治療法が出現した。約四〇〇〇年前にさかのぼるメソポタミアの粘土版に、ある治療法が刻まれていた。マスティックガムにヒヨスの種子を混ぜ、得られた混合物を虫歯に詰めるのだ。丁子油（ちょうじあぶら）を使う方法に似ていなくもない。古代エジプトの人びとは紀元前二六〇〇年にはすでに歯痛をなだめようと頬をなでていたらしい。ヘシ・レ墳墓群に、世界ではじめて人の歯を治療した人物の墳墓がある。[16] ほぼ同じ時代にさかのぼる、エジプト第四王朝のミイラ群に、金のワイヤーでできたブリッジで隣の健康な歯につなげられた歯のあるミイラがあった。ほかにも入れ歯と同じ要領で人工の歯を差したミイラもあった。これが日常的に使われていたか、あるいは生前使われていたかどうかすらわかってはいない。

少し時代が下って約三〇〇〇年前、インドの人びとは歯を抜く際にワインを飲ませるという魅力的な方法を使っていた。原始的な歯の治療の前に用いる、いたって洗練された方法に思える。それから数世紀たっても、テクノロジーはさほど改善していなかった。

初期人類は、歯の治療の恐怖をめったに経験せずにすんだようだ。埋伏歯、不正咬合、過蓋咬合や反対咬合、虫歯、粗暴な抜歯も、畑を耕しはじめるまではさほど人類を苦しめることはなかった。作物を栽培するようになったとき、ある習慣が日常に忍びこんできて、現在では日常生活を支配しはじめている。

ネアンデルタール人の歯医者

何かを食べると、口内ではｐＨ値が変わる。あまり好ましくないｐＨ値の範囲というものがある。これは現生人類のみの問題に思えるかもしれないが、ヒト族がみな生きるために食べたことに変わりはない。狩猟採集に代わって食物を栽培・飼育しはじめたことによって、私たちは現在でも自分たちに日々影響を与えている条件をみずからつくり出してしまった。

初期ヒト族にとって、いつでも食糧の調達がたやすかったわけではない。更新世と完新世の変わり目で起きた大きな変化は、食糧を豊富でたやすく入手できるものにするテクノロジーの台頭だった。このことは私たちの口内の生態系に大きな影響を与えた。新しい食物が柔らかく、多くの炭水化物を含み、調達が楽になったことは、人類が食べる頻度も変わったことを意味した。

このことが人類に二つの影響を与えた。口内が酸性になる時間が長くなり、これが代謝にも影響をおよぼしたのだ。

唾液は酸性でもアルカリ性でもなく中性で、ｐＨ値は七・四だ。唾液の機能の一つに、歯を清浄に保ち、ものを食べたあとに変動するｐＨ値を正常に戻すことがある。人新世の食べ物にあきらかに虫歯をもたらしやすいものはあるが、どんな食事をしても口内は食後約四五分間にわたって酸性に傾く。甘いものを食べたならなおさらだ。口内のｐＨ値は約四・三に下がり、ゆっくりと正常に戻る。歯のエナメル質の脱灰〔訳注：エナメル質の成分が溶け出すこと〕は、ｐＨ値が五・五未満で起きる。[17]

食後に歯を磨いて食べ物のかすと細菌をとりのぞくのはよい習慣に思えるが、それは危険な行為でもある。歯磨きをするとエナメル質が摩耗するからだ。歯磨きによって酸が歯の広い表面から内部に入ってしまう。歯磨きしなければ酸は歯の表面にあるだけだが、歯磨きするとブラシの毛によって歯の内部に入りこむのだ。

初期の園耕をしていた人びとが一日に何度食事したのかはわからない。だが、彼らが初期のヒト族より頻繁に食べたことはほぼ間違いないだろう。現在、三度の食事で分けられたいつもの一日では、歯のエナメル質は何らかの防御策を講じなければ少なくとも一日に約二時間にわたって直接攻撃されている。しかも、私たちはたえず軽食やおやつに手を伸ばし、酸性のフルーツティーやコーヒーを飲む。こうして、飲食はもう頻繁などというレベルを越え、あたかもベルトコンベヤーで食べ物が運ばれてくるように休むということがない。

レプチンは体内の脂肪細胞が産生するホルモンである。このホルモンは血液に運ばれて血液脳関門をとおり抜け、脳内の視床下部に達すると、もう満足したから食べるのを止めていいと伝える。身体はものを食べると体内の脂肪が増えると知っているので、ころ合いを見てレプチンを分泌する。そろそろ食べるのを止め、体内に蓄えてあるカロリーを燃やすべきだと脳に伝えるのだ。

反対に私たちが食べるのを止めると、身体は脂肪として蓄えてあるエネルギーを使う。すると、レプチンの分泌が減って空腹感が増す。身体はカロリー消費を減らそうとする。

現代人の身体では、このかんたんなシステムがうまく働かない。そこで、この問題を解決しようとする人が金を稼いで金持ちになる。レプチン抵抗性ができると、脳はどれほどのエネルギーが脂肪として体内に蓄えられているかがわからなくなり、食欲を刺激する一方でカロリー消費を抑制しようとする。この働きが肥満病の一因とされている（都会環境のさまざまな刺激に対するストレスが複雑に絡み合って肥満にいたると私は考えているが、この考えに金を賭けようという人はまだいない）。

たしかなのはレプチンが食事や軽食の時間などの食習慣を調整していることだが、私たちは食欲にまつわるレプチンの働きをようやく理解しはじめたところだ。しかも、それは病的なレプチン抵抗性というもっとも極端な例だ。


食間の長さを短縮するのは、広告主や製菓会社には好都合だが、私たちの歯と身体には有害だ。現代人は飽食か飢餓かという極端な摂食パターンに縁がないようだが、それは園耕がはじまったときからそのような経験をしなくなったからだ。私たちの身体はすでに二〇〇万年にわたってひもじい思いを経験している。だが、断食に慣れているというより、私たちの身体が断食するようにできているという科学的根拠がある。

二〇一三年のある論文によれば、「神経伝達物質の変化、睡眠の質、脳由来神経栄養因子の産生など断食が気分に与える効果は」、多数の「神経生物学的メカニズムによって説明できる」という。また論文は、「断食がその初期（二日目から七日目）においてうつ症状に影響を与え、気分、覚醒（かくせい）、落ち着きを改善するという臨床観察が多く得られている」[18]としている。

南カリフォルニア大学の老年学・生物学教授ヴァルター・ロンゴは、ジョンズ・ホプキンズ大学の神経科学教授マーク・マットソンとの共同研究の結果、断食について次のように結論している。「日常的に断食を行なっていると寿命が延びるのは、代謝経路およびストレス抵抗経路が再プログラムされるからだ。ラットでは、断続的あるいは定期的な断食によって２型糖尿病、がん、心臓病、神経変性が防止される。ヒトでは、肥満、高血圧、ぜんそく、関節リウマチが減る」[19]。

マットソンは次に食事時間について研究した。彼と彼のチームはこう述べている。私たちの食習慣は「進化の観点から見れば異常だ。モデル動物とヒト（被験者）の実験から得られた知見によれば、一六時間（ヒト）という短時間にわたって断続的にエネルギー摂取を制限した場合でも、健康度を示す諸々の検査値が改善し、疾患の進行が食い止められた」[20]。

これらの利点のほかにも、断食は口内のｐＨ値のバランスの崩れを大きく改善してくれる。こう考えてくると、私たちの祖先のヒト族で飽食と断食が歯の健康におよぼした影響が気にかかる。もし一日に三度食事し、二度軽食／おやつを食べたとすると、口内のｐＨ値は毎日何時間にもわたって脱灰が起きるレベルに保たれる。旧石器時代のヒトの食事については推測の域を出ないが、私たちに似ているとは考えにくい。現在では、ほんの少し歩いただけで店やカフェで何でも食べることができる。この変化が起きたのが、作物を育てて穀物を貯蔵し、いつでも入手できるようになったときだったのは間違いない。

人類が数万年前にはじめて種子をまいて作物を収穫したときに起きた変化は、いまだに私たちの顔に見てとれる。私たちの口とあごは本来の大きさより小さく、歯はあまりに病的で、私たちが口にする食べ物にも、私たちがそれを食べる頻度にも耐えられない。そこで歯は火事に見舞われたビルから逃げ出すかのように頭蓋骨を飛び出し、残りの歯に空間を与えようとしている。食習慣の変化によって、私たちの歯は強いままではいられなくなった。しかも、飢餓を経験することがなく、定期的な飽食によって細胞がつねに再生するような代謝状態となり、何らかの病気がつけこみやすくなっている。おそらく二万年前という早期に、人類の大きな集団が飢餓のない経済をすでに確立していただろう。

こうして、数千年前に名もなきネアンデルタール人が使ったつま楊枝が、人新世ではアメリカだけで一二九〇億ドル（約一二兆九〇〇〇億円）のヘルスケア産業に化けた。現生人類が新たな環境の豊かさにうまく対処できなかったからだ。

定住は、私たちの外見に別の変化ももたらしている。当時の人類によるイノベーションは例外なくその種子を後世に残した。こうしたわずかな変化は当初は病気を起こすことはなく、快適で有益な生活のための利便性を与えただけだった。しかし、ある世代の贅沢は次世代の出発点となる。かつて雨風をしのいだ簡便な家は、人新世では当たり前になった。子どもたちは家のなかで眠り、学校へ車で送ってもらい、学校では屋内で学び、自宅まで車で連れて帰ってもらい、屋内で夜をすごし、翌日にはまた同じことを繰り返す。

雨風をしのぐという贅沢が、いつの間にか投獄に等しくなってしまった。農業革命時に家を建てた人びとが未来のためにまいた種子が、近眼などの慢性病につながり、現在では何億人もの人がこれに苦しんでいる。慢性的な近眼はおそらく一九世紀までは一つの集団を席巻するにはいたらなかった。だが、二一世紀のいま、それはヒトにとってエピデミックともいえるまでに広がっている。これについては、人新世の身体の章で詳しく述べよう。

最初期の定住地をあとにして、次は一万年以上前のかんたんで無害に思える選択がいまでも私たちに影を落としていることについて調べていこう。仕事、イノベーション、学習、保護に対する欲求があまりに強かったために、私たちも子どもたちも判断力を失ってしまった。すべてはよりよい世界、快適な生活、豊かな資源の開発という名目のもとに行なわれた。メソポタミア平原の砂の上に建設された城壁をながめるとき、私たちは豊かさにうまく対処できなかったのだという苦い思いが胸をよぎる。

第4章　家畜は何を運んできたのか？

考古学者や人類学者がオハローⅡ遺跡を調べられるのは、二万三〇〇〇年前にこの地が突然水中に没して保存されたからだ。遺跡では化石人骨はほとんど発見できなかった。大雨が降ったために、ここで暮らしていた人びとは別の土地に移動したものの、移動先では保存される条件がそろっていなかったようだ。時が経つにつれて、彼らの新たな耕作手法はレヴァント地方、のちにメソポタミア地方になる地域全体を巻きこんだ変化の物語になった。その後の数千年で、この地では園耕と耕作がどんどん発達し、やがて都市を支えるほどになった。

機械の力も借りた彼らの労働は、現代人の大半より健康的だった。彼らはまだ長い距離を歩いた。やがて狩りの代わりに家畜を飼うようになると、どの農耕集団でもそうであるように、彼らは家畜のための牧草地を求めて長い距離を移動した。ライフスタイルが根本から変わったにもかかわらず、農耕民の骨をスキャンした結果からは、彼らの生活と仕事が活動的だったことがわかる。一部の労働は動物に手伝ってもらえるが、テクノロジーはいまだに人力に頼っていた。

農業革命は身体の大半にとって好ましかった（足と殿筋を含む）。人びとはまだこれらの部位を使わなくてはならなかったからだ。足の内在筋は強くて引き締まり、足裏の真んなかを引っ張って高いアーチを形成する。初期人類において足が発明と遊びのために手を解放したように、農耕によって政治、芸術、文学、果ては社会の概念まで生み出された。約六〇〇〇年前に繊維の染料が発明されると、初期のファッションが登場する。色彩に対する欲望は強烈で、いくつかの文化で独立して出現した。

これらの小規模な定住地では、ほかにも食物の貯蔵などの重要なテクノロジーが生み出された（約一万年前から一万二〇〇〇年前）。つまり、食物を備蓄しておけるので、狩猟採集が必要なく、道具づくり、より恒久的な住まいの建設、交易などほかの活動に時間をふり分けられるようになった。貨幣もこの時期にはじめて登場した。それまで、交易にはある困難がつきまとっていた。相手が自分の欲しいものを何も持っていなければどうなるのだろう？　だから、双方の希望が一致すれば交換は成立するが、物々交換はあまり便利ではなかった。原始的な貨幣としてウシや双方が合意した石などがあれば、交易はつねに成立する。

こうした変化はすべて土壌にできた小さな隙間から芽を吹いた。それはたくましくはびこる雑草で、オオムギ、コムギ、レンズマメ、エンドウマメ、ヒヨコマメなどの作物に混じって成長した。これらの作物は、いずれも紀元前約一万年にメソポタミア地方とレヴァント地方で育てられた。コメが中国で栽培されるようになり、南アジアの食事の主要な食材である大豆、緑豆、小豆も同じ道をたどった。同じころ、ブタやヒツジなどの動物が家畜化され、ウシはトルコとパキスタンで約二〇〇〇年後に家畜となった。これはユーラシア大陸だけに起きたわけではない。南米インカの人びとはジャガイモを紀元前八〇〇〇年ごろに栽培しはじめ、アルパカやラマを家畜として飼育した。また、同時代のニューギニアではバナナ、タロイモ、サゴヤシ、ヤムイモが育てられた。食用植物の栽培と耕作の概念は、初秋に吹く風に乗った種子のように地球上を広がっていった。

このことは、現代人の身体にとって何を意味するのだろうか？

狩猟採集から農耕に転じたことによって、ヒトの顔が変化し、歯は炭水化物中心の食事がもたらした新たな化学作用に傷つき、あごは細かく砕かれて調理された加工食物の柔らかい食感にまごついた。だが、変化はそれだけではない。

ここで、動物の近くで暮らすようになったことから生じた問題を見ていこう。そして、このことが初期の農耕民にとって何を意味したか、現代人にとって何を意味するかも探っていこう。

人間と動物が近くで暮らすとき

動物の世界では、ネコは間違いなく贅沢と快適さを好む。窓台に当たる四角い日なたを上手に見つけ、わずか数分の温もりを楽しむ。太陽が沈めば、下にあるラジエーターにスイッチが入るのもちゃんと心得ている。すべての感覚を集中させて快適さを追求する。快適さを追求する気質をランクづければ、ヒトもネコからそう離れた位置にはいないが、ネコがいまだに世界を牛耳っていないのは面倒なことを好まないからだ。物事をきちんと管理するには努力と根気がいるし、すぐそばに寝そべることのできる窓台やキーボードがすでにあるのだ。一方、人間はここ数千年というもの生活を快適にすることに汲々としてきた。ネコとは少々ちがっている。

この時期における農耕テクノロジーの発展は、なるべく楽に食べ物を手に入れたいという単純な動機にもとづいていた。それは「何でも育てる」文化であり、大半の資源が食物の確保と栽培・飼育に充てられた。すべては、生活をいくらかでも楽にするためだった。いわば窓台のいちばんいい場所を見つけようというヒトの初歩的な試みだった。進化史は、さまざまな種が何をするにもいちばん楽な方法を見つけようとする例に満ちている。

部族が畑に集まってともに耕作し、定住地が拡充されるにしたがって、食物の調達はますますはかどった。暮らしが快適になったというのはいいすぎだろうが、それでも、新しい生活や生き方は人びとのあいだに広まった。数千年にわたって種子をまいて動物を飼うことで定住地は都市に変容し、少しずつ現代人にもなじみのある暮らしが出現しはじめた。

農耕が私たちに何をもたらしたかではなく、それが暮らしを少し楽に、安全に、快適にしてくれると知ったあとで、私たちが農耕に何をしたかを見ていく必要がある。

ほんの少し自然に近づいたとき、何が起きたのだろう？　農業革命時、私たちは自然に親しむ暮らしを送るようになったというより、ほかの種と同居に近い状態で暮らした。殺して食べるだけではなく、これらの動物を飼うことで、食べ物を提供してもらい、やがては労働の手助けもしてもらうことになった。これは自然史における転機だった。自然と進化は私たちの身体をリモデリングしているだけでなく、私たちの身体のそばや内部にいる微生物をも変えている。

初期の狩猟採集民の疾患プロファイルは時の彼方に失われ、私たちの手にある貧弱な化石記録にはその痕跡は残されていない。疾患について知りたくとも、当時の環境または現存する狩猟採集民から推測するしか手立てがない。

その歴史がまだよくわかっていない疾患にマラリアがある。初期人類の定住地との関連は不明だが、この疾患の病原体である原虫は一〇万年の長きにわたって存在したにもかかわらず、紀元前八〇〇〇年ごろに劇的に増えている。灌漑などの農耕技術、あるいは劣悪な衛生状態などの条件はマラリアを媒介する蚊にとって願ってもない環境だった。現在、世界総人口の半分近くがマラリアの脅威にさらされている。世界保健機関（ＷＨＯ）は、二〇一五年だけで二億一二〇〇万人がこの疾患にかかり、四二万九〇〇〇人が死亡したと推計している。[21]

森林伐採、灌漑、高地農業など現代の土地利用は、いずれも蚊の繁殖パターンを攪乱（かくらん）してマラリアの伝搬を容易にする。動物を飼うことは宿主の増加と衛生状態の悪化という蚊にとってまたとない環境を意味する。[22]

動物の家畜化にともなって乳への依存度が上がったのは、人体にとってきわめて最近の進化だ。二〇〇〇個を超える壺に残された残渣を調べたある調査の結果、近東および南東ヨーロッパでは「牛乳が紀元前七世紀ごろまでには飲まれていた」ことが分かっている。[23] 初期の農耕民は、自分たちが育てている動物の乳の加工方法も発見した。乳からヨーグルトやチーズをつくる食品加工は、乳糖の含有量を減らし、ヒトによる消化を助けた。当時、成人は乳を飲むことができなかった。初期人類は乳幼児期をすぎると乳糖の消化能力を失った。離乳後は、進化上その能力が必要なかったからだ。

約五〇〇〇年前、新石器時代の農耕への本格的な移行が進むなか、北ヨーロッパ、東および西アフリカ、中東、アジアの一部で、人びとが乳糖の消化能力を獲得し、少なくとも一部の集団では生存に適した条件となった。ウシ、ヤギ、ヒツジなどを家畜化したのだから、これらの動物の乳を飲むことは理にかなっていた。とりわけ、食糧難や飢饉に際してはそうだった。

ラクターゼ活性持続症は、成人後も身体が乳糖を分解・消化する能力を維持している状態を指す。この変異は生存にとても有利だったことから、二〇〇世代も経ぬうちに広範囲に広まって一般的になり、北ヨーロッパの九五パーセントの人がこの遺伝子を持つほどになった。世界中のほかの集団ではいまだに成人後は乳糖耐性を失うため、東アジアの一部やアフリカ諸国ではラクターゼ活性持続症の人は人口の五パーセントと少ない。

当然、グルテン関連障害もこの時期までは存在していなかっただろう。むろん、グルテンが人類の主食に含まれるようになるまで出現しなかったのだ。二〇〇六年に発表された論文[24]によれば、約七〇〇〇年前の複数の集団で、医薬品の副作用や発がん性物質に対処するための遺伝子が活性化していたという。これらの遺伝子は南西アジア、アジア全体、ヨーロッパ全体の集団に選択的に広まり、私たちの食事が急速に変化したときに活性化したようだ。

農耕がはじまり、人びとが動物の近くで暮らすようになると、人間は動物の支配・繁殖に介入し、生産性や動物の身体そのものすら人間のために最適化しはじめた（人新世のニワトリをご記憶だろうか？）。現在では、現生人類は当時と打って変わった環境に暮らしている。人口が着実に増えて人びとが城壁のなかで暮らすようになると、彼らは動物を壁のなかに招じ入れた。人口がさらに増えると、必需品、農場、家畜もまた増えた。

イスラエル北岸のアトリット半島の沖合にかつての集落跡がある。それは現在では地中海の海底に眠っている。そこは人びとが作物を栽培し家畜を飼育した最初期の定住地の一つだった。紀元前七〇〇〇年ごろにこの場所で埋葬された二体の化石人骨から、新しい疾患が新たな宿主を見つけたという気がかりな証拠が発見された。発掘された母親と幼児の頭蓋骨表面には、どちらも特徴的なパターンがあった。複雑な三角州の地図のようなパターンだった。この迷路状の模様を解析したところ、慢性呼吸困難と慢性呼吸不全の明らかな痕跡が認められた。母子は結核で亡くなったのだ。[25]

結核などの疾患の出現、拡散、変異をもっともよく説明するのは、人間と動物の関係が深まったことだろう。こんにち、結核は毎年一億七〇〇〇万人というおびただしい数の人を死に追いやり、アフリカのエイズ危機が結核菌の毒性を激化させている。一八世紀から一九世紀に「衰弱」の名で知られた結核は、最後には患者を憔悴しきった状態にしてしまう。この病気の感染経路は、たいていヒト型結核菌に一定の時間さらされた際の吸入感染である。この菌は繁殖が遅く、おもに肺を攻撃するが、たとえば胃、骨、神経系など体内のどの部位でも感染することがある。現在の結核症例の八〇パーセントが低所得国ないし中所得国の人で、農耕以前にはヒトはこの病気にほとんど罹患しなかったと考えられている。それがウシではじまりヒトにうつったのかどうかは、わかっていない。だがもしそうであれば、人間とウシが近くで暮らすという新しい生活スタイルが原因だったということになる。農耕が産業化すると、この病気に罹患する可能性に確率の数学がかかわってくるようになった。

結核のように、農耕によって生まれた疾患は数十、いやたぶん数百種ある。動物そのものが起源だったか、あるいは動物がこれまでになく大きな人類集団が形成される原因だったかは別にしても。

現在、この地上には一五億頭のウシがいて、その一頭一頭がヨーネ病の原因菌であるヨーネ菌をふりまいている。この菌が肉や乳製品に広がり、土壌改良によって野菜にも広まる。こうなるとこの菌を避けることは不可能になり、変異遺伝子が活躍するのに理想的な環境が整う。

結核は「集団感染症」と呼ばれ、流行するには大勢の人を必要とする。狩猟採集集団の大きさは、はしか、おたふくかぜ、天然痘などの感染症が広まるには小さすぎた。こんにち、人間が毎年飼育する動物（ブタ、ウシ、ニワトリ、シチメンチョウ）の数はあまりに多すぎて、その意味がにわかに理解できないほどだ。ニワトリだけでも毎年数百億羽が人間の胃袋に収まる。まるで銀河の星や大陸にある砂粒を数えるようなものだ。ブタかニワトリでウイルスが新たな変異を起こす確率はきわめて低い。ところが、このきわめて低い確率に、サイコロをふる数十億回（一年に飼育され、殺され、処理される動物の数）をかけると、新しいウイルスが生まれる確率は「生まれるかどうかの問題」から「いつ生まれるかの問題」に変わる。現在、動物は非常に密集した状態で飼育されている。数学的にいえば、たくさんの変異したインフルエンザウイルスの一つがエピデミックとなり、動物とヒトの垣根を超えてヒトに感染し、ヒト－ヒト感染を起こすのはもう時間の問題だ。

家畜が、私たちの生存と繁栄に寄与したことは疑う余地がない。しかし、こんにちの動物はあまりに高密度で飼育されているため、食品由来の疾病や薬剤耐性を持つ病原体の発生が懸念される。もはやウイルスが変異し、次なるインフルエンザのスーパーバグが生まれる舞台は整っているのだ。インフルエンザはだいたい三〇年周期で大流行する。もう次の大流行が起きるべき時はとっくにすぎている。[26]

これは、私たちの遺産だ。私たち自身が農耕によって生み出したのだ。

第5章　古代ギリシャ・ローマ人の警告

一八五〇年代のこと、現イラクのモスル近郊で考古学の発掘調査が進められていた。発見された大量の粘土版のかけらを地元民が掘り出し、ロバの荷かごに積みこんだ。そこは、バビロニアの都市ニネヴェにあった古代の図書館跡だった。大半の粘土版は損傷が激しかったが、一部は読みとることができるほど十分な情報が残されていた（母音も、句読点も、単語や段落の区切りもない、約一三を数える死語の約六〇〇文字を読めるならばの話だが）。図書館は約二五〇〇年前にさかのぼるとはいえ、粘土版は湿った粘土に先の尖った葦（あし）で文字を書いてから焼いてあったので、紙とは比べものにならないほど文字が克明に保存されていた。現代の図書館がシェイクスピアやホメロスの作品を蔵書するように、ニネヴェのアシュールバニパル王大図書館も古典を多数収めていた。

粘土版のかけらは、ロンドンの大英博物館まで遠く困難な旅をして荷下ろしされた。これらの粘土版に刻まれた楔文字を読むことができるのは一握りの人にかぎられ、発見から二〇年以上経ってもまだ解読が続けられていた。

ジョージ・スミスは臨時職員だったが、世界で右に出る者のいないほどの能力を持っていた。古代文字に対する興味がとても強く徹底的に調べ上げるので、最終的には世界で粘土版の文字を読める幾人かの一人となっていた。

一八七二年のある日、ロンドンの大英博物館で粘土版のかけらの山を分類中、スミスはたいへんな発見をした。その粘土板の小片は、元は葉書ほどの大きさだったと思われた。それには、大洪水が起きたこと、この洪水を生き延び、陸地を発見してくれと祈る思いで船からハトを飛ばした男のこと、ハトがオリーブの枝をくわえて戻ってきたことが記されていた。

スミスが発見したのは、現在の私たちが「ノアの方舟」として知る物語の古代メソポタミア版で、聖書をおそらく数千年さかのぼる『ギルガメシュ叙事詩』（筑摩書房ほか刊）だった。

スミスは一八七〇年代にこの遺跡を繰り返し訪ね、物語は徐々に判読された（一八七六年、スミスは家族の元へ戻る途中で頓死した）。その後、粘土版の欠けていた部分がさらに発見された。

舞台は紀元前三〇〇〇年または紀元前四〇〇〇年ごろに設定され、当時実在した王の冒険にかんする物語だった。ギルガメシュは愚かな暴君だった。神々は王の傲慢さを罰すべきだと決め、彼に戦いを挑ませるべく凶暴な野人エンキドゥを粘土でこしらえた。ところが、二人は友人となり、男どうしの絆を深めるため森でスギの薪を集めることにした。森に行くと番人のフンババに出会った。二人はフンババを殺し、森も破壊してしまう。神々は計画が失敗したことに腹を立て、ギルガメシュを罰しようと新しい友人のエンキドゥを殺す。友人を失った王は悲しみに暮れ、大洪水を生き延びた古代の男の話を耳にして、不死の秘密を知るためにその男を訪ねた。メソポタミアのノアを発見すると、彼は不死になる植物を見つけて食べなさいと教えてくれた。ギルガメシュは旅に出てその植物を探し当てる。ところが、水浴びをしているあいだに、ヘビがその植物を盗んでしまった。ギルガメシュはすっかり生まれ変わって新しい都市ウルクに戻ってきた。友人を失う悲しみを知り、そして自分もまたいずれ死ぬ運命と知った彼は、人民を守るべく壁をめぐらせることで不死を得ようとする。その壁が長く人びとを守ることで、人びとが壁を不死の象徴として崇めることを願った――。

この物語は統治者が民衆に壁を建設すると約束した初の例だが、最後の例ではない。『ギルガメシュ叙事詩』は面白く、洗練され、感動を与える物語だ。多くを語るが、考古学のように実際に起きたことを記しているわけではない。それでも、この初期の都市に住み暮らした人びとが建設した社会の構造、その社会の価値観と仕組みについて多くを教えてくれる。

メソポタミア人は、ギリシャ人より一〇〇〇年以上前から物語を書いていた。この叙事詩は古代都市の背景を語るとともに、その初期の住人の政治、習慣、考え方を巧みに浮かび上がらせる。

これらの人びとは定住地を建設して発展させ、オハローⅡ遺跡のような簡素な集落を、数家族ではなく数万人を擁する、壁で守られた大都会に変えた。

南アジアと地中海地方にはいくつかの初期の都市があった。メソポタミア、クレタ島のミノア、エジプト、現在のパキスタンに紀元前二六〇〇年ごろにあったモヘンジョダロなどである。モヘンジョダロは最盛期には五万人の住人がいて、規模としてはウルクに次ぐ大きさだった。

叙事詩が描く世界は、一読して感じるより現在の世界に近い。たとえば、ウルクには統治者（王）がいたものの、長老会議もあった。長老たちは、ギルガメシュが民衆の名誉を重んじ、正義を貫くことを期待した（たとえば、他人の妻とその結婚式の日に寝たりしない）。叙事詩が書かれた時代の人びとの宗教は、かなりあとになってギリシャに生まれた宗教によく似て多神教だった。神々はかならずしも人びとの利益を第一義に考えるわけではない。死んだ人は別の世界に行き、そこで何らかの意味で生きつづける。神々は都市の住人と同じく父性を持つようだが、行動はとても人間らしい。彼らは互いに愛を交わし、子をもうけ、他者に影響力を行使しようとする（とくに人間に対して）。

詩を読んでわかるもう一つのことは、ウルクの人びとのあいだに富と権力において大きな格差があったということだ。詩に描かれた世界は「男性社会」でもあった。下々の女性は存在しないも同然で、ただ家事に精を出すべきとされた。男性は戦争を好み、そのような気質を称えられた。力強さと戦闘能力は賞賛の的だった。

定住地が都市に発展するにつれて必然的に不平等が顕著になったが、人びと（とくに底辺の人びと）がどれほどきつい仕事をしたかは想像するしかない。もちろんギルガメシュは、人間界の統治者としての役目を果たすために電子メールの返事を書く必要はなかった。けれども、農耕民や城壁の番人は、ほかの人びとの快適さを守る一方で、自分の労働環境は劣悪だっただろう。

初期の都市では、人びとは定まった住居に落ち着いてそこで寝起きした。ともに食べ物を調理し、遠くまで水を汲みにいく代わりに水を引いていたと思われる。どの都市でもそうであるように、イラクのウルクのような古代の大都市圏はまず当座の居場所としてはじまり、やがて小規模の定住地となり、数百年のうちに大都市となった。都市が建設されると、王族、貴族、僧侶が生まれ、人びとのあいだに階級ができた。動物の縄張りは、ヒトでは財産の所有に変わった。商人は手伝いを雇い入れ、書記官は教師と会計官を使い、建築技師や船大工はこれら初期の都市では羽ぶりがよかったと思われる。「労働者」階級には、陶工、鍛冶屋、大工、レンガ工、醸造者、居酒屋、漁師、肉屋、建築家、織工、かご編み職人、馭者、売春婦、軍人がいた。初期メソポタミアにおける給料の性差は一般に考えられるより少なかった。醸造者と居酒屋は女性が多く、彼女たちは法の下ではほぼ男性と平等に扱われた（教育を受けることはできなかった）。

大英博物館に大量にある粘土版のなかに、きわめて初期の給与明細（紀元前三〇〇〇年ごろ）が見つかり、それには一定の労働に対してどれだけビールを与えるかが記されていた。このことは、共有にもとづいていた初期の定住地から、あきらかな階級制度（雇用者と被雇用者）が存在する近代的な社会へと大きな社会的変化があったことを示す。[27]

都市からは奴隷（どれい）制も生まれた。戦争捕虜（きわめて一般的だった）や市場で売り買いされた人は、所有者の財産となった。多くは、すでに述べたような職種と同じ作業を社会階級のなかでこなした。

こうした新しい都市で、車輪、犂（すき）、法典などの発明が生まれた。秒を分に、分を時に桁（けた）上げするとき（六〇進法）、私たちはいまだにシュメール人の数学を用いる。六〇進法は円の角度や、長さのインチにもその名残をとどめる。つまり、都市居住者の平均身長がおそらく六〇インチ（約一五二センチ）だったのも納得なのだ。

初期の都市では、人びとは果物や野菜をよく食べたが、みなオオムギを常食していた。肉、魚、卵を食べ、塩、油、ハーブ、スパイスを適宜使った。ワインも飲んだ。ほかの粘土版からは、ウルクの大衆が現実のギルガメシュの治世にすでに飲酒を楽しんでいたことがわかる。

たしかな証拠こそないが、誰もが競ってウルクの住人になりたがっただろう。家畜を飼う人も、砂漠の熱砂のなかでレンガを焼く人も、土を耕す人も、作物を育てる人も、頻発する野火を消す人も、平原を絶えず水浸しにする洪水を防ぐダムをつくって川と闘う人も（ここからノアの物語が生まれた）、みなそう願ったにちがいない。寿命はひどく短かったと思われる。これを自然の秩序と呼ぶ人は愚かだ。資源の搾取が人間の搾取につながらなかった時代や場所がかつてあっただろうか？

都市国家の勃興を見るとき、あきらかな疑問が生じる。選択の余地のなかった奴隷をのぞけば、なぜ大衆はみずから自由を捨て去り、他人のために食糧を生産することに同意したのだろう？　おかげで、他人が自分より自由に生きられるだけだというのに。なぜ政治家や官僚が豊かな暮らしを楽しむのを許したのだろう？

答えは、間違いなく戦争に対する恐怖にある。

定住地が周辺に広がるにともない、部族間の抗争が絶え間なく続き、出費もかさんだと考えられる。人びとはいつ自分や愛する者が殺されるかもしれない恐怖にさらされていたはずだ。この恐怖心と引き換えなら、都市の暮らしを維持する少々きつい仕事を引き受けるのもそう難しい選択ではなさそうだ。

『ギルガメシュの叙事詩』は私たちがフィクションと呼ぶものだが、ギルガメシュ王がシュメール王名表に名をつらね、彼の治世が紀元前二六〇〇年ごろに一〇〇年以上続いたことを私たちは知っている。長寿は金持ちにとって名誉だった。

ウルクの廃墟はいまもイラクの砂に覆われている。廃墟はシュメール人の暮らしぶりや外見の変化、そしていまの私たちの外見の変化について多くを教えてくれる。彼らがこの世で何より望んだのは、いかに大金を積もうとも手に入れられない長寿だった。

私たちの祖先も「長生き」だった

私たちが知る最古の文学が語るのはギルガメシュ王の物語だった。王は永遠に生きたいと望んだ。大半の人にとって不死は魅力的ではないが、よりよく長い人生を望むのは人類共通らしい。ギルガメシュの物語は人類が生み出した最初の文学作品であるため、都市生活の何がきっかけで彼がそれほど長寿を切望したのかはわからない。ウルクに住んでいたなら、たいていの人の望みはご馳走がいっぱい並んだテーブル、ワインの入った水差しだろう。だが、ギルガメシュはすでにこれらのものを手に入れているので、彼の望みはお金や権力では購（あがな）えない不死だった。

古代ローマにおける平均寿命を見てみると、都市の暮らしはきわめて過酷で、ときには一九歳と短かった。衛生状態が悪く大勢の人が密集して暮らす環境では、ありとあらゆる病気が流行した。ギルガメシュが長寿を願ったのは、ただ生きることが平原の暮らしより難しかったからだろうか？　死を身近に感じるとき、生は輝いて見えるものだ。

それにしても、いったい私たちはどれくらい長く生きられるのだろう？　平均的な寿命はどれほどだろう？　初期の都市が成立する前、人びとはどれくらい長く生きたのだろうか？

ウルクの住人の寿命を知るのは容易ではない。そこでは年長の人は一般に敬われ、狩猟採集民の社会と同じく、人びとは知識と知恵に富む人物という名声を誇りとした。都市環境とちがって、年齢にもとづく偏見は狩猟採集民のあいだには存在しなかった。狩猟採集生活では、年長の人は人びとの役に立つからだ。だが、ウィルフレッド・ランバート著『バビロニアの知恵文学』（*Babylonian Wisdom Literature*）に収められたエピソードに、ある売春婦が自分の年齢ではなく、社会がそれをどう見なすかを嘆く言葉がある。彼女はこういう。「私はまだ女盛りよ。（でも）みんな私のことをこんな風にいう。『おまえはもう終わりだよ』」。年齢による偏見はあったのだ。都市の暮らしでは、老齢になってもできる職種は少なかった。ウルク住人の平均年齢を知るのはもっと難しい。紀元前三〇〇〇年ごろにさかのぼる標本の骨格からは、六〇歳まで生きたのは全体の三分の一以下だったとわかる。ペルシャ湾に浮かぶキーシュ島の標本は平均寿命がおよそ三〇歳で、三五歳を超えて生きるのは島民の約五分の一に満たなかった。

初期人類の寿命は約二五歳だった。これが、現代社会で長生きするための指針を祖先から学ぼうという考えに反対する、もっとも一般的な理由だ。

サバンナでは、人類は何度も大きなリスクにさらされた。世界は急速に変化していて、干ばつや飢餓がいつ起きるか知れなかった。ただ寿命というものがあったにしても、二〇代で死ぬ人はとてもめずらしかった。捕食者、獲物、他部族との暴力的な出会いのリスクは高かったとはいえ、二五歳という数字は誤解を招く。

現在のイギリスやアメリカにおける乳幼児の死亡率は一パーセントを大きく下回るので、平均寿命を語っても問題はない。その数字は、ある集団に暮らす人が実際に平均してどれくらい長生きするかを教えてくれるだろう。しかし、狩猟採集民では異なる数理モデルが必要になる。ヘルスケアがなければ、乳幼児の死亡率は約四〇パーセントである可能性が高い。ある集団の半数が乳幼児期に死亡し、残りが五〇代のはじめまで生きたとすると、平均値は二五歳になる。これでは少なくとも誤解が生じる。人生は苦労の連続でも、数字から受ける印象ほど短くはなかったのだ。もしあなたが狩猟採集民で、青年に成長するまで生きたとしたら、六〇歳から七〇歳まで生きた可能性は高い。つまり、現生人類とたいしたちがいはない。

文化と寿命の関係は複雑で、数字を少し調整すれば寿命の大きな差はかなり縮む。たとえば、ボリビアの平地に住む現代の狩猟採集民、チマネの人びとのあいだでは、最頻死亡年齢（年間死亡者数がもっとも多い年齢）は七八歳だ。ヘルスケアが発達し、食事が改善されている高所得国は最頻死亡年齢が高いとはいえ、寿命の差はよくいわれる五〇年ではなく約七年だ。新しい都市の住人のほうが長生きしているとはいえ、平均寿命に見るほどの差はない。どちらの場合も寿命については理想的な状況ではないことは誰でも知っている。チマネの人びとは種類の豊富な食事とヘルスケアがあれば恩恵を受けるだろうし、一方の高所得国の都市居住者は、加工食品や精製炭水化物の少ない食事、活発な運動、きれいな空気というライフスタイルを選べば寿命が延びるだろう。

身長と寿命は統計学的に関連している。とくに都市部のように密集した環境で暮らす人びとのあいだでは、低身長は地域の資源がとぼしく、寿命に影響する数種の疾患があることを示す。

私たちの遠い祖先が進化の初期段階で長生きを望んだ理由を知るため、私はライフスタイルがこれほど異なる集団間で、最頻死亡年齢の差がこれほど少ないわけを探りたいと思った。この地球上には、これらの極端に異なるライフスタイルの中間的な地域がいくつかある。それらの地域はもちろん高所得地域ではないが、世界中どこよりも人口一人あたりのセンテナリアン（一〇〇歳を超えた長寿者）の数が多い。

私は、サルデーニャ島民の長寿を長年研究している著名な専門家に会いにいくことにした。これらの地域にはほとんどヘルスケアがなく、老人ホームもなく、現代生活の利便性には恵まれていない。

長寿の島サルデーニャ

なぜ一〇〇年以上生きる人がいるのか研究していると若い研究者仲間に話したところ、彼がこんなことをいった。「そんなひどい、いったい誰がそれほど長生きしたいっていうんですか？」。それはジョナサン・スウィフトが、一七二六年の『ガリバー旅行記』（角川書店ほか刊）で見事に活写した感慨だ。主人公のガリバーは不死の国であるラグナグ島を訪れて不死の種族ストラルドブラグに出会う。これらの島民はふつうの人間と変わったところはないが、ただ一つちがう――彼らは死ねないのだった。不運にも老化だけは進行するので、頭は薄くなり、身体は縮み、視力は悪くなる。ガリバーは、こう語る。

八〇歳になると、彼らは法的に死亡したと見なされる。相続人がすみやかに財産を相続し、本人はわずかな手当を与えられる。貧しい者は公金で面倒を見てもらえる。その後は投信や受益を許されず、土地の購入や賃借もできず、民事または刑事どちらの公判でも証人になることができない。

彼らは社会には無用の人間、いや社会の厄介者なのだ。疲労が激しく、生きていても少しも楽しくない。苦しみからの死による解放さえ許されない。

長生きとはこのようなものなのだろうか？　しだいに老化し、ものの役に立たず、増していくばかりの苦痛と不快さと陰うつな病気に見舞われるのか？

サルデーニャ島における老化と、この地域で老化の進行が遅いことにかんする研究で、世界で右に出る者のいない専門家といえば、サッサリ大学のジャンニ・ペスである。もう二〇年以上、この分野で研究と実験を重ねてきている。彼と同僚は不思議な長寿地域を探そうとこの分野に参入したものの、当時はコンピュータもＧＰＳもなかった。

寿命に影響を与える社会的要因（たとえば、モナコのように住人に高額の緩和ケアを受ける財力があるような極端な富裕層地域）にかんしてデータを修正し、長生きする人の多い地域を数カ所見つけたところ、その一つがサルデーニャだった。二人は地図と青のフェルトペンを持って島の主要部を調べ、長寿者の多い地域を見つけて地図に印をつけた。こうして、長生きする人の多い地域は「ブルーゾーン」と呼ばれるようになった。

寿命について知れば知るほど、私はそれが農耕との歴史的関係につながることを知った。たしかに、農産物はその生産に要する労働によって私たちの身体を活発に保ってくれる。一方で、長く生きがいの感じられる一生をすごしたくとも、農耕のもたらすものはいつでも理想的であるわけではない。では、サルデーニャ島の人里離れた場所のライフスタイルのどの部分が、新しい暮らしと古い暮らしのよいところをうまく組み合わせ、ここを訪れる人びとを長くおどろかせてきたのだろう？　私はこれらの人びとについてもっと知りたいと決意し、ジャンニ・ペスに会う約束をとりつけた。

ペスがはじめて寿命に興味を持ったのは、彼の大叔父が一一〇歳まで長生きしたからだった。当時、彼はサルデーニャでもまれなほど長生きした四人のうちの一人だった。その後同じくらい長生きした人の数は二倍を超えている。

寿命が遺伝子によって決まるという考えは、最近ではますます見直しを迫られている。デンマークの有名な双子研究[28]は、「寿命が遺伝によって決まる割合はそう大きくないようだ」と結論づけた。身長の最大で八〇パーセントが遺伝で決まるかもしれないが、寿命の場合にはこの数字はわずかに二五パーセントで、残りは環境によってちがってくる。つまり、私たちにより長く、活動的な人生を与えてくれる要因は文化や環境なのだ。覚えておくべき重要なことは、この余禄の時間も使えるということだ。その時間は、老人ホームでただ死を待つのみの一〇年あるいは二〇年ではない。ペスが関心をもっている余禄の時間は活動的で、仕事もしつつこれまでと同じ生活を続けられ、快適にすごせる時間だ。

彼の研究によって本人の行動に変化はあったのだろうか？　研究の結果、毎日欠かさずしていることがあるだろうか？　「長生きする人のライフスタイルで、もっとも重要なのは身体活動のレベルです。ブルーゾーンで暮らす人びとは仕事場の近くに暮らしてはいません。たとえば、ヴィラグランデ村では人びとは毎日一〇キロ歩きます。そこは小高い土地なので、歩くにも体力が必要です」。

ペスは、こう説明する。「私は朝早く（だいたい午前六時）に起きて七キロ歩きます」。冗談めかしていうには、「一〇年前、私の腹はちょっと出っ張っていて、ちょうどいまのあなたくらいでした。

でも、この習慣を数年続けたあとは（彼が立ち上がり、ぺたんこの腹を見せて）、朝になると、さあ仕事を片づけるぞと思います」。この習慣を欠かさず続けているのかと私は尋ねた。彼は妻をふり返って少し確認したあと、歩かなかったのは二年ほど前に熱があった日だけだと答えた。私たちの祖先と同じ距離を歩くことが、一つ目の重要な要因だった。

「二つ目は、食事です」。ペスの基本的な考えは、完璧な食事はないということだった。ダイエット産業には当然ながら懐疑的だ。それでも、「私は精白パンのような単純糖質はなるべく避けます。毎日、チーズを少し食べます。赤ワインもブルーゾーンの人びとの長寿を説明する要因の一つのようです。プロアントシアニジンを含んでいますからね」という。この化合物はコラーゲンと結合して皮膚を保護する（とくに、紫外線による損傷から守ってくれる）。関節を柔軟に保ち、動脈、静脈、毛細血管壁を強くして血液循環を改善する。

　重力に似て、誰も老化の正体を知らない。リンゴが木から落ちるのを見て、重力のふるまい、作用、必然性ならすべて知ることができる。しかし、その正体を知ることは難しい。老化にも同じような困難がある。誰もがみな老化を知っているし、それが何を起こすか、どんな徴候と作用を持つかも知っている。ところが、誰もそれをほんとうに説明することはできない。ダン・ビュイトナーが著書『ブルーゾーン——世界の１００歳人（センテナリアン）に学ぶ健康と長寿のルール』（ディスカヴァー・トゥエンティワン刊）で述べるように、私たちはそれが「アクセル」しか持たないことを知っていて、タンクにどれだけガソリンを入れるかについてはかなりの裁量を与えられている。一説によれば、老化は基本的には遺伝子の変異だとされるが、ペスやそのほかの人びとは老化が食事と強い関係があると考えている。

「ことによると、運動しない生活はそれ自体危険ではないのかもしれません。それが危険な理由は、代謝関連疾患の発症率を増やすからです。それに、余分な脂肪組織もリスク要因です。腕、脚、顔などの皮膚下にある脂肪組織ではなく、内臓脂肪が危険なのです。内臓脂肪は炎症を起こし、炎症は寿命を縮めます。話が複雑になりますが、炎症があると、細胞や組織が炎症メディエータによって攻撃されますし、タンパク質も変性するのです」

現代生活の圧倒的な特徴といえば運動不足だ。初期の都市居住者も、それ以前の人びとより運動不足になっただろう（骨密度のスキャン結果でわかっている）。運動不足は寿命にどのような影響をおよぼすのだろうか？

「運動不足は寿命にとってよくないと普遍的に考えられています。運動しない生活を送っていると寿命に影響があるのです。糖尿病や代謝関連疾患を発症しやすくなりますが、これらの病気は寿命を縮めるほんとうの殺し屋です」

ペスが調査したセウーロを例にとろう。サルデーニャ島にあるこのブルーゾーンで、洋服の縫製をしている幾人かの女性について彼が教えてくれた。彼女たちはミシンの前に座って長い時間をすごす人生を送ってきた。

「これらの女性は運動不足ではないかと思われるかもしれません。ですが、重要な例外があるのです。彼女たちのふくらはぎの周囲の長さを測ると、ふくらはぎが平均より大きく、筋肉質であることがわかりました」

足踏みミシンではペダルを踏むので、一生静かに座っていても、運動による長寿命の利点を得るほど十分なカロリーを消費するのだ。彼の次の計画は、「これらのミシンで働くときのエネルギー消費量の測定」だそうだ。この研究の結果から、労働者の労働空間をどうすれば最適化できるかにかんする指針が得られるだろう。そうなれば、運動不足に陥りやすい仕事でも、労働者を長期にわたって健康に保つための解決策が見つかるかもしれない。

サルデーニャでは、日常に運動をとり入れていることでストレスが減少するのかもしれない。これらのセンテナリアンが暮らす国や地域には、ストレスを感じないという共通の特徴があるのだろうか？　ことによると、彼らはただリラックスしているだけなのだろうか？

現在の標準的な心理学検査で、センテナリアンがストレスを感じると答えることはまずない。とはいえ、彼らがずっとその状態にあったということではなさそうだ。心理学者のなかには、これを「老化のパラドクス」と呼ぶ人もいる。身体が衰えるにしたがって、その人の心の持ちようが改善するのだ。ペスが研究しているセンテナリアンは戦争に出征したはずだし、二〇世紀がもたらした大きな政治経済的な激変を乗り越えてきている。貧しいこともあっただろうし、ましな賃金と労働条件を求めて移民したこともあったかもしれない。

ペスは彼らにストレスがなかったとは思わない。ただ、ストレスとのつきあい方が常人と少しちがうと考えている。彼らは絶望したり、希望を失ったりしなかった。苦境を脱する道はかならずあると考えたのだ。

『ガリバー旅行記』に出てくる不死の国の住人について、私はふたたび考えをめぐらせた。五〇歳をすぎて、彼らはどんな人生を歩んだのだろう？　私はまだ四八歳だというのに、すでに慢性的な腰痛（軽度ではあるが）を抱えている。今後二〇年、四〇年、五〇年と年齢を重ねていったら、いったいどうなるだろう？　ペスの大叔父はいわゆるスーパーセンテナリアン（一一〇歳以上の人）だった。ボストン大学の老年学者を中心とするグループによる試行では、スーパーセンテナリアンの一〇パーセントは死亡する三カ月前まで老齢関連疾患にかかることがなかった。[29]

こう考えてきて、私はどうやら自分が誤った問いを立ててしまったらしいことに気づいた。私が知りたかったのはこれらの人びとが長生きする理由ではなく、残りの人が短命である理由だった。古代のシュメール王名表に名をつらね、一二〇〇年にわたって統治したといわれるルガルバンダ〔訳注：神話でギルガメシュの父親とされる王〕が「羊飼い」とされているのは偶然ではない。スーパーセンテナリアンのサルデーニャ人と同じように、これらの長生きした人びとも都市の生活を心から受け入れたわけではなく、毎日のように運動を生活のなかにとり入れていた。

ここ数世紀にわたって医学が享受してきた栄誉とはかかわりなく、サルデーニャ島民の寿命は都市居住者のそれを大きくしのいでいる。たとえヘルスケアに数千億ドル（約数十兆円）投じたにしても、高所得国（イギリスやアメリカ）にはやはり平均寿命が六〇代半ばのままの地域が存在する。ロンドンの一部では、健康寿命は五四歳だ。[30] 都市誕生から四〇〇〇年を経て、都会の暮らし（少なくとも、私たちが送りたいと願う都会的な生活）は、まだ長寿と相性が悪いようだ。

初期の定住地や都市は人体に永続的な痕跡を残した。現在、私たちは運動という考えにすっかりと り憑かれている。まったく運動しない人、毎日一万歩を目指す人、毎日ジムのプログラムをいくつもこなす人まで、さまざまだが。この活動は都市の暮らしに仕事の一部のように根を下ろしている。そればかりか、仕事と運動は深く関連づけられ、それらは都市居住者自身がつくり上げた社会階級のなかからしか生まれない。このことをはっきり理解するには、新帝国の中心に新たに誕生した都市国家である古代ギリシャまで時を下らなくてはならない。

余暇と運動

農業革命から都市革命を通じて、変化をもたらした原因は往々にして戦争だったが、快適さであることもあった。快適さに対する欲求があれば、余暇に対する動機が生まれる。定住地とその後成立した都市から、土地の所有という概念と新たな社会階級が生まれた。社会階級が存在する社会では、上層階級の一員になるということは、余暇を楽しむことを意味する。音楽家、俳優、レスラーに楽しませてもらうのだ。狩猟採集社会では、個人が消費者となる受動的な楽しみや余暇に割ける時間も余裕もなかった。そこで、会話や社交（つまり、ゴシップに花を咲かせること）に多くの時間が充てられた。プレイステーションやエックスボックスの前に座るのではなく、狩猟採集社会の子どもたちは大人の真似ごっこをした。家を建て、戦争し、木に登り、狩りをするシミュレーションをするのだ。スコアがつくゲームや、勝利者のいるゲームはほぼ皆無だった。狩猟採集社会では遊びと教育は不可分だったのだ。

都市国家の発展にしたがい、金持ちの余暇活動は人新世に近づいてくる。他者に想像力に富む労働をしてもらって、自分はただそれを眺めるだけなのだ。余暇も度をすぎると身体によくないと懸念したのは、ギリシャ文化が最初だった。誰かがハープを弾いてくれるのを聴きながら座ってブドウを食べるのは、しばらくすれば退屈なだけでなく身体にも悪いと彼らは認識していた。

歴史をふり返れば、ある社会が運動を奨励する度合いは、その社会で暮らす労働者のあいだにある不平等の度合いに通じる。運動の誕生と存在は、労働の生態系で何かがうまくいっていないことを示す文化的なバロメーターだといえる。労働の質が根本的に変わってしまったため、健康をとり戻すには特別な遊びか運動をしなくてはならないのだ。狩猟採集民にとって、労働と遊びは実質的に切り離すことができないものであり、運動は遠い未来の夢だった。

現代人は運動を、人間にとって自然な活動と受け止めるが、その誕生と広まり方は椅子によく似ていた。それはいまではあまねく遍在するが、おどろくほど歴史が浅く、それを行なうのは社会の一部にかぎられていた。椅子から立ち上がらなければいけないと私たちが悟ったのは、いったん座ってからのことだったのだ。

作物の収量が増えるにつれて、定住地も増えた。定住地が村、町、港、そして都市へと変貌した。都市圏が広がるにしたがい、輸送、座ってする労働、そして都市の病巣を象徴するものが広まった――それが運動だ。

農業革命後に穀物が生活にすっかり定着すると、「運動」という発想がギリシャ文化に芽生えた。それは、持て余すほどの余暇と運動不足への対応だった。自分に代わってテーテス（アテネの無産階級）や奴隷に労働をしてもらっていた人びとは、何か身体を動かすことをしなければ健康に悪いと悟った。運動はゲームや遊びとは別物だった。結果は似ていても、運動は健康増進を目指してするもので、一方のゲームは楽しみや競争などほかの目的でするものだ。

運動は、労働量に大きな差異がある社会、とりわけ都市に出現した。古代ギリシャの裕福な男たちは、仕事を奪われて、することがほとんどなくなり、ギュムナシオン（「裸」を意味するギリシャ語のギュムノス〔gymnós〕に由来する）と呼ばれる新しい施設を発明した。それは町のなかの開けた場所にあり、そこで裸で競技を行なって戦争に備えて身体を鍛えるのだ。テーテスが畑を耕し妻たちが家事をするあいだ、男たちはこういう活動をしていた。

運動したのは、ギリシャ人だけではなかった。古代ローマでも運動が行なわれた。ローマの政治家で法律家のキケロは、「胆力を養って知を磨くのに役立つのは運動のみである」と述べた。文筆家でローマの法律家でもあった小プリニウスは、こう説明した。「肉体を鍛錬することによって、人の知性がいかに研ぎ澄まされるかはおどろくほどだ」。ギリシャで運動していた男たちのように、これらの男たちもまた特権階級で裕福だった。

○

ギュムナシオンでは運動と哲学が融合した。多くは都市の中央に位置し、男性限定の施設だった。

現代生活の多様な側面と同じく、運動は文化に埋めこまれた記憶のようなものだった。それは私たちにはとても自然に思われる。ところが、ギリシャ人とローマ人以降はほぼ見られない。一九世紀初頭にほんの少し姿を現わしたものの、それはジェイン・オースティンの小説のなかという意外な場所だった。不思議に思われるかもしれないが、オースティンが小説に描いた土地の所有者階層はアテネの貴族階層に似ていなくもなかった。オースティンの小説では、もっとも運動を必要とするのは何もしない金持ちだった。

現代文化で運動が重要視されるようになったのは、まだ記憶に新しい。私の祖父母は八〇歳まで生きたが、とくに運動する必要がなかった。彼らの人生には、本来必要とされる運動をする機会が十分あったのだ。

しかし、二〇一七年にイギリスで発表

された論文によれば、四〇歳から六〇歳の人の四一パーセント（一五〇〇万人以上）が早歩きする時間は、一月で一〇分に満たなかった。[31] 最初にこの調査結果を読んだとき、私は調査した人が「早歩き」をとても速く歩くことと解釈したのではないかと思った。ほぼジョギングに近いような速度を想定したと考えたのだ。そう考えれば、報告の数字も納得がいく。しかし、そうではなかった。この調査では、「早歩き」は一マイル（約一・六〇九キロ）を二〇分で歩く速度と想定されていた。

調査はもっと運動しようという大きなキャンペーンの一環だった。イギリス公衆衛生庁はこのキャンペーンを「アクティブ10」と呼び、同名のアプリも開発した。これは果物と野菜を一日五種食べようというキャンペーンにちょっと似ている。あまり多くを要求しないが、実行すれば大きな健康増進効果が期待できる。政府が最初に提案した運動時間は、一週間に一五〇分だった（三〇分の運動を五回）。しかしアクティブ10は、別れの言葉を恐れる恋人のように要求をすばやくとり下げた。三〇分が無理なら、せめて一〇分お願いします！　一〇分でも大きな効果が見こめ、心臓病、２型糖尿病、認知症、一部のがん、障害の発症を遅らせるか防止してくれるかもしれない。[32] 運動不足は中年にいちばん多いが、調査報告によれば、イギリス国民の四分の一以上が運動不足だという。

何も運動しないより一〇分でもしたほうがましだといっても、もしあなたが三〇分の運動を日課に組みこむのが無理なほど忙しいのであれば、優先順位の付け方に深刻な問題があるのだ。運動できないほど忙しい日常をすごしているなら、数カ月もすれば健康寿命から何年かをみずから削る結果になるだろう。

運動しようという提案は、私たちの暮らしがどれほど問題を抱えているかを示している。座って働く人がいるのは、ほかの人が余剰の食物を生産して融通してくれるからだ。私たちはただスーパーに立ち寄るか、オンラインで注文して食料品を買うだけだ。しかも、誰か別の人に自宅まで届けてもらう。

現在のオリンピック競技大会が生み出されたのは、初期のアスリートが運動をする必要に迫られたからで、それは奴隷や農奴が彼らに代わって労働をしたからだった。そう考えるのは不思議な気分だ。またウルクまでさかのぼって見てきたように、私たちは都市になだれこむ一方で長寿を追求してきた。ギリシャ人とローマ人は、奴隷が彼らに代わってすべての労働をこなしてくれたとしても、長く健全な一生を送るには運動が欠かせないことを理解していた。

こんにち、いまだに穀物中心の食事に移行できていないサルデーニャ人が、都市に引っ越した親戚より長生きしている。両者は同じ遺伝子を共有する。だが、都市部に引っ越した人は歩く代わりに車に乗る。ペコリーノ、ブドウジュース、ヤギの乳、パン少々ではなく、エスプレッソと甘いペイストリーを食べる。彼らの食事は山中の村人より多様かもしれないが、選択肢が多いことは最適な選択肢から選べることを意味しない。辺鄙（へんぴ）な村の住人は農耕中心のライフスタイルを守っていても、都市住民の胃袋に収まる、単一栽培の精製炭水化物にまだ支配されていない。彼らの暮らしぶりは、運動などという馬鹿げたものが必要ないほどに活発であることを意味している。

運動と不平等は関連しているのだろうか？　率直にいって、答えは「イエス」だ。運動とその実行方法が私たちにとってよいことかどうかの答えは、本書が二〇世紀に進むまでお預けにしておこう。だが、ジャンニ・ペスが調べた長寿地域の人びとは、地域のジム、トレーニングクラス、公園のランニング、サイクリングクラブ、ピラティスに縁がなく、トレーニングマシン、ローイングマシン、トレッドミルが部屋の隅で埃をかぶってもいない。これが十分なヒントになると思う。

第Ⅱ部のまとめ

第Ⅱ部でとり上げたあごや近視には、どちらも遺伝子がかかわるものの、これらの特徴は発達の問題でもあるので、その影響は限られている。成人後に、これらの特徴を変えることはできない。あごの形はいったん決まればそのままだ。それでも、口内のｐＨ値を本来の数値に戻したり、寿命を数年なりとも延ばしたりすることはできる。

１　屋外に出て日光を浴びる

日光を浴びることは重要で、とくに子どもたちにとってはそうだ。戸外で何時間もすごすと浴びすぎるリスクはあるが、運動やビタミンＤの生成など日光浴にはさまざまな効果がある。また自然と親しむことから得られる心理的効果もある。最近のｉＰａｄ、ｉＰｈｏｎｅ、ノートパソコンは輝度が五〇〇ニット〔訳注：輝度の単位〕以上（日光が直接当たっても画面が十分明るい）と明るく、耐水性も向上していることから、野外の使用に適している（戸外が好きな人にはたまらない！）。

２　下あごは噛むためにある

歯ごたえのある食べ物をつとめて食べれば（とくに若い人）、あごの発達と唾液の分泌がうながされ、不正咬合を防げるし、歯の健康にもいい。ガム（甘いだけのガムはお勧めしない）を噛むのはこの目的に向いているし、食後に口内のｐＨ値を元に戻してくれる（水ですすぐのもいいが、それでは下あごの発達は見こめない）。

3　もっと噛む

下あごの骨密度を上げるのに遅すぎるということはない。骨密度が上がれば、歯根も健康になるだろう。体内のどの筋肉や骨でもそうだが、あごを動かせば成長をうながすことができる。何も生肉を食べなくても、健康的で下あごの運動をうながす食物はある。セロリ、ニンジン、ナッツ、種子（種子はカロリーが高いが、未加工なら脂肪の三分の二しか吸収しないし食欲を刺激してくれる）などだ。

4　歯は食後でなく食前に磨く

口内のｐＨ値が酸性のときに歯磨きすると、化学的・物理的摩耗によって歯のエナメル質が損傷する。まったく歯磨きしないより食後に歯磨きするほうが悪いくらいだ。食前に磨くか、次の「水を飲む」を試そう。

5　水を飲む

食後すぐに、コップ一杯の水を飲むか、口内のｐＨ値を元に戻すようなもの（チーズかヨーグルトを少々）を食べよう。これで酸が歯のエナメル質を攻撃する時間を減らせる。食事の回数を減らす、あるいは軽食やおやつを食べないのもいい。

6　ウェイトトレーニングは最悪

ジャンニ・ペスにインタビューしたとき、彼がこういった。「長寿にいい運動は有酸素運動で、ウェイトトレーニングが最悪です」。とはいえ、はじめから柔軟性のない厳格な規則を決めるのもどうかと思う。ウェイトトレーニングは他種のトレーニングと比べて代謝や心理に与える効果が少ないことが知られるが、年齢とともに衰える筋肉のコア強度を維持してくれる。筋肉強度の維持は自立した生活を送るためには重要だ。だから、ウェイトトレーニングは寿命を延ばしてくれないとはいえ、筋肉強度を維持すれば自立可能な時間を伸ばしてくれる。すでにウェイトトレーニングをしているなら（たとえば、身体をある程度動かす職業についているなど）、ペスの助言は正しい。軽めの運動を長時間かけてする有酸素運動は寿命にとって最高だと考えられていて、統計を見ても退職後に老人ホームに入る可能性が低い。

7　正しい運動を選ぶ

硬組織と軟組織（動かさなければ失われる筋肉）の強度がどう決まるかを考えれば、ある集団の平均体重の増加と歩行時間の減少が重なれば問題が起きると予測できる。足と足首が身体を支え切れなければ、膝にも負担がかかる。痛みによって体重は少し減るが（その人にとってそれが問題なら）、足から脚へと進行する筋肉の弱さに目を向けるほうがいい。ウェイト（重り）が与えてくれる一つの効果は骨密度を上げるための刺激だが、ほかの運動によっても同じ効果は得られる。だが、すべての運動が同じ結果をもたらすわけではない。サイクリング、水泳、そのほかのウェイトを使わない運動は、骨芽細胞を刺激して骨を強化することはない。しかし、二〇一八年のある研究によればサイクリングに積極的にとり組み、七〇代、八〇代まで自転車に乗った人びとの免疫力は二〇代に匹敵するという。[33]

8　酒の効用

寿命研究者の多くが、赤ワインを長寿の秘薬と考えている。ロンドンにあるクイーンメアリー大学ウィリアム・ハーヴェイ研究所の実験的治療科教授で、『ワインダイエット』（*The Wine Diet*）の著書のあるロジャー・コーダーは、多くの人が喜びそうな話をしてくれた。赤ワインが心臓病、数種のがん、さらに勃起不全の画期的な治療薬になるというのだ。ただ残念なことに、アルコールが幹細胞のＤＮＡ損傷にかかわることが最近判明した。

第Ⅲ部　西暦一七〇〇年～西暦一九一〇年

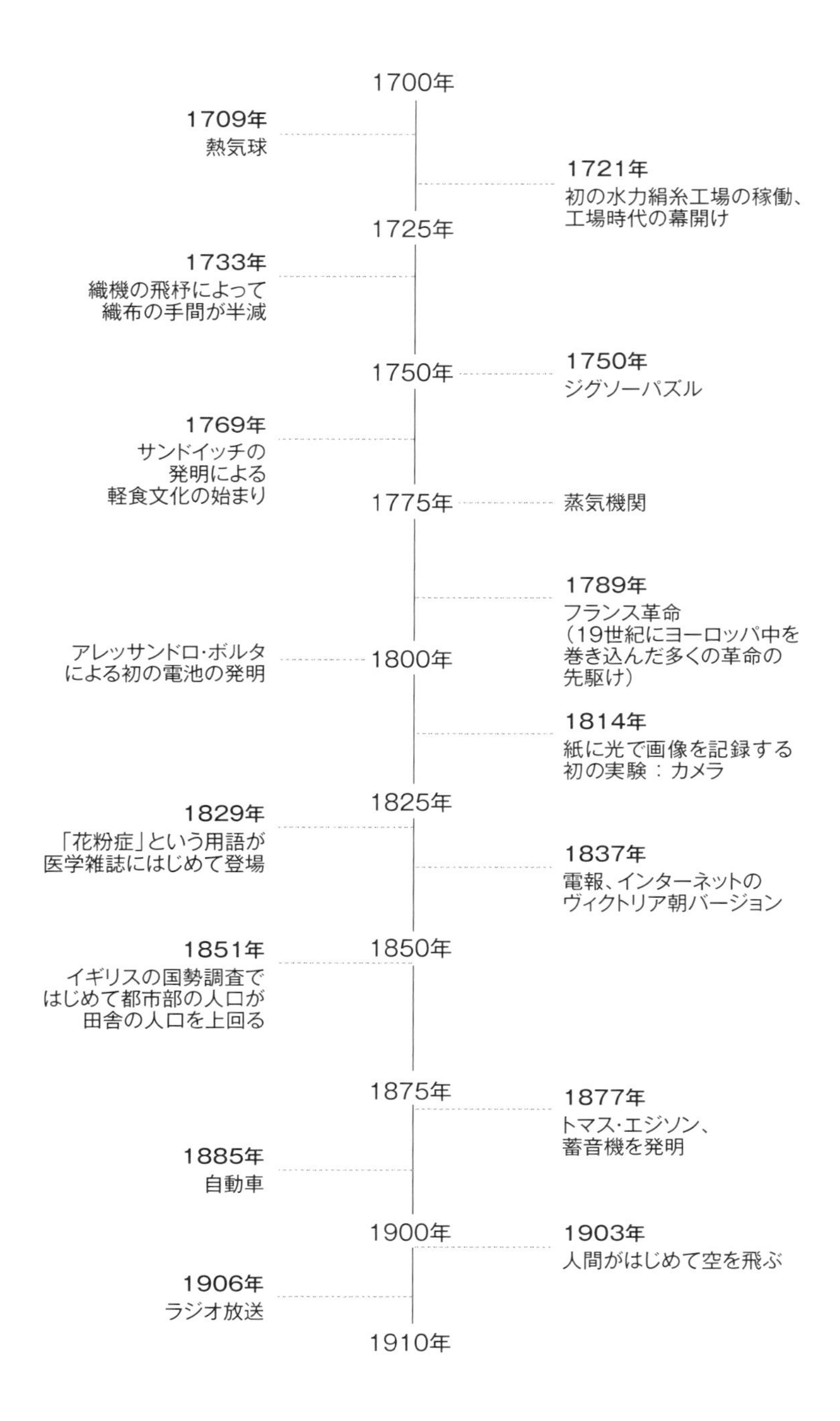
1700年
1709年
熱気球
1721年
初の水力絹糸工場の稼働、
工場時代の幕開け
1725年
1733年
織機の飛杼によって
織布の手間が半減
1750年
1750年
ジグソーパズル
1769年
サンドイッチの
発明による
軽食文化の始まり
1775年
蒸気機関
1789年
フランス革命
（19世紀にヨーロッパ中を
巻き込んだ多くの革命の
先駆け）
アレッサンドロ・ボルタ
による初の電池の発明
1800年
1814年
紙に光で画像を記録する
初の実験：カメラ
1825年
1829年
「花粉症」という用語が
医学雑誌にはじめて登場
1837年
電報、インターネットの
ヴィクトリア朝バージョン
1851年
イギリスの国勢調査で
はじめて都市部の人口が
田舎の人口を上回る
1850年
1875年
1877年
トマス・エジソン、
蓄音機を発明
1885年
自動車
1900年
1903年
人間がはじめて空を飛ぶ
1906年
ラジオ放送
1910年

エドワード・ダフィン著
『脊柱の変形について』
（1848 年）の扉絵

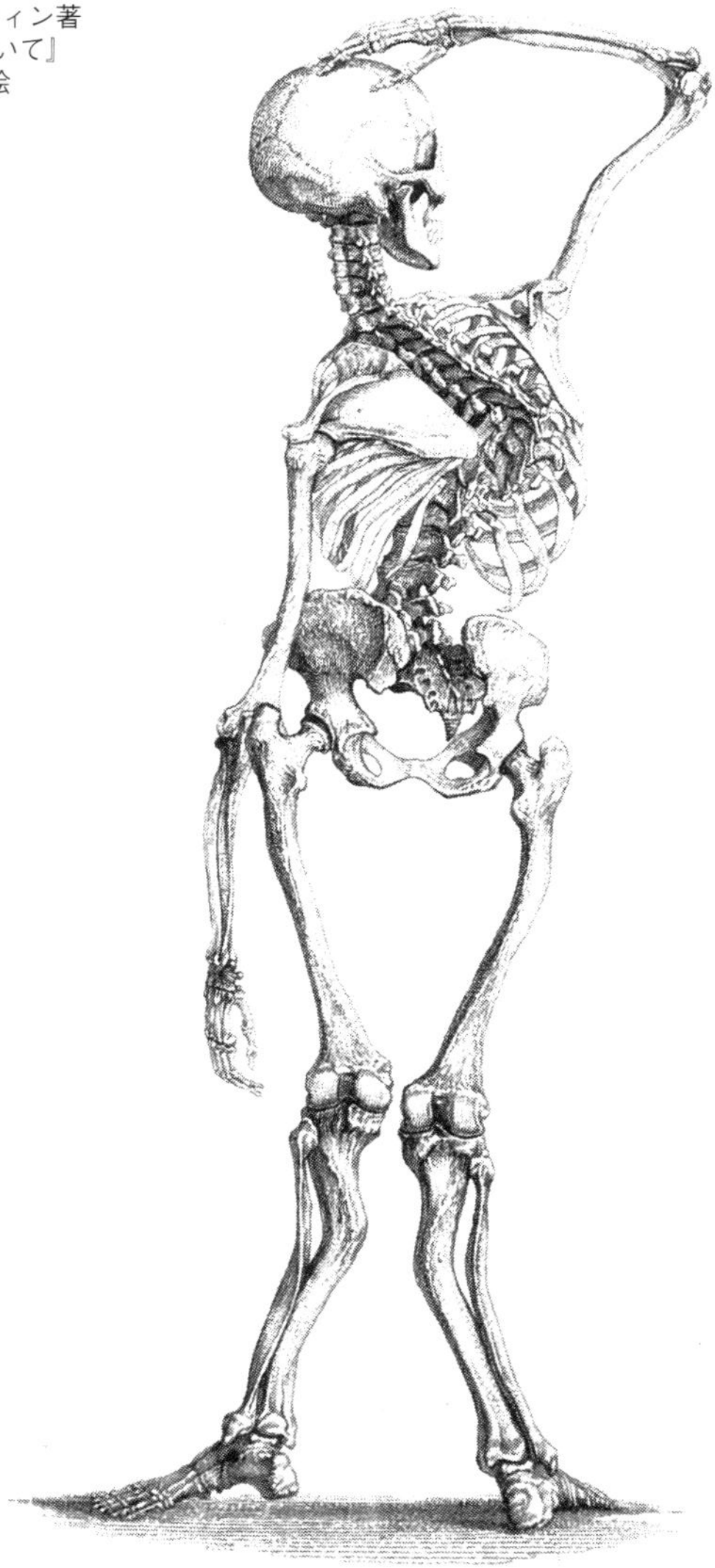

身体は「経済」そのもの

数千年にわたって、農耕は続々と誕生する大都市と共存した。都市の数、規模、複雑度は増えていった。農耕民と都市の住人の暮らしは、あまたの発明によって楽になり効率も上がった。だが変化は緩慢だった。紀元前二五〇〇年のシュメールから、農学者を封建時代の北ヨーロッパに連れてきたとしよう。彼は北ヨーロッパの農奴が領主に忠節を尽くしながらも借財に苦しみ、それでも土地を耕す姿を寒さに震えつつ目にして、目覚えがあると感じるだろう。農学者をさらに一九世紀初頭に連れてきたら、ジェニー紡績機やねじ切り旋盤をどう使うか見当もつかないはずだ。

さらに二世紀にわたって時を下り、シュメールの農学者を中国黒竜江省の牡丹江に約九一〇ヘクタールにわたって広がるメガ農場に連れてきてみよう。この場所がいったい何なのか彼にわかるだろうか？　ポルトガルほどの面積のある植物工場というものを理解できるだろうか？

一八世紀に人類が産業革命を起こしたとき、変化が加速した。地形と環境が急速に変わり、私たちの身体もまた変わった。

外見も含めた私たちの現在のありようは、労働がどんどん分化した産業革命の時代に端を発している。産業革命が、私たちのものの見方、政治、食事、快適さに対する欲求に与えた影響、さらに私たちと機械、環境、テクノロジー、身体との関係に与えた影響は、どれほど強調してもしすぎることはない。

遠い昔に新しい行動の種を植えつけられ、要求される労働によって形づくられた新たな身体が出現しはじめた。身体は労働によってあまりに生体力学に反した扱いを受け、その痕跡は永久に刻みこまれた。人体の物語は伝統的な歴史の記録やデータのなかにある。しかし、それは文芸作品のなかにも見受けられ、そうした作品の作者のみならず、それらの作品が読まれた時代と場所についても教えてくれる。新たな種類の仕事がもたらす変化から、まったく異なるジャンルの文芸作品が生まれるとき、その時代や社会をとり巻く状況は深刻なのだ。

一八三〇年代、一八四〇年代、一八五〇年代の産業や社会にかかわる問題を描いた小説は、産業資本主義が抱える問題に対する解決策をほとんど与えてはいないが、富裕層と貧困層を分断する不平等への嫌悪と怒りに満ちていた。仕事中に負った怪我や障害の例が書き連ねられ、このことは身体（とその障害）が階級を暗示することを必然的に意味した。

ウィリアム・ダッドやロバート・ブリンコーのような一九世紀の労働者階級出身の自叙伝作者は、工場労働者のあいだに爆発的に障害者が増えたと書いている[1]。食事が粗末で栄養のとぼしいものになるにしたがい、新しい都市の中心部で暮らす最貧層の身体は縮んでいった。その一方で、新しい機械が生み出す利潤の恩恵を受けた資本主義者は、これらの最貧層による労働と生産によって肥え太った。しかし、産業革命の身体の物語に登場するのはこれらの身体だけではない。

一九世紀には、人びとの読み書きの能力が急速に伸びた。作家の増加は読者の増加を意味し、物語とジャーナリズムの広まりは、有産階級と無産階級の身体変化にかんする情報が豊富であることを意味した。当時の状況が現在とどれほど異なっていたかを知るために、経済の尺度あるいは象徴としての人間の身体を見ていくことにしよう。

身体を見れば身分がわかる

数千年にわたる農耕技術の発展を経たというのに、ヨーロッパ人男性は祖先より平均してたった二・五センチ背が高くなっただけだった。合理的に推測すれば、この時を起点として、人類はじわじわと（ヨーロッパにおける）現在の平均身長である約一七八センチに近づいていくはずだ。だが、この推論は誤っている。人びとが工場に押し寄せ、労働者階級の身体がカシミアのセーターを熱湯につけたときより速く縮むと、この身長の増加分はすぐに失われた。

一八三七年、メトロポリタン・ホスピタル・フォー・チルドレンの外科医チャールズ・ウィングは、一三歳の工場労働者の平均身長を一三三センチと報告した。[2] 一八三六年から一八三七年にかけて行なわれた外科医による観察では、一四歳の平均身長が一四〇センチで、この数字は地方に住む同年代の子どもより二・五センチ以上低かった。[3] 外科医のジェイムズ・ハリソンは、一八三六年には一七歳から一八歳の一五九人の平均身長が一五二センチだった、と報告している。[4] ハリソンはこの種のデータ収集には慎重さが必要だと述べ、彼の測定結果は靴を履かないで得たものだと説明した。現在のイギリスに住む平均的な一五歳の男子はこれらの労働者に比べれば巨人だ（一七三センチ）。

これらの労働者の多くがこなした労働は単純だが拘束時間が長く、疲労から回復する暇は与えられなかった。町や村から労働者が新しい都市になだれこむにしたがい、彼らの労働はどんどん均質化していった。

機械は身体によって操作されるが、労働者自身の身体は動かない。工場に入ると、労働者の移動距離は人類がかつてサバンナを走り抜けた距離より劇的に短くなっただろう。この時点までは、世界の約八〇パーセントから八五パーセントの人が農耕に携わり、ほぼ同数の人が自分たちを養ってくれる土地に暮らしていたと思われる。一九世紀末以降、農耕に従事する人の割合は約一パーセントに減った。数千年間で、人類が達した最高速度はウマの背に乗って移動した毎時約二七キロだった。

畑を耕す代わりに、労働者たちはいまや職場で極端なほど長時間立って働いた。食事（それが食事と呼べるしろものならばの話だが）は、ほとんど栄養がなかった。栄養不足と脱水症状（きれいな水をいつでも飲めるとはかぎらなかった）のために、人びとの健康は破滅的な影響を受けた。栄養素は微小循環にとって大切で、脱水症状と同じく関節の健康と損傷の修復に影響する。ずっと立っていると椎間板や関節軟骨から水分が抜けてしまい、これらの部位の永久変性と各種疾患につながる。

生まれ育った村落をあとにし、一九世紀半ばの都市にやって来た人びとはいわばタイムトラベラーだった。封建時代の小屋を抜け出し、道路を一六キロ歩いて人類史の新たな時代に入ったのだ。着いた先は石炭にまみれた首都だった。目指す工場の方角を知るには、真っすぐ空に立ちのぼる煙を見ればよかった。

古代ギリシャや古代エジプトという遠い昔には、日焼けした身体がその人の階級を表わした（残された絵画からわかる）。公的身分と私的身分〔訳注：市民と奴隷〕の別が身体をひと目見るだけでわかるのだ。女性は白い肌であるべきとされ（建物のなかでずっとすごせるほど裕福であることを意味した）、彼女たちのいるべき場所は家庭だった。男性は浅黒かった。戦争に行ったり、野外のギュムナシオンでレスリングしたり、畑で働いたりしたからだ。

チューダー朝、そしてエリザベス一世（一五三三―一六〇三）の時代までには、肌の色はその人の経済的地位をより明確に象徴するものになった。肌が白ければ白いほど、たぶんその人は裕福なのだ。いつも畑仕事に励んでいる農奴は色黒だったため、官僚のスタイルはその反対になった。官僚は太陽の下で働く卑しい身分の人と間違われるのを恐れ、毒のある粉おしろいを顔に塗った。

肌を白く見せるため、エリザベス一世は鉛白（どろっとした鉛のペースト）を使っていた。白粉になめらかで均質な白さを与えるには鉛が欠かせなかった。そうすれば自然に見えるし、神がイギリスの王位につけた人物にふさわしい純粋な血筋を物語ることができる。少なくとも、エリザベス朝の人びとはそう信じていた。肌の色は経済そのものだった。

中国では、纏足(てんそく)の伝統が一〇〇〇年以上続いたが、これも同じように経済的意味合いがあった。理想的な女性らしさを示す一〇センチの足は、よちよち歩きが妖艶であるという考えと結びついていた。しかし、この風習はもっとも裕福な一族にはじまり、その一族があまり歩かなくてもいいほど裕福であることを知らしめるものだった。中国の女性は足を動かさなくてよかったのだ（つまり、働く必要がなかった）。

一九世紀の身体もやはり経済とつながっていた。ジェイン・オースティンの小説群や、一八五二年のディケンズ著『荒涼館』（岩波書店ほか刊）に登場する、架空の行儀作法の学校に見られる身のこなし、しぐさ、姿勢を考えれば、まっすぐに立つ能力が階級を示すようになったことがわかる。

そんな世界では、猫背の人や障害のある人は、そのような身体にされた職業とともに社会の底辺へ堕ちていった。この文化では、真っすぐに立てることがその人の政治・社会的な地位を語り、その地位が身体に刻みこまれている。

当時の数知れぬ産業小説では、労働者は青白い顔をして、痩せこけ、背中が曲がっていた。労働が彼らをこのようにしたのだ。彼らの身体を一瞥(いちべつ)すればその経済的地位がわかる。チューダー朝のファッションが富裕層と貧困層を分けたように、ヴィクトリア朝でも彼らの身体そのものが両者を区別した。

カロリーを得るのも難しい世界では、ヴィクトリア朝の完璧な男性の身体はやや恰幅のよい身体だった。最近、グラフィックデザイナーのニコレイ・ラムが過去一五〇年における男性の身体の写真やイラストを調べ、一八七〇年代は少々肉付きのよいことがブルジョワにとって健康の証(あか)しだったと結論づけた。[5] この理想像は、二度のアヘン戦争のあいだに、より健康でアスレティックな肉体労働者のそれに変貌をとげた。ヴィクトリア朝の小太りのジェントルマンとちがって、この労働者は均斉のとれたたくましい体つきをしていた。[6]

歴史上どの時代をとっても、理想の身体は経済とかかわっていた。もちろん、それが労働者階級の身体であることはめずらしく、たいていは十分な時間と財力のある人が純粋に努力して獲得した身体だった。ヴィクトリア朝の工場労働者には、そのような時間はなかったため、彼らは真っすぐに立つ能力を失ってしまった。

一八世紀から一九世紀に製糸工場で機械を操作した人びとは、決められた場所で立ったまま機械に似た所作を繰り返すことを要求された。

ヴィクトリア朝以前、イギリスの労働者の身体にかんする不安はすでに人びとのあいだに広まっていた。一八三三年、社会思想家のピーター・ギャスケルは産業革命以前の労働者について考察した本を出し、そのなかで「健康的な雇用形態」(産業革命後に比べればたしかにそうだった)を賛美した。[7]自宅で働けば、家庭や周囲の人びとでほどよい家族単位を維持することができる。ギャスケルは、そうすれば社会的な絆が生まれると考えた。

彼は一日の長い労働時間を嘆いたが、それは労働者のためだけでなく、彼らの労働パターンが「社会的、家庭的関係」を破壊しているからだった。彼の本は労働者の一日に起きること、暮らしの実情、病気など彼らの日常生活のあらゆる側面を調べた。産業化がもたらした大きな改善は認めつつも、この本は人びとが払った目を覆わんばかりの代償を明確にした。

……醜い男女が子連れでミサにやって来ても、親しく挨拶を交わすことはできない。彼らは顔色がすぐれず……身長が低く……手足は……か細い。コルセットで胸を高く引き上げ、背中の曲がった大勢の女たちが、老いも若きも身体をぎこちなく揺らして歩く。ほぼ全員の足にアーチがなく、その歩みは完璧な歩き方をする人の足や足首の弾むような動きと大きく異なる。

アーチの消失はどのような集団でも例外的だが、これらの労働者ではそれが当たり前になっている。ヒトの足は数百万年の適応と発達を経て、長距離を歩いたり、ときには走ったりするようになった。足の生理学はともかく動きにかかわっていて、いったん動くことによる酸素を奪われると衰えるばかりになる。

骨を構成する破骨細胞は、骨密度を減らすのが仕事だ。足が毎日歩くべき距離を歩かないと、身体は骨を軽くすることがよい適応だというもっともな判断を下す（骨密度が高いと、足を動かすための消費カロリーが増える）。足の筋肉もなえる。

私たちの骨や筋肉は「動かさなければ失われる」という原理にもとづいている。一日いっぱい立ったままで機械を動かし、日光に当たらないでいると、間違いなく「失われる」のだ。

内在筋（アーチの四層の筋肉）はしだいに細り、やがて構造を支えるという本来の働きを全うできなくなる。骨密度と筋肉組織には、それ以上衰退することがないコアレベルがある。だが、このレベルの如何にかかわらず、それに達する前に私たちの足はアーチが消えて衰えはじめるという証拠（現代人の足からアーチが消えるエピデミック）がある。

数十億人の人類史と先史をとおして、アーチのない足になる遺伝的素因は存在した。しかし、毎日八キロから一四キロ歩いたり走ったりしたので、この傾向が現実になることはめったになかった。遺伝子の企図とは別のレベルで、遺伝子にはある特定の結果に向かおうとする性質があることを私たちは知っている。さらに遺伝子はその発現に適切な環境かトリガーを必要とするが、一九世紀の病的な労働習慣にそれを見出した。現在も同じような状況にある。

産業革命以前、ヒトの足はつねに活動によって刺激されて健全だった。骨密度が高く、軟組織はよく伸びて丈夫で、アーチは高かった。二本の筋肉（長母趾屈筋と長趾屈筋）が膝の裏側から、ふくらはぎを下に延び、かかとの関節を経てつま先まで達している。これらの筋肉がつま先を体軸に向かって引っ張るため、きれいなアーチが生まれる。

体内の諸器官と同じように、四肢の一部がうまく働かないと、別の部分がそれにとって代わろうとする。アーチが身体を支え切れないようになると、足首、膝、腰、脊柱、首が助け舟を出そうとするが、やはりそこには無理がある。

ヒトは地上生活に完璧に適応してはいない。ウマ、ヒツジ、ヤギほどうまく適応してはいないのだ（いや、地上で座ってばかりの生活に適応していないのだろうか？）。

初期人類の発達メカニズムは、複雑で、強力で、巧妙で、美しいとすらいえた。とはいえ、適切な食べ物と刺激がなければ、やはり最終的には弱くなってしまう。胃が食べ物を求め皮膚が日光を求めるように、足と身体は健康であるためには動くことを必要とする。いったん足が弱くなってしまうと、その弱さがウイルスのように全身に広がる。

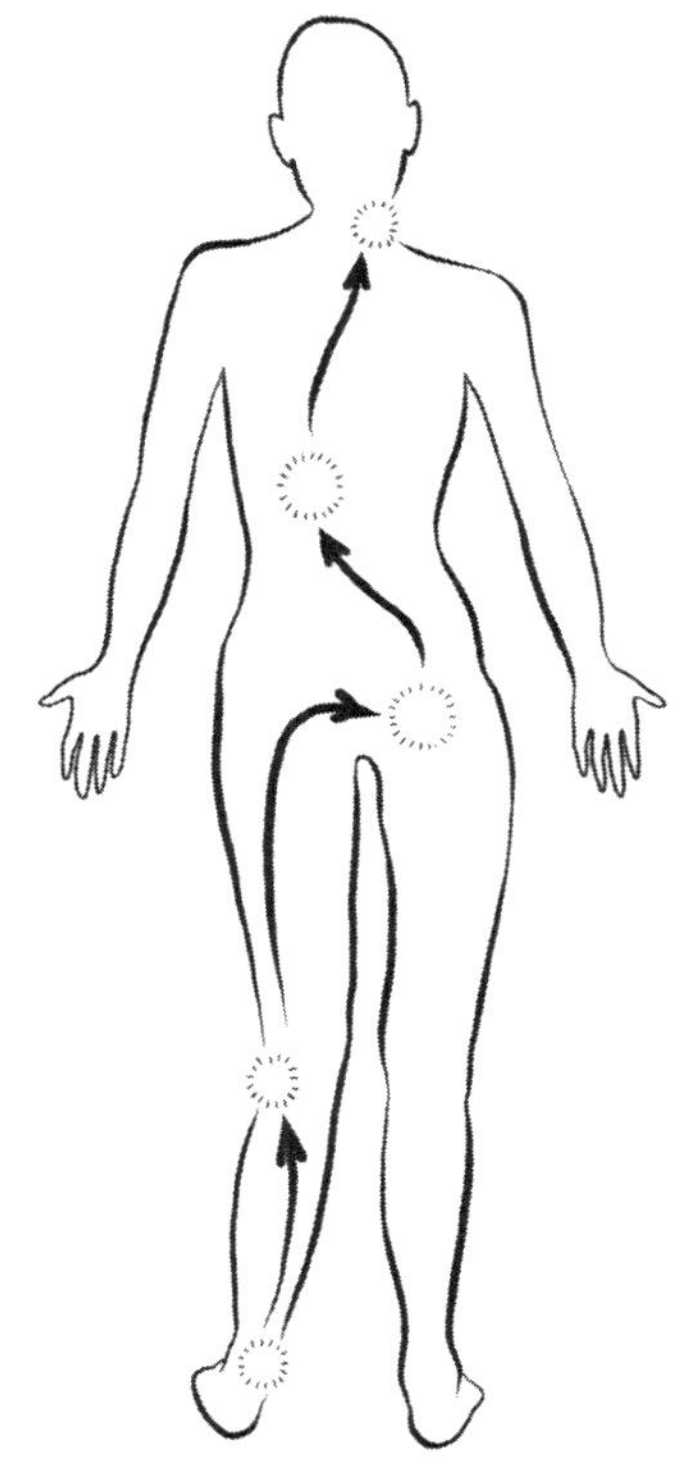

アーチのない足が全身の生体力学にどう影響するかを示す。

ヴィクトリア朝の工場労働者は重い労働と

栄養不足に苦しんだ。このことが立ったまま不動の姿勢でする新しい職種とあいまって、ラッダイト運動で機械を打ち壊して回った暴徒のように苛烈な苦しみとなって、労働者の身体を襲った。

X脚の人は産業革命以前の小説には登場しない。だが、一八三〇年代の半ばまでには、よく見られるようになった。ディケンズの『オリヴァー・ツイスト』（新潮社ほか刊）では、若い登場人物の一人ノア・クレイポールが、自分の体重を支え切れない身体を持つ者として描かれている。芽を出したばかりの植物が葉を広げて太陽光をとらえようとしたとき、茎が重さを支えられないのと同じだ。彼は「手足が長く、X脚をして、ふらふらと歩き、痩せこけている」。これは、古くからある生物学的決定論かもしれない。

ヴィクトリア朝末期、人びとは人相学にとり憑かれ、犯罪者は顔を見ればわかると考えられた。その少し前には、骨相学があった。この学問は人の頭蓋骨にある窪（くぼ）みや出っ張りを調べるもので、頭蓋骨の隆起が人の真の生物学的傾向を知る鍵になるという考え方だった。それを知れば、たとえば、その人が持って生まれた愛情や性愛にかかわる傾向を知ることができるとされた。

しかし、社会学的決定論というものもある。人生をどう送るかによって、人の身体の形が変わるという考え方だ。著書『イギリスにおける労働者階級の状態』（岩波書店刊）でフリードリヒ・エンゲルスは、工場労働者にかんする章で次のように述べている。

「膝が内側に曲がり、靭帯が緩んで弱くなっていることが非常に多かった」

その後かなり経ってから、鉱山労働者を見てこう評した。「脚がゆがみ、膝は内側に曲がり、足は外側に向いている……こうした人びとをヨークシャーやランカシャー、ノーサンバーランドやダラムでよく見かける。医師でなくても、一〇〇人のなかからでも鉱山労働者を身体の形で選び出すことができるだろう」。

ピーター・ギャスケル（129ページ参照）は労働者階級の成人と小児の痩せほそった身体を見て、「脚がひどく弓なりに曲がっていて」、小児の「多くは脚が曲がり」、「手足も曲がり」、かつてイギリス病と呼ばれたくる病（骨軟化症）にかかっていると指摘した。

一九世紀初頭に何があったのだろう？　小説中と現実で、なぜ労働者階級の身体は崩壊したのだろうか？

体重を支え切れない脚は約六歳までの小児に多く、きわめてよく見られる発達過程で、思春期になるまでにしだいに真っすぐに戻る。

一歳から五歳まで、または思春期などの成長が速い時期には、新しい骨が成長板（骨とりわけ大腿骨の末端）の上に形成されるが、そのためには血液中に必須栄養素がなくてはならない。骨が成長するときにリンとカルシウムがなく、これらの栄養素を必要な場所に届けるためのビタミンDもなければ、骨は正常に成長できない。密度の高い硬い骨とちがって、新しい骨の組織はもろくて弱くなる。このため、「脚が」弓なりに曲がり、場合によっては足首と膝の関節が腫(は)れる。治療しないで放置すると、曲がった脚は生涯そのままになってしまう。

ビタミンDをつくるには日光が必要だが（食事だけから十分な量を吸収することはできない）、高緯度地方では一一月から三月のあいだは十分な量の日光がない。ビタミンDの一つの機能はカルシウムの吸収を助けることで、これも重要な機能だ。食事と日光のどちらが不足しても子どもの正常な発達は望めない（ヴィクトリア朝の子どもたちにくる病が広がったのは、あきらかに彼らの食事が粗末で、日光に当たることも少なかった証拠だ）。

鉱山労働者（さらに同じような境遇にある人びと）は日光に当たる時間が不足していたが、夜間に石炭を掘り、昼間に寝る生活でさらに問題が悪化した。彼らの場合、X脚は人新世の身体でも最大の特徴となり、生体力学的な症状と石炭採掘による問題をともなった。石炭採掘ブームは、鉱山労働者の身体が産業革命を推進するための労働によって破壊されることを意味した。

成人のX脚の原因は多数ある。脚または膝の怪我や感染症、あるいは生まれ持った遺伝子などだ。しかし、いちばん多いのは過度の摩耗と圧力だ。

産業革命以降の関節痛

日光不足、ビタミンDやカルシウムの足りない食事、過重労働は、いずれも一九世紀労働者の身体の破壊に寄与したかもしれないが、新しい労働パターンはこれらの要因すべてをひとまとめにしていた。したがって、問題は骨格以外にも波及した。

関節炎には二〇〇種以上ある。もっとも一般的なのがリウマチと変形性関節症だ。後者の原因はほとんどわかっていないにもかかわらず、現在いちばんよく見られる、西欧諸国に多い慢性障害だ。この病気は多くの関節に起きるが、膝がもっとも一般的で重要でもある。どんどん泥沼に引きずりこむ入り口ドラッグのように、いったん変形性膝関節症にかかると、身体のどこに過重がかかろうと大きな苦痛を感じるようになる、現在ではたくさんの人がこの病気に苦しんでいる。

変形性関節症は関節の骨を保護する軟骨が摩耗して起きる。軟骨は硬いゴムに似ており、骨の末端に巻きついてなめらかな動きを可能にする。ヒトの胚(はい)では、骨格全体が骨化する前の軟骨でできている。骨化後には、軟骨はほぼ残されていない（耳、鼻、喉に残る）。ほかの結合組織とちがって、軟骨には神経末端がないので、損傷があっても修復が難しい。また血液が流れていないことから、損傷が癒えるのに時間がかかる。

関節炎にかかると、白くなめらかな軟骨が摩耗してしまい、代わりに粗悪な軟骨が形成されてできた空間に水がたまる。関節にかかる衝撃を吸収する能力が大きく損なわれ、負荷に対応するために周囲の構造（腱、靱帯、骨）が動員される。これによってさらなる損傷と炎症が起きる。これらの構造は本来その仕事には向かないからだ。むしろ、骨どうしが擦れ合い、「象牙質化」と呼ばれる永久的な引っかき傷を残す。

これが人新世の身体が抱えている痛みだ。二〇一六年に発表されたある研究は、インドに住む一二億五〇〇〇万人のうち、二八・七パーセントが変形性膝関節症にかかっていると推測した。[8] 二〇一三年に発表された数字によると、イギリスでは四五歳以上の人の三分の一（計八七五万人）が変形性関節症の治療を受けた。[9] アメリカではこの数字はさらに増え、三〇〇〇万人の成人がこの病気にかかっている。

二〇一七年、ハーヴァード大学のチームがより大規模な研究の予備的結果を報告した。チームは死亡時に五〇歳以上だった人の人骨を調べ、この病気が広がっていることを確認した。[10] 調べた標本は一九世紀初頭から産業革命後の近代までと幅広く、死亡時のボディーマス指数（ＢＭＩ）が記録された（合計二四〇〇体の人骨）。このチームは、紀元前四〇〇〇年から一八世紀初頭までの一七六体の初期狩猟採集民と農耕民（五〇歳以上で死亡と推測された人びと）の人骨も調べた。変形性関節症はこれまで老齢関連疾患と考えられてきたが、それは人類の平均寿命が上がってきているからだ。また、この病気はＢＭＩ、そして余分な荷重がかかると関節が損傷するという考えと関連づけられてきた。チームが得た結果は、これらの前提に疑問を呈している。

先史時代の標本では（象牙質化は人骨でも容易に判断できる）、化石記録で調べた人骨のわずかに八パーセントが変形性関節症の証拠を見せた。産業革命初期の標本では（一九世紀のもの）、罹患率は六パーセントに下がった。しかし産業革命以降、とりわけ第二次世界大戦後では罹患率が先史時代の二倍になった。これらの人骨では、罹患率は一六パーセントだった。研究では、この病気と年齢またはＢＭＩとの単純な因果関係は見られなかった。

八パーセント（先史時代における変形性関節症の罹患率）から六パーセント（一九世紀の罹患率）への減少は統計学的に有意なのだろうか？　罹患率が減少したのは、仕事を立ったままでこなしたからだろうか？　調べた標本サイズを考えると、はっきりしたことはいえない。しかし、ヴィクトリア朝の人びとは現代人よりよく動いた。ヴィクトリア朝半ばには公共交通はまだ誕生して間もなかったので、郊外に住みロンドン市内で働く事務員は、家と職場とのあいだを何キロも歩いて通勤しなくてはならなかった。実際に多くの人がそうしたため、ロンドン橋に使われた花崗岩の石板は摩擦でなめらかになり、鎚（つち）と鑿（のみ）で表面を粗くしなくてはならなかった。なお、ここで挙げた数字には統計学的なノイズがたくさん含まれている。

一世紀で六パーセントから一六パーセントへという増加は統計学的に有意だ。喫煙とがんの場合のように、変形性関節症につながると科学的に確認された行動はまだない。答えは複数あるのかもしれない。私は、運動量が答えだろうと考えている。

膝の痛みのような軽い病気が生死にかかわる合併症のはじまりかもしれないと考えるのは、ばかげて聞こえなくもない。しかし、これは筋がとおっている。多数のほかの病気と同じく、変形性関節症は入り口病なのだ。それはある障害の最初の段階で、別の病気がその土壌にしっかり根付いてエスカレートしていく。

ギルガメシュが不死の秘密を探し求めた物語を、私たちが数千年にわたって語り継いできたと考えると何か愉快な気分になる。なぜなら、秘密を探す旅そのものが不老不死の霊薬だったからだ。探求の旅が長寿を願う心に応えてくれたのだ。長寿を与えてくれるのは、チグリス川の畔に生える特別な植物ではなく、使われたために強くなった膝だったのである。

皮肉にも、変形性関節症の蔓延と次世代への拡大がはじまったのは、この病気の罹患率が減少した一九世紀だった。

なぜ椅子が生まれ、広まったのか?

それは、農業革命と都市革命のあいだにまかれたメタファーとしての種(たね)からはじまる。初期の都市で、余暇の概念が土地の所有と社会の不平等によって生じたエントロピーから生まれた。ごく初期の絵画などを見ると、余暇の本質は何かにそっくり身をあずけて……椅子に座って楽しむことだった。産業革命が進むと、新たな労働パターンが生まれ、それはまたしても身体をじっと動かさないでいることを要求した(仕立て屋、レース編み、会計、管理)。そうした職種は何百とあるものの、じっと座ったままの暮らしづくりにいちばん寄与したのは、子どもたちを静かに座っているよう訓練したことだった。

椅子は人類の誕生以来あったかに思われる。たいていの人なら、椅子は旧石器時代の発明だと考えるだろう。しかし、現代人の身体のためにつくられたこの普遍的な道具の歴史はおどろくほど短い。初期の都市にも椅子はあったものの、この種(たね)はゆっくりとしか育たず、芽吹くのに理想的な環境をずっと待っていた。その環境は一九世紀に訪れて瞬く間に広がった。ここ二〇〇年で、椅子は人新世のもっとも強力な象徴になった。いったいどんな経緯で人間より多い数の椅子があるような世界になったのだろう。

その物語はヴィクトリア朝にはじまる。

ここで、自宅にある椅子の数を数えてみてほしい。まず、わが家には居間に四脚、台所に五脚、そして書斎に一脚ある。一〇脚だ！　いや、待て。庭に二脚、それに二人用のベンチも二つある。これで一六脚。自動車の座席も数えるべきだろうか？　これで、あと四脚増える。非常用の折りたたみ椅子二脚も足すと全部で二二脚。ここに住むのはわれわれ夫婦二人だけというのに。

今度は、今日一日で座った椅子の数を数えてみよう。オフィス、同僚のオフィス、ランチを食べた場所、会議室、地下鉄、車、列車、食卓など。スタジアムやコンサートホール、映画館、診療所、病院、劇場、世界中にある無数のオフィス、カフェ、パブ、バー、クラブ、レストラン、教会、講義室や教室のある大学などを考え合わせると、世界中にある椅子の数はどう少なめに見積もっても一人当たり七脚以下ということはなさそうだ。こう考えてくると、世界にはおおよそ五二五億脚の椅子があることになる。

ならば、椅子こそ人新世の到来を知らせる普遍的な信号にちがいない。椅子はどの大陸にもあり、海底には数百万脚の椅子が捨てられているだろう。

芸術作品にはきわめて古くから椅子が登場する。たとえば、約六〇〇〇年前の粘土細工や、ギリシャやメソポタミアの彫刻などだ。エジプトの椅子が何脚かこんにちまで伝わっているが、これらの椅子はあきらかに大きな富と権力の象徴である。ギリシャ人は椅子を少し簡素化し、紀元前五世紀におどろくほど現代風のクリスモス椅子をつくり出した（これほど美しい椅子は、その後二三〇〇年にわたって出現することがなかった）。

アステカ文明にも椅子はあったが、それに座るのは統治者や高位高官にかぎられていた。こうした象徴性の高い椅子は、西暦紀元になってから数世紀のうちにヨーロッパのいたるところで見られるようになる。ラヴェンナの聖堂に六世紀の椅子が残されているが、同時代には中国、日本、朝鮮半島、

典型的なクリスモス椅子（左）、丸味を帯びた背もたれと、外側に曲がった細い足。人新世の背景に置かれた、プラスチックで一体成形した椅子（右）。

トルコ文化にも椅子が登場するようになる。数世紀を経て、サマセット州のグラストンベリーや初期フランク王国のメロヴィング文化にも椅子はときおり現われた。

この時点で椅子は数千年にわたって存在したことになるが、つねに権力と富と結びついていたので、農奴にとっては王冠のようなものだった。

近代に入ると椅子はもう少し頻繁に見られるようになるが、広く行き渡ったのは産業革命が進行した一八世紀から一九世紀だった。

文芸作品に描かれる椅子はこのことをよく示している。ホメロスの『イリアス』（岩波書店ほか刊）や『オデュッセイア』（岩波書店ほか刊）に椅子は出てこない。後者に、オデュッセイアの妻ペネロペイアを横どりしようとする一〇八人の求婚者のためのベンチがあるだけだ。聖書にも椅子は登場せず、シェイクスピアの『リア王』（光文社ほか刊）は椅子に三度触れている。一方の『ハムレット』では椅子にひと言も触れていない。一八五一年、都市（イギリスの首都ロンドン）の人口が、人類史上はじめて郊外の人口を上回った。その一年あまりあと、ディケンズの『荒涼館』は一八七回にわたって椅子に言及している。

一九世紀半ばに、突如として供給が需要に追いついたのだろうか？　答えは生産力と生産方法に関連している。フランス革命は、あたかも世界規模の地震のようにヨーロッパを襲った。封建制度などそれまでの社会経済制度は、実力主義（一生懸命働けば社会でよい地位につける）を採用しなかった。封建制度では、社会的移動はない。農奴に生まれたら、農奴として生き、一生懸命働き、死ぬのだ。農奴であろうが貴族であろうが、それらしく生き、装い、行動しなくてはならない。

いや、そうではないのかもしれない。社会を組織する別の方法があって、自分たちもいまとちがう人生を送れるのかもしれない。そう吹きこまれたときのみ、人びとは革命を起こして物事が変わりはじめる。以前の社会体制では、社会における個人の地位は固定され、生まれながらに定まっていて、本人もそれを受け入れていた。しかし、一度その約束事が破られれば、すべてがひっくり返る。もはや、自分の労働力を誰に売ろうが、何を着ようが勝手だ。好きなものに座ることができるなら、アームレストとふかふかのクッションのついた椅子がいい。いったん社会階層の象徴としての椅子の役割がとっ払われると、誰でも椅子を持ってよいことになった。

かんたんな椅子は比較的手に入れやすいが、布張りの椅子はあまりに高価だった。椅子にゆったりと身をあずける新しい文化（一八世紀のフランス宮廷から入ってきた）が、一八世紀から一九世紀の文芸作品に広がった。

当時、布張りの椅子が浸透してきたことを強調するかのように、広くその作品が読まれていた詩人のウィリアム・クーパーは、一七八五年に『課題』（慶應義塾大学法学研究会刊）を発表した。原書は全六巻で、第一巻は「ソファ」と題されていた。ソファはかつて哲学的瞑想をうながすとされ、暇を持て余した無責任な金持ちの知性を風刺する道具に用いられた。ところが二世紀後、ソファは近代的な居間の必需品になった。

産業革命が最盛期を迎え、新素材が発見されると、椅子の大量生産が可能になった。価格は一般的に下がり、椅子が広く一般に浸透した。こうして、一九世紀の文芸作品に突如として頻出するようになった。さらに一九六〇年に一体成形の椅子がはじめてお目見えしたとき、椅子が世界を席巻することは約束されたのだ。

現在、世界中に五〇〇億脚を超える椅子があることから、オークションサイトでは一ペニー（約一・五円）で買えるし、クレイグスリストなどのフリーマーケットサイトではそれ以下で取引されている。現代と初期の定住時代ではあまりに多くが変化したとはいえ、両者の類似点は目立たないながらも興味深い。私たちはいまだに厳格な階級制度の下に生きて働き、社会的移動は大半の人には無縁のままだ。他人が食物を育ててくれるので自分は運動をしなくてはならず、ボスがオフィスのなかでいちばん豪華で人間工学的にすぐれた椅子に座る。

椅子が「学校教育」を可能にした

一九世紀に椅子の使用と乱用が急激に広まったことで、座ってする行為の範囲と種類が激増した。現在の私たちのように一日に一五時間座るようになるには、まだいくつかの要素が足りない。しかし、ヴィクトリア朝の経済的支配が最高潮に達したとき、椅子の物語は次の段階を迎える。

狩猟採集民が大人の真似と遊びで学んだ一方で、帝国拡大の最先端にいた大胆で若い人びと、つまり、ヴィクトリア朝の次世代の人びとは、自分たちが暮らす世界についてこれとは異なる手法で教育を受けた。一見すると、彼らが受けた教育手法は奇想天外で、現実世界とあまりにかけ離れているように思える。生徒たちの学習環境は従順さを叩きこむことに焦点が合わされていた。人新世の身体の訓練を見れば、新しい習慣がしっかりと確立されたのがこの時期であり、一世代ほどでそれが伝統になったことがわかる。

何世紀にもわたって、人類は椅子を知っていたが使わなかった。「座る」という行為は学ぶべきものであり、学校教育あるいは教育方針の中心にある考え方が、私たちがはじめてサバンナを出たとき以来の殿筋の衰えの背景となっていく。

正規の教育は少なくともシュメール人の時代から存在し、それに長けた文化も、そうでない文化もあった。エジプト人、フェニキア人、中国人、ギリシャ人、マヤ人、古代インド人、そのほか多くの文化でも、文章を書く人はみな、何らかの正規教育を受けていた。現在のような学校教育は中世初期のヨーロッパの修道院、あるいは初期イスラムの高等教育施設ではじまった。後者は医学、哲学、科学を教えた。

金持ちの子弟が学校教育を受けるようになって久しい一九世紀には、昼間学校が人気を伸ばしていた。昼間学校は寄宿制の学校に子弟を入れるほど裕福でない人びとのための施設で、子どもたちは昼間はここで教育を受け、夜になると家に帰った。

一九世紀、これらの昼間学校はきわめて厳格な施設として悪名を馳せていた。現在では体罰は世界の大半で違法とされている。だが、体罰に対してもっとも厳格な立場をとる法律が制定されたのは、ようやくここ二〇年のことだ（ただし、これより先にこうした方針を採用した例が少数ながらある。ルクセンブルクは体罰を一八四五年に、フィンランドは一九一四年に禁止した）。一九世紀初頭のイギリスでは、校長が生徒を死ぬまで殴るのを違法とする法律が制定されている。

ヴィクトリア朝の学校では、一つの教室に最大で三〇〇人の生徒が収容された。部屋の窓は高かったが、それは生徒の注意が散漫にならないようにするためだった（日光をあまり入れないためでもあった）。規律は先生にとっても生徒にとっても重要だった。ほかの生徒より知識や技能を身につけるのが遅いと、頑固さや反抗心の発露と見なされて罰が与えられた。つまり、失読症（環境によって発現する障害の一つ）のような学習障害を持つ生徒は罰してよかったのだ。

一九世紀の大半において、イギリスの教育制度はやや非正規で、ほかの国々でも事情は似たり寄ったりだった。たとえば、インドはかなり行き届いた教育制度を一九世紀初頭には確立していた。諸国と同じく、インドの教育制度は宗教に根差していた。グルクル（子どもたちがグルの指導を受ける伝統的な学校）は、初期の公共教育機関の一つで、費用は人びとの寄付でまかなわれていた。植民地政策による教育制度がはじまると、正規、非正規を問わず教育機関も生徒も減った（植民者は被植民者の教育にはほとんど投資しなかった。実際に教育を受けられたのはイギリス本国と同じく、インド社会でもっとも裕福な人びとの子弟だった）。

やがて、イギリス全土で私塾が乱立した。これらの塾はたいてい独身女性が経営していて、ときには読み書きのできない先生もいた。いずれにしても、眼目は児童の教育ではなく彼らのしつけにあったのだ。一九世紀が終わりに近づくころ、改革論者たちは学校の状態だけでなく、将来国を背負うことになる子どもたちの実情について懸念を持った。一八七〇年のイギリス教育法は、すべての町や村は学校を提供しなければならないと定めた。家庭は一人の子につき一週間に数ペンス（現在の日本円で一五〇円程度）払えばよかった。一〇年後、五歳から一〇歳の小児には小学校教育を受けさせなくてはならないという法律が定められた。

同様の法律はほかの国々でも制定された。アメリカでは、マサチューセッツ州が一八五二年という早期に基礎教育の提供を義務とする法律を制定した最初の州となり、ミシシッピ州が一九一八年、最後に同様の法律を制定した。残りの国々が義務教育を法制化した時期にはかなりの幅がある。日本が一八六八年、プロイセンが一七六三年、ギリシャが一八三四年、イタリアが一八七七年、ロシアが二〇〇七年、オランダが一九〇〇年、デンマークが一八一四年、インドが二〇〇九年だ。インドはやや遅きに失した感があるが、現在では世界で最大規模の義務教育制度を定めている。無償の小学校教育を憲法に定めていない国はいまだに三〇カ国近くある。

ヴィクトリア朝の学校が興味深いのは、そのやや特異な教育法のためだ。これらの学校はいたって厳格に管理された環境を維持した。カリキュラムは恐ろしく退屈だった。読む（聖書か初歩読本）、書く、算数。もちろん、ほかの生徒よりいくらかでも知識の吸収が遅いと鞭(むち)打ちが待っている。[11]

ヴィクトリア朝の工場では、労働者は家族から離され、上司の監督を受け、監視され、計画を指示される。すべては標準化され、最大限の効果が得られるように実行され、結果は社会に貢献しなければならない。効率と統一が最重要課題だった。

学校と工場が同じ町、同じ時期に興(おこ)ったことは、ある種の巡り合わせだった。私たちはどこかの時点で、教育を工場に変えてしまったのだ。工場の規則と規律を子どもに植えつけることは統治戦略だった。こうした体制の社会に生まれ出れば、機械化されたライフスタイルを何も疑問に思うことなく受け入れるだろう。

工場と学校の融合は、ビジネス習慣が学校や大学のカリキュラムに詰めこまれた現在の教育制度に似ている。しかし、シンデレラの醜い姉が小さなガラスの靴にねじこもうとしている大きな足は、いくら押しても、捻(ひね)っても、曲げても靴には入らない。

版画家でイラストレーターのジョージ・クルックシャンクによる風刺画。February-Cutting Weather-Squally, “The Comic Almanack for 1839”（ロンドン）より。

チャールズ・ディケンズはこのことを心得ていた。子どもたちを学習機械のように扱った場合に起きる悲惨な結果を予見していた。彼は著書『ハード・タイムズ』（あぽろん社ほか刊）で工場労働にかんする小説を書こうとしたが、気づけば新しく誕生した教育制度について書いていた。この本は次のような有名なくだりからはじまる。「さて、私が欲しいのは事実だ。子どもたちには事実のみ教え、ほかのことはいっさい教えてはならない。人生に必要なのは事実のみだ。ほかには何も植えつけてはならない。事実以外はすべて引っこ抜くのだ」。

ヴィクトリア朝の学校には、無数の椅子があった。椅子は学校の規律教育の要（かなめ）なのだ。そしていまもそれは変わっていない。学校が存在した期間の大半において、子どもたちは椅子に座らないと杖（つえ）で叩かれた。現在では、その学校をやめさせられ、同じように座ろうとしない子どもたちと一緒に特殊な学校に送りこまれる。規律は工場でも学校でも重要で、ディケンズはそのことを完全に理解していた。実際、『ハード・タイムズ』は人差し指が椅子に座っている生徒を差し示す場面ではじまる。生徒たちは「ぼーっと夢想している」と厳しく叱られる。つまり当時もいまも、学校では生徒が規律を叩きこまれているのだ。

小児の身体はあきらかに成人とちがう。歩くより走りたいという子どものころの瞬発的なエネルギーは、青年になるといつの間にか消えている。学校は教育するためではなく、静かに座っていることを教えこむために発明されたかのようだ。

一六歳になるまでには、人新世の身体は長い時間座っていることを教えられるだけではない。長いあいだそうしたために、教育工場に入るときには柔軟で、順応性に富み、エネルギーにあふれ、鋭敏だったのに、教育工場を出るときには、多くの関節や四肢の可動域が狭まっている。可動域が限定されたのは、長い時間座っているあいだに動くことを厳しく制限され、従順さを徹底的に叩きこまれたからでもある。

ここから私たちはどこへ向かおうとしているのだろう？　一九世紀の教育史は人新世の身体でどのような結末を迎えるのだろうか？

工場の多くはすでになく、過去の残骸を郊外にさらしている。しかし、教育の工場モデルはいまだに健在だ。ヴィクトリア朝の工場労働者がおとなしい従業員になるように教えこまれたように、当時の教育制度から渡されたバトンによって、二一世紀の私たちは子どもたちにじっと静かに座っているように教えている。現在の学校教育は長時間座っていることが正常で、成人してからの人生の準備だと教えこんでいるのだ。

学校教育が、子どもたちの身体に何をしているかが問われることはおどろくほど少ない。

典型的なヴィクトリア朝の教室風景（生徒の注意を逸らさないため窓がないことに注目）。

研究によれば、子どもたちは一日に五時間ないし六時間座らされる。まるでアメリカ国家安全保障局（NSA）のブラック・サイト〔訳注：アメリカ国外にある秘密の軍事施設〕での拷問のように聞こえるが、子どもがこの教育の工場モデルにごく自然な反応を返したら、お前は厄介者で、反抗心が強いといわれる。病気だといわれることもある。これは、ほんの一例だ。

注意欠陥・多動性障害（ADHD）は、神経学的な障害である。近年ではその存在を疑問に思う人もいる一方、誤解も多い。おもな症状は、衝動性、多動性、集中力の欠如、ときたま起きる攻撃性だ。患者の大半では、じっと静かにできず、落ち着きがなく、何かに集中できないことより、集中する対象に対して自制がきかないことが問題になる。環境が症状に関与していることは、症状の現われ方が場所によって変わることからわかる。[12] 実際、この障害の診断基準は、症状が二カ所以上の場所で確認されることだ。

二〇〇四年、イギリスではメチルフェニデート塩酸塩（リタリン。ＡＤＨＤの治療薬としてもっともよく使われる）の処方箋が三五万通以上書かれた。二〇一五年までには、この数字は九二万二〇〇〇通に激増した。成長期にリタリンを一年服用すると、身長の伸びが二センチ減ることが知られ、自傷行為につながるという証拠も一部にある。

アメリカの児童のあまりに多く（六・一パーセント）が、この症状の治療と称して医薬品を処方されている。[13] ＡＤＨＤと診断されるのは男性が女性の三倍におよび、ホットゾーンはアメリカ中西部である（ルイジアナ州とケンタッキー州では、どちらも州内の児童の一〇パーセント以上が治療を受けている）。遺伝学だけでは、これほどの数字のちがいを説明できない。これらの子どもが座ることを拒絶したときの最初の反応が、規律、追放、向精神薬なのだ。

子どもたちが学校に送りこまれ、そこで静かに座るよう要求された一九世紀、この障害の種はまかれたのだ。それ以前には、新しいものを探求し、リスクを恐れずに行動することにかかわる遺伝子は、マルコ・ポーロ、マゼラン、コロンブスなど無数の人で発現した。

進化の観点からいえば、リスクをいとわず行動する性質には多くの説明がある。まず、異性の目に魅力的に映る。種族存続の観点からいえば、少数の人がリスクをものともせずに新天地を開拓することが望ましかったかもしれない。こうした冒険心は病気とは見なされなかった。それは必要であったために誉めたたえられた。

人新世のこんにち、道路は整備され、スマートフォンで地図を確認できる。だから、アメリカ中西部で過去の冒険者たちの遺伝子を受け継いだ子どもたちが、衝動的で好奇心が強いために医薬品を処方され、静かに座っているよう諭（さと）されている。けっして船には近づかせてもらえない。舵をいじって、船を桟橋にぶつけられては困るからだ。

第6章　腰が痛い！

一九世紀を生きた大半の人にとって、労働はたぶん現在より危険だっただろう。働けるほど健康でなければ、可能なら身内が手を差し伸べてくれた。そんな身内もいなければ路頭に迷うことになる。安宿を探し、債務者監獄や救貧院に入りたくなければ、最悪の場合には物乞いに身を落とす。

衣服の仕立てや縫製は無秩序な一大産業だった。その底辺に、不要な古着の集積所（国内に数千カ所あった）に古着をリサイクルする仕事があった。それはきつい仕事だった。新品の服をつくるのと逆の立場にいるこれらの人びとは、悲惨な状況に置かれた。食事休みや衛生状態など最低限の条件さえ守られなかった。賃金は、これらの労働者の声が届かない市場で決められた。市場が大きければ多くの人が働こうとするため、賃金はすぐに最低基準に落ちた。こうして、働き手はより長い時間働き、より貧しい生活を強いられる。一八六三年、間接的に宮廷に雇用されていたメアリー・アン・オークリーが働きすぎで亡くなった。この二〇歳のお針子は、二六時間半ぶっとおしで上体を曲げた姿勢で布を裁断し、針を運び、ついに疲労困憊（こんぱい）して死亡した[14]。

仕立て屋は二つの職業病で有名だ。失明と背中の損傷である。彼らの仕事はその大半が布地に覆い被さるようにして行なわれる。布地を測るときも裁断するときも作業テーブルの上にかがみこみ、縫うあいだは足を組んで座る。この仕事を一〇年から二〇年すれば、背中が曲がる障害が生じていることが多い。

フリードリヒ・エンゲルスは著書『イギリスにおける労働者階級の状態』で、工場のある都市や町について次のように指摘した。「製糸工場では脊柱が変形した人をよく見かける。ただの働きすぎの人もいるが、虚弱体質なのに長時間労働した人や粗末な食事のせいでそうなった人もいる。病気より身体の変形が多いようだ」。

よりきつい肉体労働をする人びとは、港湾や建設工事現場で働くことが多く、みなその能力を十二分に使って働いている。体力の限界を超えて働くと怪我をしがちだ。港湾労働者は、港の入り口で何時間も仕事が回ってくるのを待つが、仕事があるのは運のよいときだけだ。船に荷を上げ下ろしし、別の輸送手段に載せ替えるなかで、怪我をする割合は五〇パーセントと高かった。一家の稼ぎ手ともなると、怪我は一大惨事を意味した。大規模なストの末に彼らの労働環境が改善したのはようやく一九世紀末のことだった。

二〇一五年に医学誌ランセットに掲載された論文によれば、現在、世界中で起きる障害の最大の原因は腰痛だという[15]。たとえば世界の平均寿命は一九八〇年から一〇年延びたものの、非伝染性疾患の増加や罹患率を見ると、この時期は「よい」時期（疾患、痛み、身体の自由が利かない状態のない年月）ではなかった。むしろ、この時期には、人びとは四肢の痛み、変形性関節症の合併症、2型糖尿病、認知症、脳卒中、心臓病に見舞われた。

西側に住む五人のうち四人までが、人生のどこかの時点で腰痛に襲われる。

だが、数字はかならずしも真実を教えてくれるわけではない。平均年齢と腰痛に襲われる割合は関連している。人類全体が高齢化するようになった理由は複数あるが、一つの大きな要因が伝染性疾患による死亡の減少だ。人類が高齢化するにしたがい、変形性関節症を発症し、衝撃、ストレス、疲労に対応する椎間板の能力が減少し、腰痛を発症しがちになる。同じ理由で、がん、アルツハイマー病、そのほかの認知症なども増える。高齢になるにともない、こういった類の疾病にかかりやすくなるのだ。

腰痛に苦しむ人が多いのは日本、アメリカ、ドイツ、ポーランドで、これと反対なのがアンゴラ、ケニア、ガーナ。がんや心臓病の罹患率も調べたら、結果は似たようなものになるだろう。これらのアフリカ諸国がいたって健康に思えるにちがいない。しかし、数字がよい結果を示しているかに見えるのは、これらの国の平均寿命が衝撃を覚えるほど短いからだ。人が四〇代になるまで生きられない環境では、腰痛に出番はない。もう一つの強力な文化的要因は、誰も調査する人がおらず、ヘルスケアが充実していないと（制度が整っていないし、コストが高い）、データが得られないというわけだ。

ヴィクトリア朝時代に腰痛問題がすでにあって、現在さらに深刻な事態になっていることを考えるなら、そもそも私たちの身体のデザインに問題があるのではないだろうか？　脊柱は四足歩行には理想的だが、二足歩行には向いていないとか？　私たちは遺伝学的に腰痛に苦しむようにできているのだろうか？

進化がこの問題に介入することはあまりない。個体が高齢になって腰痛を経験しても繁殖や性選択にはほぼ影響しないので、進化は腰痛を防ごうとはしないのだ。私たちの背中は、イギリスの個人自動車シンクレアＣ５以来の大失敗作なのだろうか？

私たちの身体（とりわけ脊柱）をほかの霊長類と比較すると、何にいちばん適応しているか、どのような経緯で現在の姿になったのかがわかる。ヒトに最近縁の霊長類の一種であるゴリラは、テーブルの天板ほど真っすぐな背中を持つ。その背中がする仕事はヒトとはかなり異なっている。ゴリラの背中は両手と両脚のあいだに身体を支える橋をつくるが、二足歩行するヒトの背中は別の付加的な仕事をしなくてはならない。両者の構造は圧倒的な類似点を有するとはいえ、相違点が多くを物語ってくれる。ゴリラの胸郭はヒトより厚い樽(たる)型をしている。ヒトの胸郭のほうが平たく、理想的な位置に重心を保つことができる。私たちの脊柱は効果的な衝撃吸収体としても働かなくてはならない（したがって、S字形になり、この形は重心にもよい）。私たちの脊柱が身体とつながる構造は比較的大きい。ほかの霊長類とちがって、私たちの骨盤は体重だけでなく、腹部の内臓も支える必要がある。さらに、歩いたり走ったりするときに身体が横に倒れるのを防いでもいる。走っているときには衝撃の緩和がとくに重要だ。

オーストラリアのディーキン大学で二〇一七年に行なわれた研究で、「走ると椎間板が強くなる」ことがわかった。これはやや誤解を招く表現で、研究によれば歩いても椎間板は強くなったという。これまで、椎間板がランニングによる摩耗と裂傷によい反応を示す証拠はほとんどなかった。しかし、この研究では一週間に五日以上、最低で一九キロ走った男女では、椎間板の組成が強くなり、椎間板がより多くの水分を含み（圧力と衝撃を吸収する能力が高い）、体積が大きくなる（衝撃をよく分散する）ことを確認した。これらの利点はとくに腰椎で顕著だった。腰痛といちばん深く関連しているのはこの部位だ。さらによいことに、同じ結果が「早歩き」をした被験者でも認められた。[16]

どのような活動によってこれらの加速度が得られるのかをよく理解するため、われわれは異なる条件で付加的な加速度データを収集した。ウォーキングまたは毎秒二メートルのゆっくりしたランニングがこの範囲内［椎間板の成長がうながされる領域］に入り、ゆっくりした歩行がこの範囲の下の領域に入った。速いランニングと高衝撃ジャンプはこの範囲の上の領域に分布した。

この研究では、早歩きは一マイル（約一・六〇九キロ）を一三分二四秒で歩くというじつに速いものだった。この研究は、私たちが椎間板をより健康にも不健康にも変えられることを証明し、ヒトの脊柱にかんする知識を大きく前進させた。

人類学者の多くは、腰痛の原因を二足歩行に求める。負荷が構造にかかれば必然的にそうなるというのだ。あきらかに強力な論拠がありそうだが、歩くことが悪いということを示す科学論文は一本もない。歩くことは背中にいいだけでなく、一連の生理的、生物的、心理的、そして環境上の報酬を与えてくれる。それは軟組織と硬組織にとっても奇跡的な治療なのだ。

脊柱は七つの部位から成る。腰の内側への彎曲（わんきょく）は前彎（ぜんわん）、外側への彎曲は後彎（こうわん）と呼ばれる。五億年は進化実験の期間としても長いが、ヒトとほかの霊長類の脊柱にはいまだに大きなちがいがある。

ゴリラの脊柱は、その時の姿勢によって直線形またはC字形をしている。彼らの腰椎形状の起源はきわめて古く、さまざまな種に見られる。一方で、ヒトのように反対方向に湾曲している脊柱はほかに類を見ない。

ゴリラとヒトを分けるもう一つのちがいは、ゴリラの骨盤が高く狭いのに対して、ヒトの骨盤はボウルのような形をしている点だ。私たちの両腕はかなり短く、両脚が胴体の真下で動く（二足歩行時には、ゴリラの両脚は胴体の横側で動く）。ゴリラが二足歩行するとき、身体の重心は腹部の軟組織のどこかにある。ヒトでは、重心は骨盤の中心にある。つまり、私たちの脊柱は重心の真上で頭蓋骨に入り、膝は重心線に沿って延びる。

ヒトは二足歩行するので、脊柱は大半の四足動物よりかなり大きな圧縮に対処しなくてはならない。

このことは私たちの椎間板の大きさと脊柱の幅に見てとれる。だが椎間板の大きさは問題でもある。椎間板が大きくなればなるほど、椎間板の大半に代謝産物が届かなくなり、損傷の修復が難しくなるからだ。

このことはヒトの脊柱が二足歩行によく適応していることを示すし、実際に脊柱が二足歩行を好むらしいことが研究によって確認されている。では、何が起きているのだろう？　ますますあきらかになってきているのは、ヒトの脊柱が特定の機能を果たすようにはできていないということだ。

一万年前の農業革命以前には、要求される身体運動は多種多様だった。しかし、穀物が主要な食糧源になると事情が変わった。野良仕事はかつてないリズムを刻むようになった。

産業革命までには、労働の長時間化によっていくつかの病気が生まれた（とくに腰痛）。

ヴィクトリア朝の中期から後期にかけて、社会の底辺の人びとは起きている時間の大半を労働に費やした。人類史上ほとんど例外的に、当時の労働は想像を絶するほど繰り返しの連続だった。この時代は、労働する身体の動きがパターン化をきわめる最初の一歩となった。

私たちは草原で誕生した。ヒトの身体が進化し発達したのは草原であり、そこがほかの霊長類とちがう。私たちの身体は二足歩行できるようにデザインされた。しかし、二足歩行すべくデザインされているということと、途方もなく長時間立つことを混同してはいけない。一九世紀の法律と統計を見ると、ヴィクトリア朝の人びとはそうは考えなかったのだが。

ひたすら延びる労働時間

一九世紀に多くの人が身体を傷めたが、それは長い時間をかけて進行した。こんにちでも同じだが、

名称	骨の数	脊柱内の位置
頸椎	7個	首
胸椎	12個	あばら骨
腰椎	5個	ウエスト
仙椎	5個の骨が癒合	骨盤
尾椎	4個の骨が癒合	尾

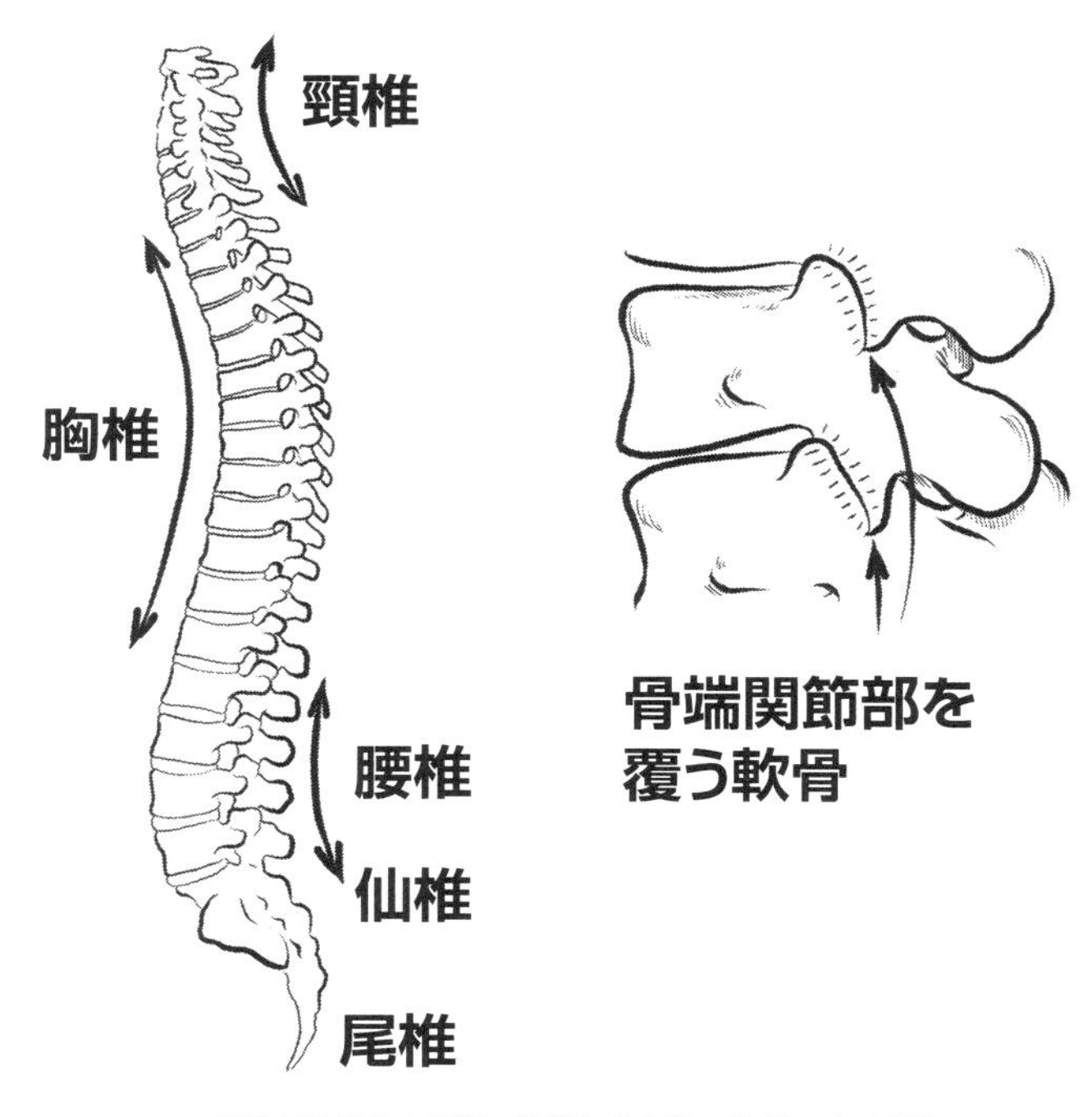

腰椎に典型的な前彎、胸椎に典型的な後彎のある脊柱

筋肉が衰えて骨が細くなるには、長期にわたって動かないことが条件になる。これが起きるには長い時間がかかる。一八世紀と一九世紀には、労働者の身体にとってすでに害悪ともいえるほど長かった労働時間は、さらに長くなりそうな様相を呈していた。

初期文化における労働時間について有意義な文章を書くのは不可能だ。奴隷によって建設された初期の都市だろうが、農奴が耕した土地だろうが、ある人がそのために一日何時間働いたかを記録する必要はどこにもなかった。何でも記録に残した一九世紀ヴィクトリア朝の法制下ほど、継続的かつ科学的に一日の労働時間が調査されたことはなかった。数十を数える労働関連の法律が制定されては法令全書に収められ、ときには一年に数種の法案が議会を通過した。狩猟採集社会の数字（一週間に約三〇時間）が何とも気楽に思われるほどだった。

関連法のリスト（159ページ参照）は、このとき職場で何が起きていたかについてわずかな情報しか教えてくれない。そもそも、なぜこれらの法律が制定されたかその理由を思い起こすことも重要だ。これらの法律が施行されると、ある特定の形態の搾取が終わっただろうと推測するのはたやすい。法律は、職場ですべての人が平等な賃金をもらえるようにするために存在する。しかし、それは問題がないからではなく、不平等な賃金が遍在するからだ。これらの法律は、こうした搾取に終止符が打たれたことではなく、むしろ搾取が蔓延していたことを教えてくれる。実際、それはあまりに目に余るため、法案を審議するために議会を招集しなくてはならなかったのだ。

これらの新法はほかの法律（教育法など）とも関連していて、一九世紀末に若年の労働者を守ろうと定められた法律にも反映されている。一八六七年の第二次選挙法改正法は、一八歳以上の男性全員に選挙権を与えた。熱病が何度か流行すると、反対意見が大勢を占めるなか、職場での最低限度の衛生基準を定める一八六六年の衛生法が制定された。だが、ほかの職業で働く一〇歳以下の子どもや、非雇用者（そもそも雇用されてもいない！）がもっとひどい状況にいるのに、なぜ議会は賃金をもらって働いている年長の子どもの境遇を改善しようとしたのだろう？

一九世紀における工場経営者の非道な行為がこうした法律によっていくらか軽減しただろうと思うかもしれないが、これらの法律の多くは（少なくとも一九世紀初頭には）施行が不可能だった。施行の是非が各地域の裁判官の裁量に任されていたためだ。製糸工場で法律が破られているという証拠がなければ、裁判官は調査に乗り出すことができなかったし、調査をするときには、二人の証人に見届けてもらう必要があった。訴状が提出されると、一九世紀初頭には、製糸工場の経営者が裁判官も兼ねている場合、自身が当事者である事件について採決を下すことを許された。

一八四四年の工場法によって、はじめて労働時間の長期化に待ったがかけられ、女性や児童を危険な機械から柵などで守ることが定められた。女性や児童は稼働中の機械を掃除することを禁じられた。事故死が起きた場合には報告と調査が求められた。製糸工場の経営者が裁判官を兼任する場合には、本人または家族が当事者である工場法の事件では審理を禁じられた。

当時の産業界のありようを批判した人物に、知識人で社会評論家のトマス・カーライルと、のちの美術評論家ジョン・ラスキンの二人がいる。両者とも貧しい労働者のために多数の本などを書き、障害者になってしまった人びとの身体、雇用主、環境が被った害悪を訴えた。

「イギリスの労働者が置かれた状態の問題」（Condition of England Question）はカーライルの造語で、彼はこの言葉を一八三九年の著書『チャーチスト運動』（*Chartism*）ではじめて使った。また著書『時代の兆候』（*Signs of the Times*）や『当世の小冊子』（*Latter-Day Pamphlets*）で労働者階級の搾取を批判し、『現在と過去』（日本教文社刊）では、新たに台頭した「産業界の有力者」を「産業界の海賊」と呼んだ。

著名な美術評論家のジョン・ラスキンは、労働者の置かれた状況について思索をめぐらすことが多く、美術と建築を独特の観点から評した。著書『ヴェネツィアの石』（法藏館ほか刊）ではゴシック建築に対する愛着について述べているが、それは建築物にそれを建てた人間の心を見るからだった。ラスキンは、完成した建物に見てとれる人間の仕事の価値と非効率を間接的に賛美しているのだ。建築物に潜むこの種の不完全さを彼が愛したのは、そこに人間性を見たからだった。「不完全性は、人生で私たちが知るすべてに欠かすことのできない性質である」と、彼は述べている。

のちの工芸家でデザイナーのウィリアム・モリスは政治にもかかわるようになり、新しい階級制度には次のような人びとがいると述べている。「仕事しているふりすらしない階級、仕事しているふりはするが何も生産しない階級、仕事はしても、ほかの二つの階級に生産性の低い仕事を強いられがちな階級」。

一九世紀の大半をとおして、労働者は大人も子どももたいてい工場で働いたが、さほど組織化されていない職種の人びとは何とか自力で自分を守らなくてはならなかった。家事手伝いをする人は被雇用者のなかでももっとも長時間働いたと思われるが、これらの人びとの労働時間や労働条件を確認する政府の監督者はいなかった。急速に成長していく都市のスラム街に身を寄せ合って生きる名もなき労働者たちが何万人といるため、労働者は仕事を決められた時間どおりに完了した。期限までに注文を終えようと家族全員が力を合わせて働き、それで得た小額の金を分け合うことも多かった。

著書『イギリスの労働者階級』（*The Labouring Classes in England*）でウィリアム・ダッドは、仕事があらゆる物とあらゆる人を消耗させていると指摘した。この本の「ノッティンガムのレース編み職人」と題する章では、糸巻きを担当する少年たちが疲れから居眠りしそうになると杖でぶたれ、少女たちには雇用に身体的な条件が課されていたが、それはレース編みには「繊細で小さな指」が必

ヴィクトリア朝における労働法の一部

名称	目的
1799年の団結禁止法(禁止)	労働者の団結および組織化の予防;労働組合の禁止;1824年に無効化
1802年の徒弟健康風紀法(衛生)	工場で働く児童の健康と福利
1819年の綿糸工場その他の工場法(労働時間)	9歳以下の児童労働の禁止;9〜16歳の児童の労働時間は1日12時間まで(綿産業のみ)
1823年の主従法(禁止)	予告なく仕事を止めることを犯罪化(完全に無効とされたのは1889年)
1825年の綿糸工場規制法(労働時間)	立ち入り検査手続きの簡素化(工場主が苦情を申し立てた)
1825年の団結禁止法(禁止)	労働者の組織化は許可するが、ストライキは違法化
1829年の団結禁止法改正法(労働時間)	工場主が必要とする法的手続きの簡素化
1831年のホブハウス法(労働時間)	21歳以下の労働者の工場での夜間労働禁止
1833年の工場における児童労働者法(労働時間)	工場における児童労働を1日10時間に限定(鉱業等は対象外);多数の工場主が苦情を申し立てた
1842年の鉱山および石炭鉱業法(労働環境)	女性や児童の炭鉱労働の予防
1844年の工場法(労働時間)	12時間までの労働時間および夜間労働の禁止の対象を女性に拡大
1847年の工場法(労働時間)	女性と児童の労働時間を1日10時間と定めた
1850年の工場法(労働時間)	女性と児童の労働は午前6時〜午後6時まで、土曜はすべての労働者が午後2時で労働終了
1856年の工場法(労働環境)	稼働中の機械に柵を設置する1844年の法律の緩和
1867年の工場法拡張法(労働環境)	対象を織物産業以外および従業員が50人以上の職場に拡張
1878年の工場および作業場法(労働環境)	10歳以下の児童は労働禁止;10歳〜14歳の労働時間は半日;女性は1週間に56時間以内の労働
1891年の工場法(労働環境)	出産後4週間以内の女性の労働を予防;労働者の最低年齢を11歳に引き上げ
1901年の工場および作業場法(労働環境)	最低年齢を12歳に引き上げ;昼休みと火災避難設備の設置
1961年の工場法(労働環境)	1937年と1959年の法律の統合;職場における健康と安全規制の制定
1974年の労働安全衛生法(労働環境)	1961年の法律の更新

要だったからだと説明した。母親たちは子どもにアヘンチンキを飲ませた。アヘンチンキを飲めば、子どもたちは辛いと感じずに仕事することができたからだ。だが、子どもたちは「青白く、手を震わせ、痩せおとろえていた」。すべての人が、仕事をこなすために必要なことなら何でもした。現代人の誰より一生懸命に働いた。

一日の労働時間が長くなった。虐待を防ごうという政府の努力もむなしく、家事手伝いなどの仕事を管理する法律は存在しなかった。

「人間工学」の誕生

職場での怪我は職業が生まれたときから存在した。ホモ・ハビリスやホモ・エレクトスは、道具づくりの最中にフリント石器などで怪我する恐れがあった。会計課で一日に一四時間座って働いた人が腰を傷めるのと同じだ。労働時間の短縮は、じつはサバンナでの道具の使用からはじまった。しかし、道具は車輪、てこ、滑車などの発明によってその本領を発揮した。これらの発明によって大規模な建築物や記念碑の建築が可能になったのだ。これらの初期のテクノロジーがなければ、都市もストーンヘンジも存在しなかった。記念碑の建立も、現代人には想像するしかないほどの知と力によって達成されたのだ。

人類のなかで、効率を上げたり作業を易しくしたりして仕事を最適化しようと思わなかった人はまずいないだろう。人間工学の試みがはじめて記録されたのは、シュメールやバビロニアの滅亡ののち、ギリシャの時代だった。

古代ギリシャの哲学者ヒポクラテス（紀元前四六〇年－紀元前三七〇年ごろ）は、人間工学について明確な文章を書いた最初の人物でもあった。彼は著書『病院について』で、外科医のための理想的な仕事環境と手術用具を置く位置について次のように記している。

手術用具について、それがいつ、どのように使われるかを述べよう。手術用具は外科医の邪魔にならないけれども、必要なときにすぐに手の届く位置になくてはならない。外科医が手を伸ばせば届く範囲に置かれていなくてはならないのだ。助手が手渡すときには、求められたらすみやかに手渡すべく準備できていなくてはならない。

これは、ヒポクラテスが病院内の組織化と最適化について与えた指針のほんの一部にすぎない。仕事の手順にかんするほかの指針もたくさんある。しかし、人体が仕事場でどうすれば最高の仕事ができるかについて考えたのは、ヒポクラテスだけではなかった。古代ギリシャ建築のデザイン史をとおして、人間工学的な計画と事前の配慮が慎重になされた証拠がある。

人間工学にかんする考察はその後一九世紀半ばまでの二〇〇〇年ほど姿を消すが、その重要性は大きい。古代ギリシャ人たちの考察は、現在のテクノロジーやあらゆる職種（もっとも動きのない職業から、もっとも動きの多い職業まで）にかかわるとり組みの、はじめての例だった。

古代ギリシャが残した壺、花瓶、小壁（フリーズ）にはさまざまな姿勢の人が描かれている。しかし、巨大な槍が背中から突き出ている人がごく稀にいるにしても、痛む腰に手を当てている人は一人もいない。それでも、腰痛は静かに出現の機をうかがい、すでに雇用主を悩ます大問題になっている。一日中、従業員を椅子にしばりつけておくのは、彼らの長期的な健康にとってよくないのではないかと懸念する雇用主にとってはとくにそうだ。

ジャンニ・ペス（105ページ参照）とサルデーニャに行ったとき、私は一種のサポーターのような商品のCMをテレビで見た。拳銃用のホルスターに似たその製品は、姿勢を正しく保つためのコルセットだった。価格は三〇ユーロ（約四〇〇〇円）。腰痛持ちが、これで正しい姿勢を身につければ腰痛が治ると期待して買うのだ。しかし、足に優しい靴と同じで、こうしたコルセットを使えば負のスパイラルに陥る。コルセットをつければ、身体が「筋肉記憶」を獲得して姿勢が正しくなる、と私たちは考えがちだ。だが、コルセットをつけると正しい姿勢を保つための筋肉はじつは弱くなる。

よい姿勢を保つのに努力はいらないはずだ。バランスのとれた生体力学的な筋肉系なら、自然に姿勢はよくなるからだ。衰えた構造を強化すれば、姿勢を意識して努力する必要はなくなる。

身体に痛みなどまったくないいか、少なくとも痛みを訴えてはいないギリシャ人から、自分の力では真っすぐに立つこともできずにコルセットを使う現代人へ、いったいどのようにして私たちは変化したのだろう？

文芸史には、腰痛の話はほぼ何も見つからない。ギリシャの花瓶と同じように、腰痛はまったく出てこない。シェイクスピア作品にもない。ところが、それ以降になると、腰の痛みを訴える声がちらほら聞かれるようになる。ということは、一九世紀初頭に何かが変わり病弊を広めたのだ。

一九世紀には、習慣が身体に影響をおよぼすという考えが広まっていた。こんにちでも、この考えは残っている。私たちは真っすぐに座り、よい姿勢を保つように諭（さと）される。腰の痛みの問題はよい姿勢を保つ努力によって解決できるのだ、と。こうして、ヴィクトリア朝時代には、この問題を解決する器具が売られるようになった。

ときには誤った健康増進法を広めた最初の試みは、一八四八年に初版が刊行されたエドワード・ダフィンの著書『脊柱の変形について』（*On Deformities of the Spine*）だった。これは脊柱にかんす

単純な癖の矯正例。エドワード・ダフィンの『脊柱の変形について』（1848 年）より。

る広範で知的な本で、当時の見識を幅広く収めていた。また健康本に必要とされる二つの条件（病気の責任を個人に押しつける助言と、それを治すためも器具）も満たしていた。

助言には、机に座る二人の少女のイラストがついていた。片方の少女は「字を書くときの悪い姿勢」のせいで脊柱を傷めている最中だ。「イラストを一目見れば、ゆがんだ姿勢で座っている少女にいずれ何が起きるかは十分にわかる。日常の学習に際して、この少女は自分の座り方に注意を払っていない。その結果をどれほどかんたんに元に戻せるかもイラストに例示してある」。それはかんたんな楔形の器具で、この器具を使えば身体がまっすぐになるというのだ。これが二つ目の条件だった。

ダフィンは、同じような問題を抱える人に側方運動を勧める。「一般に、脊柱周辺の筋肉を使うことがあまりに見すごされている……私は、揺り木馬に似ているが、曲線がもっと急で両端が内側に曲がった器具の使用を勧めるようにし

その日１日あまり動かさなかった背中の筋肉を動かすための、初期の「自宅エクササイズ」。エドワード・ダフィンの『脊柱の変形について』（1848年）より。

ている」。

この助言と器具が好ましく感じられるのは、それがどことなく親しみやすく、こんにちメディア、ジム、友人との会話で耳にする助言を思い起こさせるからだ。私たちは問題の原因が自分の習慣や人間工学にかんする知識の欠如にあると考えがちで、長い時間座って仕事をすることが最大の原因であるとはあまり考えない。

次に人間工学が注目を浴びたのは、イギリスの産業革命で傍若無人にふるまった資本家に対抗して法の整備がはじまったときだった。労働慣行にかんする関連法のリスト（１５９ページ参照）は、議会を通過した法律を羅列するのみだ。だが、これらの法律は、労働の生態や慣行がこの時期に悪化したことを証明している。

一八五〇年代後半、人間工学にかんする初の本がポーランドの医師ヴォイチェフ・ヤストシェンボフスキによって出版された。この本は、『エルゴノミクスの概説――自然についての知識から導かれる真実に基づく労働の科学』と題されていた。人間工学の定義について、彼は次のように述べている。

人間工学とは仕事の科学である。有益な仕事は物理的な仕事、美的な仕事、合理的で道徳的な仕事に分類される。たとえば、石の切り出し、石の処理、石の性質の研究、道路からの石の除去によって粗悪な道路のために人びとが被害を受けるのを防ぐ、などだ。

正しい知識を得れば、人間は「最小限の努力で作業することができる」と彼は信じていた。この本はただちにベストセラーになったわけではないが、現在、広く読まれている。この本は繰り返し作業の害悪を説く。ジョン・ラスキンやトマス・カーライルは労働者が機械に変えられてしまうのを恐れたが、ヤストシェンボフスキは狙いを少し低く設定した。人間が機械を使うための手助けをしようというのだった。

人間工学は、以下の項目をまとめる科学である。

１　職場の要求――一定の速度でタイプを打つ、材料を持ち上げて移動する、電話やコンピュータを操作する。

２　労働環境――各種のリスク（動いている機械、大気汚染、暗さ、暑さ、寒さ）がある。労働者は、一定の姿勢を一定の時間維持しなくてはならないかもしれない。

３　人体の能力と欲求。

４　生産性。

最初の三項目は、一読して受ける印象よりはるかに複雑だろう。なかでも三番目がいちばん複雑だ。人間工学のキーワードは「容易さと効率」である。人間工学は人の幸福とともに、生産性の最適化にも関係する。それは経済学にも生理学にもかかわってくる。雇用主が最初の三項目を満たせば、四番目の項目でよい結果が得られるだろう。生産ラインを合理化して職場を人間中心に考えても、生産高はさほど変わらないかもしれない。だが、個々の結果に労働者の数をかければ、ちがいは大きい。

企業はもっと人間工学に注目すべきだ。数例の研究によれば、人間工学に配慮した新しいオフィス家具を備えたところ、企業の生産性は一二パーセントから一八パーセント上昇した。学校では、生徒の身体に合った新しい机や作業空間を提供したところ、こうした研究の六四パーセントで学習成果や知識の吸収に良好な結果が得られ、二四パーセントで逆の効果が出た。残りの一二パーセントでは影響が認められなかった。もっともよい結果につながったのは、背の高い家具、立った状態で使う立ち机、傾斜のつけられる机と椅子だった[17]。

人間工学にかかわるリスク要因は、ぎこちない姿勢、極端な気温、不十分な照明、繰り返し作業、振動、固定された姿勢、重い物のとり扱いだ。一九世紀の労働者はこれらのリスク要因すべてに耐えた。しかし、これらのリスク要因は現代人の多くにとって座ったままの作業に変容している。たとえば、キーボードの操作で机の縁（ふち）に繊細な身体部位（手首の下側の皮膚など）を載せると、新たな接触ストレスがかかる。

一日一六時間という工場労働者の肉体労働は劇的には見えない。一方で、壺や花瓶に描かれた、横腹の大きな傷口から槍（やり）が突き出ているギリシャ人は見るからに劇的だ。慢性的な痛みは劇的ではないのだ。

自分を搾取し、自分の身体を破壊し、自分の利益を横どりし、自分を空腹のまま放置した人物のために、無益な労働をして人生を無駄にしたという悲惨な事実に気づいたとしたら、それは労働人生でもっとも劇的な瞬間だろう。だから、私たちには二つのものが必要になる。一方は形式に、もう一方はジャンルにかかわるが、どちらも産業小説では提供できない。映像と喜劇である。産業機械と化した身体の悲喜劇を理解するには映画が必要になる。

チャーリー・チャップリンの『モダン・タイムス』（一九三六年）はコメディ映画の古典だ。この映画がとてもすぐれているのは、一九世紀以降に職場がどう変わったかに気づいても、それを笑うことしかできないという恐怖を与える点にある。

映画の冒頭、チャップリンはベルトコンベヤーの前で作業しているが、その速度は笑いを誘うと同時に恐怖を抱かせる。両手にスパナを持ち、ベルトの上を流れていく鉄板に一対のネジをとりつける。ベルトが流れていく先には、別の作業をする人たちがいる。チャップリンが鼻をかいたり、顔にとまったハエを叩いたりしただけで、生産ラインが完全に止まってしまう。ビッグブラザー風のマネジャーがいつでもどこでも労働者を監督している。マネジャーは画面の外から大声で指示をがなり立てる。労働者用のトイレのなかでもどなり散らす。

機械が止まってからも、作業の動きはチャップリンの身体に染みついたままで、両腕が勝手に動くのを止められない。筋肉が締めるべきだと感じる物が目に入る。同僚の乳頭、女性が着ているドレスのボタン。筋肉が作業を記憶していて、脳は筋肉の動きを止めることができない。彼は機械の一部になってしまったのだ。チャップリンが生産ラインの穴に入りこみ、自分の身体と一体になった歯車とピストンでできた経路に沿って作業を続けるとき、このことがはっきりする。

別の場面では、工場主が時間を節約できる新しいマシーンを試そうとしている。これがあれば労働者が生産ラインを遅らせることがなくなる。工場主はセールスマンの口上にすっかり乗せられている。

セールスマンは、こういう。「昼休みだからってラインを止めることはないんです。競争相手を出し抜かなくてはなりませんからね」。昼休みの時間を節約しようと、工場主はこの自動給食マシーンを労働者の身体にとりつけてみる。喜劇？　たしかに。だが映画は、人間をエンジンに変えるのは難しいし、機械の歯車のようにただ油を差せばいいというものでもないことを明確にしている。

映画がいわんとしているのは、工場の労働、そして現在の労働の多くが、基本的に効率を上げることにやっきになっているということだ。含まれる要素を単純化すれば、作業はもっと速くもっと安くできる。生産ラインに沿って作業する人は、高度に特化された作業に長けていき、特別な知識も技能も必要としなくなる。製品を速く製造できるだけでなく、専門性の低い労働が安上がりになり、訓練コストが下がる。しかし、効率の上昇は労働者の経験不足につながるものだ。

現代の労働事情について考えてみるとき、チャップリン演じる人物がさまざまな意味においてこんにちの人間の姿なのだと了解できる。私たちは生産性に固執し、ボスに「もっと生産しろ、もっと生産するんだ」とせっつかれ、さらに効率を上げ、自由時間を使って競争相手に負けまいとする。座って労働する人は、そこに座っていながら自分の姿勢について考えるかもしれない。座って労働する人なら誰でも、長いキャリアのどこかで電子メール、従業員評価、姿勢のポスターなどによって何度か姿勢について考えるようながされる。私たちはみな理想的な机周りのセッティングや、完璧な姿勢のイラストや写真を見たことがあるはずだ。しかし、ほんとうのことをいえば、完璧な姿勢がどのようなものか知る人はいない。

背中の専門家に「よい姿勢」について尋ねるのは、足病学者にオーバープロネーション〔訳注：ランニングで着地する際に足首が内側に傾きすぎること〕とは何かと尋ねるようなものだ。足病学は、いまだに測定可能で定義可能な理想的な着地を発見してはいない。だが、ミケランジェロのダビデ像やモナリザを理想像と考えるわけにもいかない。私たちは彼らのような身体を持ってはいないからだ。指紋やDNAと同じように、姿勢は各人に特有でその人だけのものなのかもしれない。

姿勢についていえるのは、快適で、痛みがなく、病気に発展する要素があってはならないということだ。

最初の二条件は満たすのが容易だが、最後の条件が少々難しい。病気が動きの欠如と関連しているのははっきりしている。よい姿勢というものがあるとするなら、それは動きと関連している。だから、よい姿勢を描いた絵というものはない。それは静的ではないからだ。姿勢とは、角度、ベクトル、重量分布、傾き、回転、収縮、伸展の一連の微小な変化なのである。あまりに多くの変数があるため、実際には一生のうちであなたがまったく同じ姿勢だった時点はないはずだ。よい姿勢は動きをうながすが、一九世紀に発達した労働習慣はその正反対を奨励した。

「近視」はなぜ一九世紀に多発したのか？

私たちが受け継いだヴィクトリア朝の労働倫理が負うべき責めは大きい。一九世紀初頭の工場主は、すべてを量、効率、利益で判断すべきだという考えを発展させた。この考えはゆがんだ人生観でありながら、私たちの判断力を狂わせている。

視力の衰えはヴィクトリア朝の人びとにとって謎だった。一八四八年三月一八日付のレディーズ・ニュースペーパー紙に掲載されたこの謎にかんする記事は、千里眼は「視力や眼鏡と同じくらい謎だ」と記している。

一八三〇年、イラストレーターで挿絵画家のロバート・シーモアは、近代的なジェントルマン必携の装身具を描いた水彩エッチングを発表した。その装身具とは、回転する山高帽に嗅ぎたばこ、葉巻、眼鏡、片めがね、トランペット型補聴器をとりつけたものだった。

当時、視力の衰えが広がっていたが、それはもっとも貧しい工場労働者という特定の集団にはじめて見られた現象だった。エンゲルスは、この現象が織工のあいだで広がっていると指摘している。低賃金で長時間の労働と「動きの少ない暮らし、それにこの職業特有の目の酷使」が重なると「労働者の全身が衰え、なかでも目が衰える」というのだった。彼らの視力は非常に弱くなり、「夜間に働くことができない」とされた。

歴史的には、視力の衰えは老齢と強い関連があると考えられた。古代ローマの哲学者セネカは、生涯を通じて読み書きに没頭した。年を重ねるにともない視力が衰えてきたとき、ガラスのボウルを水で満たして文字を拡大するという見事なアイデアを思いついた。哲学者、司祭、初期の科学者でもあったロジャー・ベーコンは、クレメンス四世のために一二六七年に『大著作』（*Opus Majus*）を著わし、そのなかで光学と眼鏡について述べている。最初に眼鏡を使うようになったのは司祭と学者だったが、それは老いて極端な遠視になっていたが時間通りに仕事を終えたかったからだろう。この状態は老眼と呼ばれ、これに対処するために眼鏡が発明されたが、症状は年齢とともに悪化する。

しかし、シーモアが描いた男性たちは老齢ではなかった。一九世紀も半ばをすぎると、眼鏡をかけた若い人がよく見られるようになった。これらの人はジェイン・オースティンの代表作『高慢と偏見』（光文社ほか刊）に登場する変わり者のメアリー・ベネットや、シャーロット・ブロンテの『シャーリー』（みすず書房ほか刊）に登場する「偉い学者」ホール氏など、いわゆる本の虫だった。どうやら、それまでになかった事態が生じているようだった。文字を読むことと手元の仕事によって、

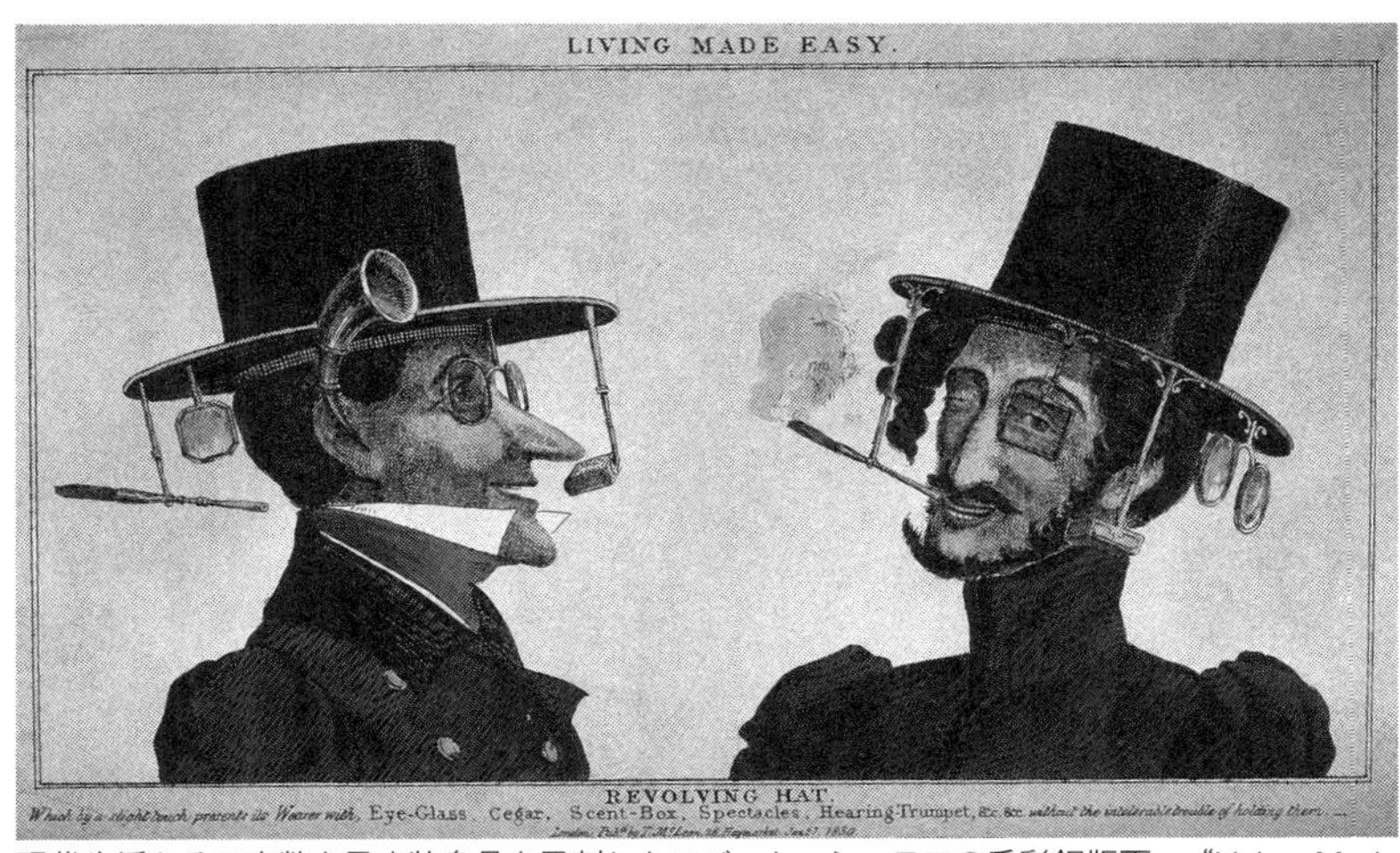

現代生活とその病弊を示す装身具を風刺したロバート・シーモアの手彩銅版画 。“Living Made Easy: Revolving Hat”（1830 年）。

突然の視力の衰えが起きているらしかった。

一九世紀には、眼鏡は金持ちであることを喧伝する小道具になった。それは特権と教育を触れて回る顔の装身具だった。それはまた、すべての欲求が満たされ、別種の渇き、つまり知識欲を感じればそれを満たすことができるライフスタイルによって生じた病気でもある。社会の底辺では、一九世紀が終わりに近づくにつれて、労働者階級の子どもたちのあいだで近視が（低身長化のように）貧しさの印となった。眼科にかかる金がなく、最低限の教育しか受けていなければ、その集団はあるタイプの仕事に適している。手仕事だ。この病気のいまを見てみると、ヴィクトリア朝に生まれた近視がこんにちでは高所得国で広がっている現状が見えてくる。

一九世紀に急増した近視は、現在ではアジアの一部で生徒の八〇パーセントを占めるまでになっている。韓国の首都ソウルでは一九歳の男性の九六・五パーセントが近視である一方で、狩猟採集民には近視はほぼ皆無だ。イギリスでは、近視の人は三人に一人。アメリカで行なわれた最近の調査では、一六歳以下の子どもたちの四〇パーセントから五〇パーセントが近視だ。ところがインドでは、近視の割合はずっと低く、一三パーセントと推定されている。メキシコで一〇パーセント、イランでは八パーセントだ[18]。

いうまでもなく、近視は進化の恵みではない。それは望ましい形質にはほど遠い。初期人類やほかの霊長類では、その遺伝子が発現する前に早死にした可能性が高い。昨今、近視が多いのには別の理由があるはずだ。

近視には遺伝的要素がある。近視の家系というものは存在する。両親が近視であれば、子どもも近視になる可能性は高い。近視は数百種もの遺伝子と関連しているとはいえ、一九世紀に起きた突然の出現と、最近の広がりは、その原因が遺伝と考えるには速度が速すぎる。カナダの医学誌に掲載された一九七五年の研究は、かつて近視の割合が人口のわずか一・五パーセントだったイヌイット社会を調べた。約六〇年後、近視の割合は五〇パーセント近くに増えていた。これも遺伝子の仕業とは考えられない[19]。

二〇一五年にカーディフ大学が行なった研究では、第一子はほかの子より近視の割合が二〇パーセント高かった[20]。研究は、子弟の教育にかんする保護者の熱心さが近視にかかわる遺伝子の発現に影響したかもしれないと結論づけている。中国における研究でも、同様の関連が指摘されている。遺伝子の発現率が貧しい地域より裕福な地域で高く、このことは近視の割合と学業の達成度に対応が見られることを示唆する。

このデータと相容れない研究結果もある。たとえば、同じような遺伝的背景の子どもたちが手仕事をほぼ同量こなしても、視力は大きく異なっていた場合があった[21]。ある観察群では残りの群より手仕事が多かったにもかかわらず、近視の割合は低かった。近視の子がかなり少なかった観察群では戸外で遊んだ時間がかなり長かった。同じチームによる同様の研究もこれらの知見を追認していて、鍵は戸外での運動（特別なスポーツにかぎられない）にあることがわかった。手仕事、両親の近視の有無、民族性にかんする調整後の数字を見ると、スポーツをするかどうかより戸外ですごす合計時間が長いほど、近視が少なく、遠視が多かった。[22]

一九三〇年代という早期の研究では、中部アフリカの現在のガボンに暮らしていた二三四六人の狩猟採集民の視力を測定した。すると全員のうち九人がマイナス〇・五からマイナス一・〇の矯正が必要で（きわめて弱い近視）、五人がマイナス三・〇からマイナス九・〇の矯正を必要とした。眼鏡をかけなくてもまったく不自由を感じない人も含めた近視の割合は、わずか〇・四パーセントだった。[23]

イギリスの国民保健サービス（ＮＨＳ）は、近視は幼少期にはじまることが多いので、「戸外で定期的に時間をすごさせれば、子どもが近視になるリスクが減る」ともっともな助言を与えている。現在では、近視になる最大の原因は本、テレビ、携帯電話などではなく、これらを楽しむ活動が屋内で行なわれるためと考えられている。[24]

一九世紀初頭から半ばにかけて、貧しい人びとと本の虫はどのような条件を共有していたのだろう？　よくいわれるのは「手仕事」だ。だが、ほとんどの工場労働が「手仕事」とは考えられないのだから、これはおかしな話だ。実際には、どちらの人びとも日光に当たる時間が少なかったのである。頭の上にある屋根、そしてその下ですごす時間がおもな原因だった。一九世紀の時間を有効に使って生産性を上げようという考えが、その背後にあった。

屋内ではドーパミンの放出が抑制される。この神経伝達物質は子どもの目の発達のために必須で、日光を浴びると活性化される。ドーパミンは昼夜が入れ替わるときに身体に起きる各種の変化にも関与している。まだ研究ははじまったばかりだが、ドーパミンは目の発達に欠かせないので、この昼夜のサイクルがはっきりしていることが必要だと考えられている。今後、日光－ドーパミン仮説の理解が進めば、日光浴が子どもたちにとってもっとも重要な近視予防薬と判明するかもしれない。

二〇一六年にイギリスで発表されたある報告によれば、イギリスの子どもの七四パーセントが、親の懸念が理由で緑の多い場所ですごすことが少なく、「スクリーン依存症」にかかっているという。現在では、刑務所に収監されている人より戸外に出る時間が少ない。この調査では五歳から一二歳の子を持つ二〇〇〇人の親に質問し、二〇パーセントの子どもが普段は一日中戸外に出ないことを確認した[25]。

二〇一六年に政府が発表した別の報告によれば、調査対象の子どもの九人に一人以上で、公園、ビーチ、森、そのほかの自然環境に出かけたことが一年で一度もなかった[26]。

近視は古典的なミスマッチ病である。初期人類の環境では発現する機会がほとんどなかったが、ヴィクトリア朝時代に根を下ろし、人新世に私たちの主要な感覚領域を支配しようとしている遺伝的素因なのだ。

合計二一〇万人の参加者を動員した一四五を数える研究データを用いて二〇一六年に行なわれたメタ解析の結果が、米国眼科学会の機関誌に発表された。それによると、初期ヴィクトリア朝時代の少数のインドア派から、家族を支えるために工場で長時間すごした子どもたちまでの傾向が続くならば、二〇五〇年までにはこれらの人びとの子孫である五〇億人以上、つまり世界総人口の半分が近視になるだろうという[27]。

第７章　大気汚染

一九世紀が人体にもたらした変化はきわめて大きかった。ヴィクトリア朝の人びとをとり巻く環境は変わりつづけ、それとともに仕事、コミュニケーション、旅行、移動、暮らし、学習、所得、発達、遊び、抗議、理解、思考、礼拝の方法すら新しくなった。環境はさまざまな場所の景観やその受けとり方から、人びとが呼吸する空気まで大きく変えた。しかし、呼吸する能力は人類が努力して獲得すべき類(たぐい)の能力ではない。

ロンドンは成長をきわめる帝国の商業の中心地だったが、一九世紀半ばまでには大気汚染でも世界の先頭に立っていた。この時期にはほかの国々（インドなど）でも経済が急速に成長中だったが、産業活動の後始末はさまざまな地理経済学上の理由によって大きく遅れていた。ロンドンは人にあふれ、汚れて、匂った。とくに交通システムが大量の煤(すす)や埃を大気中に放出し、一部の街路は雨が降るとぬかるんだ。ときには煤と埃が石炭粒子と混じり合って大気中を浮遊し、恐ろしい黒い雪さながらだった。

すでに呼吸系に問題を抱えたロンドン市民は、スモッグに襲われて死んでいった。現在でもそうだが、スモッグが出るには一定の気象条件が満たされなくてはならない。だが、いったんスモッグが出ると、それは何千人もの命を奪う恐れがあった。

一九世紀の人口増加を予測したのはトマス・マルサスだった。彼が一七九八年に刊行した『人口論』（光文社ほか刊）は、いたって影響力が大きかった。この本で彼は、人間の生産活動のさまざまなサイクルについて述べ、それらがどのように相互に影響を与えているかも論じた。たとえば、食物を育てる手法が改善すると、収量が増える。しかしマルサスは、物が豊富なのは一時的な現象にすぎないと考えた。人口増加がすぐに新しい生産法に追いつくからだ。

人間は繁栄すればさらに人口が増えるようにできているかのようだ。人口は手に入る食糧源に見合うだけ増えるのがつねだ。環境内の生物生産力に対応する食物を食べつくしてしまえば、種（ホモ・フローレシエンシスなど）は身長が低くなる。ところが、産業革命の文脈では少々勝手がちがった。この場合、下層階級は餓え死にするか粗末な食事による合併症で死んだ。マルサスによれば、社会はいつか完璧になるものではなく、みなが力を合わせて働いても、すべての人に富が行き渡るとはかぎらない。

繁栄には物理的な上限が存在し、物が欠乏したときに社会に内在する不平等がもっとも露わになる。産業革命が勢いを増すにしたがい、過去にエネルギーを得た手法との奇妙な亀裂が姿を現わしはじめた。

農耕は何世紀にもわたって働き手のエネルギー、忠誠心、時間（そして生命）を消費してきたが、さらに生産力が必要になったときは、より長く働くか、新たな働き手を投入するしかない。それは、働き手たちの身体を維持するための余分の資源が必要になるということだ。働き手たちは以前より食べるようになる。より多くの食物が生産され、より広い畑がウマを使って耕される。ウマはより多くの食物を必要とし、食べたものがグリコーゲンに変換される。筋肉エネルギーがより多くの食物を生産し、ウマの糞が副産物として出る。糞は土壌に栄養を与え、土壌が食物を育て、食物がウマを生かし、ウマが畑を耕し、畑が人びとを生かす。実際に起きていることはもっと複雑だが、ここには明確なエネルギー生産のサイクルがある。

製造業では、この仕事の一部を機械に肩代わりさせる。人間とウマは畑を耕すために食物を必要とするが、ここで機械に与えられるエネルギーが図式にはじめて登場する。当初、この時期における化石燃料への依存によって、人間はマルサスの人口問題から解放されると多くの人が考えた。人間が生産するための余剰エネルギーを化石燃料でまかなえるのだ。しかし、畑を耕して食物と糞の両方を生産したウマ（ウマのエネルギーが回り回ってウマに戻ってくるサイクル）とちがって、化石燃料は燃やせば消えてなくなる。石炭は採掘すればなくなる。どちらも元の状態には戻らない。またエネルギーは消費されるだけでなく、日光を遮り、吸いこむと有毒な煙を出す。

ロンドンを苦しめた「瀝青炭」被害

都市は細胞に似ている。必要なものすべてを内包してはいない。内部にエネルギーをとりこみ、消費する。身体の細胞が呼吸するように（身体は食物を食べ、酸素の力を借りてエネルギーと副産物の二酸化炭素に分解する）、都市は交通網を使って燃料を都市の中心部に持ちこみ、燃やし、エネルギーと二酸化炭素に変換する。

産業革命時における公害と環境破壊との関係は一見してあまりに明白に思われる。ところが、おどろくべきことに、ロンドンの大気の質は一九五〇年代に悪化したのではなく、一〇〇〇年近くにわたって悪化と改善を繰り返している。一九世紀に肺を保護する法律が次々と制定されたのは事実でも、ロンドンが環境危機に直面して同様の対策をとったのはこれがはじめてではなかった。

エジプトで発掘された真っ黒な肺のミイラを見れば、家庭で薪を燃やしたために問題が起きたことがわかる。古代ローマでは、人びとは家々や仕事場で汚れた空気に見舞われた。ローマの裁判所は、二〇〇〇年前に煙の公害にかんする訴訟を審理していた。

石炭は紀元前約三五〇〇年前からイギリスで採掘されていたが、歴史上ずっと継続されたわけではなかった。産業革命以前に継続して石炭を採掘した文化は一つもない。イギリスではローマ人がイングランド北部とスコットランドで石炭を掘ったが、四一〇年に採掘を止めた。それから約八〇〇年にわたって石炭を燃やした証拠はほぼ皆無だったにもかかわらず、突如としてロンドンで石炭の使用が増えることになる。

一一世紀半ばのノルマン征服の時代、イギリスにはまだ広大な森林があった。ドゥームズデイブックやさまざまな資料によれば、首都ロンドンや町村の近郊には森林があった。ところが、その後の二〇〇年で、ヨーロッパ、とくにイギリスで森林の伐採が大々的に進んだ。

一三世紀末、ロンドンは比較的大きい町ほどの大きさだった。シェイクスピアのグローブ座が出現するのはまだまだ先のことでも、人新世はすでにはじまっていた。首都ロンドンはすでにその収容限界を超えようとしていた。

一二八五年という早期に、ある王立委員会が立ち上げられた。それまで燃料として薪を燃やしていたが、瀝青炭（れきせいたん）と呼ばれる物質に切り替えた石灰釜のエネルギー使用について調査するためだった。[28]

委員会は、この物質を燃やすときに出る煙に対して、近隣からたくさんの苦情が寄せられ、ただの通りすがりの人からも訴えがあったことを調べ上げた。一二八八年に立ち上げられた二度目の王立委員会も、同様の結論を出している。しばらく後の一二九八年、ロンドンの鍛冶職人グループが夜間の石炭使用を止めることを自発的に申し出た。石炭が不快で有毒な煙を発生するからだった。さらに数年後の一三〇六年、エドワード三世が一三〇六年宣言を出し、職人や芸術家が炉で石炭を燃やすことを禁じた。

多くの人は王の命にしたがわなかったものの、ロンドンの公害についてはこれ以外に記録は残されていない。その後の数年で二度ほど言及された以外、この問題にかんする記録は二五〇年近く途切れる。問題が表面化したときの切迫した事態を考えると、これは驚異的とはいわないまでもかなり奇妙な沈黙だ。

それ以前には、ロンドンは大量の薪を必要としていた。正確な量の算出が難しいのは、樹木の大きさが（家庭の大きさと同じくらい）一様ではないからだ。それでも、一般的な家庭では一年で約五五立方メートル（一人あたり七立方ないし一〇立方メートル）の木材を消費しただろう。

一人で中程度から大きめの木を一年に二本、いい換えれば一〇〇本の若木を消費した計算になる。この数字に一四世紀半ばのロンドンの人口（推定四万人）をかけ合わせると、毎年の木材消費量は厖大な数字になる。ロンドンでは、暖房のために毎年約一二万本の木を伐採する必要があった（イギリスの森林地が、紀元前二〇〇〇年には国土の九〇パーセントを大きく超えていたのに、産業革命までには四パーセントに減っていたのも不思議はない）[29]。

ロンドンに燃料を供給するためには森林がぜひとも必要とされる一方で、ロンドン市民を養うための放牧地と耕作地を確保するには森林の伐採が欠かせなかった。代替燃料の出現は天の恵みに思えたはずだ。

一六六一年、有名な日記作者で王立協会のフェローであるジョン・イーヴリンが、瀝青炭が与える影響に目を止めた。それはあまりにひどく、「人びとは煙のせいで互いの顔を見分けられないほどだった……忌まわしく恐ろしい瀝青炭の煙」は「不純な濃いもやのようで、黒っぽく汚れた蒸気が混じり、不快であることこの上なく、肺を傷め、身体の正常な働きを損なう[30]」。

やはり王立協会のフェローだったジョン・グラントも、一七世紀以前にはイギリス全体とロンドンの死亡率は同じくらいだったが、数十年のうちにロンドンが「健康に悪い町」になってしまったのは、現在では石炭がどこでも使用されているからだと述べた。あまりにひどいので、たいていの人は「ロンドンの煙に耐え切れない。不快であるだけでなく息苦しくなるからだ[31]」というのだった。

なぜ、石炭をとり巻く状況が突然変わってしまったのだろう？　首都に入りこんできたこのいまいましい新たなエネルギー源にかんする苦情に、なぜこれほど長いギャップがあるのだろうか？

ドゥームズデイブックと一四世紀半ばのあいだで、イギリスの人口は一四世紀前半に一一〇万人から四〇〇万人近くまで比較的速く増加し、ロンドンだけをとってみても一二〇〇年の二万人から一三四〇年の四万人へと倍増した[32]。

観察眼にすぐれた歴史学者なら、これらの日付と、一三四〇年代にイギリスを襲ったペストによる大きな人口減との関係に気づくだろう。

一三七四年までには、四〇〇万人だった人口はすでに二二五万人に減り、一四三〇年にはさらに二一〇万人になった。農場や家屋敷などが遺棄された。耕作地は守る者もなく放置され、数十年のうちに森林に戻った。新たに建築物を建てる必要はあまりなかった。人口が減った上に、建物はたくさんあったからだ。この時期のロンドンほど不快な場所を想像するのは不可能だ。そこは死と病に満ちていながら、環境的にはバランスがとれた都市だった。イギリスの人口が減少した二五〇年は、石炭の弊害に対する苦情が聞かれなくなった時代だった。

ところが、燃料の欠乏は一七世紀半ばにより大規模になって戻ってきた。森林は前代未聞の速度で消滅していた。もし森林が地球の肺だとしたら、イギリスの森林は空気を求めてあえいでいた。エネルギーを確保するため、一六世紀には石炭の輸出を禁止する法律が定められた。イギリス経済のために何が何でも必要だったからだ。

一四世紀にイギリスではじめて起きた環境危機が、人口を半減させる突然の死で解決したと考えるのは背筋が寒くなる思いだ。だが、この時期に起きた大気汚染のおもな原因は、職人の仕事場から出る煙だった。どの仕事場にも比較的小型の炉と細い煙突があり、細い煙の筋を立ち上らせていたのだ。二世紀ほど時を下ると、蒸気機関を動力に使った大規模な工場で綿のショールが織られ、大量の汚染された空気を排出していた。

薪を使うかぎりにおいて、生産高にはおのずから限界がある。ところが化石燃料への切り替えで、ロケットブースターに点火し、ブレーキラインを切り、アクセルを踏みこむことが可能になった。生産高がピークに達すると産業界は歓喜に沸き、やがて最高速度で坂を転げ落ちた。

一九世紀には、瀝青炭がまだ燃やされていた。ヴィクトリア朝半ばの繁栄の陰でまだ燃料として使用されていたのだ。当時燃やされた石炭の大半はやや質が高かったが、全体量が大きく増えていた。途方もない量の石炭が採掘されて世界中に輸出された。ほかのヨーロッパ諸国の経済がイギリスに追いついて競争に加わったのは一八七〇年代のことだった。

一九世紀末ごろ、ドイツがイギリス産業と競争を繰り広げるようになった。ドイツはイギリス産業から教訓を学ぶことで、新たな方法やプロセスで実験する手間を省くことができた。巨大な帝国を防衛し維持するコストを抑えつつ、研究に投資することができたのだ。こうしたドイツや他国の努力は彼らが採掘した石炭の量に反映されている。たとえば、一八五〇年代にはドイツのある炭鉱は八〇〇〇トンから九〇〇〇トンの石炭を毎年産出していたようだが、その数字は一九〇〇年までには三〇万トン近くにまで膨れ上がっていた。[33]

フランスでも事情は似ていた。一八二〇年にはフランスは毎年一〇〇万トンの石炭を産出していたが、一八六〇年までにはこの数字は八三〇万トンに増えていた。[34]

ふたたび世界最悪の公害に悩まされていたイギリスに話を戻すと、多くの「クリーンエアー」法が議会を通過したが、世界中で新しい都市に工場が生まれるようになると化石燃料の勢いはもはや誰にも止められなかった。二〇世紀に入るころには、呼吸器系疾患の気管支炎が心臓病やがんを抑えてイギリス第一位の死因となった。[35]

スモッグが広がった。一九世紀の濃い黄色のもやが大気中に重苦しく浮かび、ヴィクトリア朝時代の楽観的な世界観に影を投げかけた。鉄道会社や工場の経営者は政府の規制を嫌ったが、じつをいえば政府は彼らに大気を汚染する途方もない自由を与えていたのだ。しかも、自動車はまだ発明されてもいなかった。あと一歩というところまで迫っていたが。

花粉症の誕生

一九世紀の大気の質にかんしてもっとも奇妙なのはおそらく、公害が一〇〇〇年近く首都に潜んでいながら突如として出現したことではない。むしろ、きれいなはずの大気が喉を刺激するようになり、これがやがてもっと深刻な問題だと判明したことにある。

一八二八年という早期に、ジョン・ボストック（一七七三‐一八四六）のような作家や研究者が、「ほぼ上流階級にかぎられた」新たな病気に気づいた。ボストックは、このまだ名前もない病気にかかった人を捜して田舎をかけずり回ったと主張した。論文は次のように報告している。[36]

自分自身で確かめたか、詳しい情報を教えてもらった症例の数は一八で……これらの報告はみな症状が一年の同じ季節に鼻、喉、肺の小胞の内膜に現われ、発作や症状の悪化が起きるのがたいてい同じ原因である点において一致している。

国内の症例数は彼が報告した一八を超えていたと思われるが、この病気がめずらしいことは疑いようもない。早期にその名に言及しているのがベンジャミン・ディズレーリの小説『シビル』（*Sybil, or the Two Nations*）だ。小説の舞台は一八三〇年代に設定されていた。当時、ウィリアム四世は健康がすぐれず、その噂が上流階級のあいだで囁かれた。王が社交の場を欠席する理由に宮廷が挙げたのが枯れ草熱（花粉症）だった。ディズレーリが小説のなかでこの病気をどう扱ったかについて興味深いのは、それが王の死が近いことを表向きは隠す広報の慣例になる点だ。小説は、この病気がそれにかかった人のイメージをよくする類のものであることを匂わせていた。現れはじめたころからすでに、この新しい病気は、眼鏡や鉛による白い肌のように一部のエリートに特有の災難であることをほのめかしていたのだ。

一八七三年、チャールズ・ブラックリーが花粉とこの病気のあいだに因果関係があることをはじめて指摘した[37]。一八八〇年代に、イギリスの医師モレル・マッケンジーは如才なく次のように述べている。「夏のくしゃみは文化とかかわりがあり、知性が高ければ高いほどこの病気にかかりがちだと考えていいだろう」[38]。やがて一九世紀後半までには、花粉症は貴族社会のいちばん上に君臨する人の病気から本の虫の病気へ変わった。

一九一〇年、これらの症状を紹介し、これらの症状と近代との馬鹿げていて、不条理で、皮肉な関係を説明する小説が発表された。

E・M・フォースターの『ハワーズ・エンド』（集英社ほか刊）は、田舎と都市のあいだにある緊張関係にかんする小説だった。そこにはあらゆる階級の人びとがいる。新しく富裕層に仲間入りした人びとはわれ先に自動車を買い入れ、太るのを恐れて柔軟体操をする。これらの勤勉な人びとはみな、家を建てたかった郊外に対するアレルギーを持っている。小説のなかで座った仕事をする新たな労働者階級の人の身体は、病的な労働と食事のために衰えはじめている。物語の中心人物である二人の姉妹が、その名前を小説のタイトルに冠した家の相続人となる。この相続を宣言するかのように、小説の最後で、花粉と田舎に対する姉妹の免疫が確信とおどろきをもって語られる。「草が刈られたわ！」ヘレンが興奮気味に叫ぶ。「広々とした草刈地！　最後までずっと見てきたの。あんなにたくさんの干し草ができるなんて！」。

この場面が終わるか終わらないかのうちに、地平線の向こうに赤煉瓦の家々が見えてくる。ロンドンが迫ってきているのだ。煤にまみれた首都の怪物がゆっくりとこっちへ向かってきて、白亜の丘を越えて全員をのみこむ。

新しい暮らしが古い暮らしを破壊している。当時はみなそう考えていた。しかし、簡素な暮らしに戻りたくとも、新しい暮らしがもうそれを不可能にしていると考えている人は少なかった。これは新しい現象だった。

二〇世紀に変わるとき、金持ちは逃げ場がないと感じた。見知らぬ場所に生まれ落ちた身体では、かつて花粉症やぜんそくの症状を防いでくれたメカニズムに、ときには致命的にもなる免疫反応が起きるようになった。そのアレルギーは、どのようにして死にいたる慢性の病気になって何十億人に襲いかかるのだろう？　それは、次の世紀の物語になる。

それからわずか数十年前の一八五一年、都市部の人口が郊外の人口を上回ったが、人体はすでに反応しはじめていた。ホモ属の何かが大きく狂いはじめていた。花粉症と草に対する感受性は、サバンナで暮らす人類にとって好ましい形質ではなかった。そこでは、草がつねに風にそよいでいるのだ。しかし、この新しいアレルギーゆえに、産業化の影響を逃れて楽に呼吸できる場所で暮らすこともできなくなってしまった。

一九世紀が地平線から見えなくなるとき、人新世の身体は急速に進展を遂げる都市とは相容れなくなった。そして、数百万年にわたって自分たちのゆりかごであり生きる場所だった草地にももう戻れない。

第Ⅲ部のまとめ

1　早歩きとランニングは脊柱と膝にいい

ランニングが膝に悪いというのは間違っている。そうではない。じっと動かないでいるのが膝に悪いのだ。

ウォーキングとランニングが骨密度を上げることは長く知られていたが、最近の研究で椎間板のためにもいいことがわかってきた。どんな動きや体操でも何らかのダイナミックストレッチを含むものはいい。スタティックストレッチの効果はまだ実証されていないが、ダイナミックストレッチは可動性と可動域を改善する。この二つは人新世の習慣によってたやすく失われる。

2　アプリを手に入れる

戸外へ連れ出してくれるものなら何でも試そう。優秀な「カウチ・ツー・5Kアプリ」〔訳注：ソファを飛び出して五キロ走るためのアプリ〕はたくさんある。「アクティブ・10K・アプリ」（イギリス公衆衛生庁が運動不足の研究にもとづいて開発した）もいい。数キロ先の職場へ毎日歩いて通勤したヴィクトリア朝の事務員は、粗末な食事にもかかわらず座ってばかりの現代の労働者に比べて変形性関節症や関節炎が少なかった。

3　スクワット運動をする

これはかんたんではない。人新世に生きるあなたは毎日一〇時間椅子に座っているので、スクワットできないように訓練してきたも同然だ。それでも、人類はかつて、しゃがんで休み、食べ、会話を

郵 便 は が き

62円切手を
お貼り
ください

101-0003

東京都千代田区一ツ橋2-4-3
光文恒産ビル2F

(株)飛鳥新社　出版部

『サピエンス異変
読者カード係行

フリガナ	性別　男・女
ご氏名	年齢　　歳
フリガナ	
ご住所〒 TEL　　（　　）	
ご職業　1.会社員　2.公務員　3.学生　4.自営業　5.教員　6.自由業 7.主婦　8.その他（　　）	
お買い上げのショップ名　　所在地	

★ご記入いただいた個人情報は、弊社出版物の資料目的以外で使用することありません。

このたびは飛鳥新社の本をご購入いただきありがとうございます。

今後の出版物の参考にさせていただきますので、以下の質問にお答えください。ご協力よろしくお願いいたします。

■この本を最初に何でお知りになりましたか

1.新聞広告（　　　　　新聞）
2.webサイトやSNSを見て（サイト名　　　　　）
3.新聞・雑誌の紹介記事を読んで（紙・誌名　　　　　）
4.TV・ラジオで　5.書店で実物を見て　6.知人にすすめられて
7.その他（　　　　　）

■この本をお買い求めになった動機は何ですか

1.テーマに興味があったので　2.タイトルに惹かれて
3.装丁・帯に惹かれて　4.著者に惹かれて
5.広告・書評に惹かれて　6.その他（　　　　　）

■本書へのご意見・ご感想をお聞かせください

■いまあなたが興味を持たれているテーマや人物をお教えください

※あなたのご意見・ご感想を新聞・雑誌広告や小社ホームページ上で
1.掲載してもよい　2.掲載しては困る　3.匿名ならよい

ホームページURL http://www.asukashinsha.co.jp　　サピエンス異変 2018.12

楽しんだのだ（じつは、いまだにそうする人は多い）。

最初は何かサポートしてくれる道具を使うといい。ジムならTRXサスペンション、あるいは頑丈なテーブルなど。座りこむように深くしゃがむ。膝が足の上に来るようにする（内側でも外側でもいけない）。ふくらはぎ、腹回り、腰が伸びるのを感じるはずだ。この姿勢でリラックスしよう。丸めたタオルなどでかかとを少し上げると楽にできる。かがみこんで床に足を真っすぐ伸ばすより、かかとを少し上げて快適な姿勢を保つほうがいい。理想的には胸が下ではなく正面を向いているほうがいい。慣れれば（数日後ではなく数カ月後）、靴を履かなくてもできるようになり、長い時間でも快適でいられる。尻と腰を開くのにいい方法だ。

4　休止状態を避ける

映画館や劇場など座る場所が決められている場合を除いて、継続して座ることを避けよう。ときどき作業を中断し、座る時間を自然に中断できる方法を考える。なるべく身体を動かさないという癖から抜け出す習慣をつける（自宅でコーヒーをいれないで、外に飲みにいく、職場近くに自動車を停めない、など）。

一日のなかにもっと動きをとり入れる方法を考える。これはじつは注意を要する。人新世の人間のデフォルトモードは、なるべく速く楽に物事をすませる（時は金なり）ことだからだ。つまり、意識して努力しなくてはならない。交通手段から少し遠ざかろう。会議と約束のあいだに時間をとるのではなく、移動時間をつくる。すっきりした頭で現地に着いたほうが物事はうまくいく。

5　一番大事なこと――歩く！

サルデーニャの羊飼いのように七〇代、八〇代、九〇代になっても自由に歩けるようになるには、これがもっともかんたんだ。

6　子どもは外で遊ばせる

シンガポール国立大学の疫学教授でシンガポール・アイリサーチ・インスティテュートの近視部部長であるシャン・メイ・ソー教授は、目下進行中の研究によれば、子どもの目の健全な発達のためには一日約三時間日光に当たることが必要だ、と話してくれた。子どもの場合、一週間に二冊以上の本を読むのは近視の予測要因になる。また、近視はただ眼鏡を買ってかければいいという問題ではない（低所得国の何億人もの人びとにとって、これは不可能だった）。近視はさらに高度近視や老後に失明を招く深刻な疾患につながる。子どもを戸外で遊ばせる健康上の理由はたくさんある。近視になる可能性をかなり低くしてくれるのはその一つにすぎない。

7　観葉植物をとり入れる

観葉植物は屋内の空気によい効果を与えることで知られる（私たちの心理にも測定可能な影響を与える）。植物は毒性のあるガス（とくにベンゼン、一酸化炭素、ホルムアルデヒド）を吸収し、私たちのためにリサイクルしてくれる。土壌中の細菌が出す蒸気はセロトニンレベルを上げる（セロトニンには数々の効果があり、何より気分をよくしてくれる）。研究によれば、病人は植物のある部屋のほうが早く快復するという。空気を加湿してくれる（風邪や喉の痛みを予防する）。

もし羽根でできた埃とりをあまり好きでないなら、植物が空気中から埃をとり除いてくれるだろう。葉は弱いマイナスの電荷を帯びているので空気中の粒子を引きつける。大半の埃は植物に吸収され、一部が葉の上にたまっていく。葉に埃がたまったら、スパティフィラム、ヒロハケンチャヤシ、カシワバゴムノキ、ベンジャミンなどは、風呂場で軽く葉を洗うことができる。観葉植物をとり入れると、屋内の埃が最高で四〇パーセント減る。これはアレルギーのある人にはとくに朗報だ。アレルギー疾患のある人は埃やチリダニの糞に弱い。埃が少なければ、チリダニも少なくなる（ベッドのマットレスにどれだけのチリダニが潜んでいるか検索しないように。知らないほうがいいこともある）。これに加えて、植物は肺に病気のある人に悪影響をおよぼすカビの胞子を分解してくれる。

一九八九年、アメリカ航空宇宙局（ＮＡＳＡ）はアメリカ造園建設業協会（ＡＬＣＡ）の協力を得て、宇宙ステーション内の空気をいちばんよく清浄に保つ植物を探る実験をはじめた。リストに入った植物は、屋内空間（家庭やオフィス）の少なくとも九平方メートルをきれいにする能力を持つ。セイヨウキヅタ、スパティフィラム、カンノンチク、セイヨウタマシダ、ゴムノキ、オリヅルランなどの植物は、みな空気をきれいにするすばらしい能力を持つ。なかでもすぐれているのがサンセベリア・ローレンティで、あなたが観葉植物に慣れていればまず枯らすことはないし、夜間に酸素をつくってくれるという恩恵もある。

あまり植物に親しんだことのない人は、慎重なあまりつい小ぶりな植物からはじめることがある。

これが失敗しがちなのは、水分がすぐに逃げてしまうからだ。小ぶりな植物はじつは育てるのが難しく、繊細なので神経を使う。中くらいか（もっといいのは）大ぶりな植物なら世話が楽で、水やりもときどきでよく、部屋の空気をよりきれいにしてくれる。水やりの頻度は重要だ。指を土のなかに二センチほど突っこんで、乾いていると思ったら水をやればいい。乾いていなければ、そのままで大丈夫だ。かならず、余分な水を切るようにすれば根腐れしない。

人類は植物を何千年も愛でてきた。ヴェスヴィオ山が噴火したあと、ポンペイの町が火山灰によって保存されたが、人びとが暮らした家々には遺体とともに観葉植物の残骸があったという。

観葉植物を家のなかに入れたら、あなたの居間は空気農場になる。

第Ⅲ部のまとめ

第Ⅳ部　西暦一九一〇年〜現在

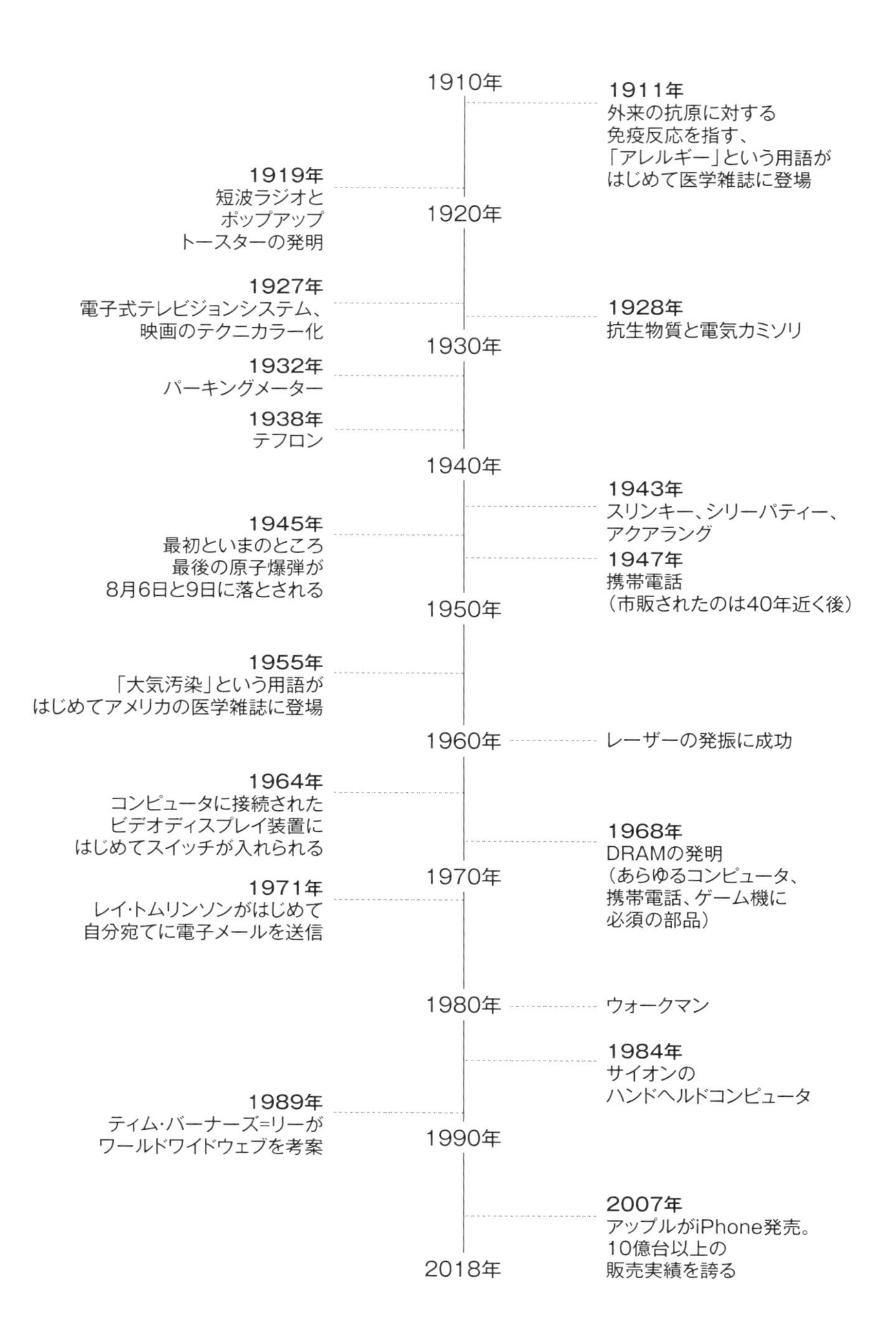
1910年
1911年
外来の抗原に対する
免疫反応を指す、
「アレルギー」という用語が
はじめて医学雑誌に登場
1919年
短波ラジオと
ポップアップ
トースターの発明
1920年
1927年
電子式テレビジョンシステム、
映画のテクニカラー化
1928年
抗生物質と電気カミソリ
1930年
1932年
パーキングメーター
1938年
テフロン
1940年
1943年
スリンキー、シリーパティー、
アクアラング
1945年
最初といまのところ
最後の原子爆弾が
8月6日と9日に落とされる
1947年
携帯電話
（市販されたのは40年近く後）
1950年
1955年
「大気汚染」という用語が
はじめてアメリカの医学雑誌に登場
1960年
レーザーの発振に成功
1964年
コンピュータに接続された
ビデオディスプレイ装置に
はじめてスイッチが入れられる
1968年
DRAMの発明
（あらゆるコンピュータ、
携帯電話、ゲーム機に
必須の部品）
1970年
1971年
レイ・トムリンソンがはじめて
自分宛てに電子メールを送信
1980年
ウォークマン
1984年
サイオンの
ハンドヘルドコンピュータ
1989年
ティム・バーナーズ=リーが
ワールドワイドウェブを考案
1990年
2007年
アップルがiPhone発売。
10億台以上の
販売実績を誇る
2018年

動かなくなった人類に何が起きているのか？

一九世紀末になっても、工場がなくなることはなかった。工業は少なくとも二〇世紀前半のあいだ社会を支配しつづけた。一九世紀後半、銀行業や金融業、保険業や会計業といったまったく異質な産業が持続的に発展したことで、それらと肉体労働や工場労働とのちがいを表すための新語が生まれた。「事務員（ペンプッシャー）」という言葉がはじめて『オックスフォード英語辞典』に載ったのは一八七五年、「書類整理係（ペーパープッシャー）」が載ったのは第二次世界大戦中のことだ。

二〇世紀を通じて、文字通りの意味でも比喩的な意味でもオフィスビルが次々にそびえた。それとともに労働環境が再び変化して、労働スタイルと働き方が洗練されていった。この時期、テクノロジーがさらに高度で効率的になるのにともない、人新世の人間の労働パターンはどんどんと単純になっていった。生物学的にカロリーを消費する代わりに、化石燃料からとり出したエネルギーを使うようになったが、身体をそれに対応させることはなかった。

現代の経済にも生態系のような多様性はあるが、それが人間の身体に反映されることはない。オフィスビルでは人びとがそれぞれ多様な役割を果たしているが、肉体的作業としては誰もがまったく同じだ。弁護士、会計士、銀行家、学者、経営コンサルタント、そしてあらゆる産業のあらゆる管理者が、机やコンピュータの前に座ってみなまったく同じ作業をしている。数十億ドル（数千億円）がかかわる決定を下す国際銀行の会議に集まった役員たちも、大教室にいる学生とまったく同じたぐいの肉体的作業を行なうのだ。

約四〇〇〇年前から現在までの都市の発展、いわゆる都市革命は、私たちの政治、社会、日常生活のさまざまな面を変えたが、身体の外見を大きく変えることはなかった。しかし産業革命は、私たちの働き方と、生産する品物、そして口にする食べ物を変えた。また人間の数も大幅に増えた。それまで何千年にもわたってゆっくりと増えつづけてきた人口が、機械の登場によって急上昇をはじめ、大気のバランスが変わって二酸化炭素の濃度が上がり、田舎の生活と都市の生活のバランスも変わりはじめた。

現代の私たちは座業革命の状況に安住していて、労働と生活両方のスタイルが、仕事に費やす時間と身体を動かさないことという二つの事柄に支配されるようになっている。先進国の人びとは、身体を動かしなさいと口酸っぱくいわれるが、労働や娯楽や消費の様式によってその正反対の方向に突き動かされている。私たちは自分たちが思っている以上に、自動給食マシーンをとりつけられたチャーリー・チャップリンに近い存在なのだ。私たちはむりやり食べ物をつめこまれることこそないが、その代わりに現在の環境では、座りっぱなしの状態を避けるには自分自身で行動することが必要で、それは自然な生き方でなく一人ひとりの責任に任されてしまっている。運動に関する多くの国の指針や計画には、その点が考慮されていない。栄養士は私たちの行動を変えようとしきりにセロリスティックを勧めてくるが、それが効果的な解決法にはなりそうもない。

私たちは赤ん坊のころから、座ることをしつけられる。座っていることは、適切でよい行ないを表す社会的約束事である（もっというと、工場では命令に従うか否かが生死にかかわりかねない）。曾祖父母も祖父母も両親もみな、大人になってからの座ったままの生活に備える訓練として、学校では長い時間じっと座っているようしつけられたはずだ。現在成人である私たちは、職場や自宅、公共交通機関や自家交通機関、劇場や映画館、レストランやバー、会議や授業、教会やパーティなど、数かぎりない場面で座らされる。その影響は、健康だけでなく生体力学的にも、身体全体におよんでいる。かつて、住居の周りの景色は木々が支配していた。しかし産業革命の時代に、煙突やそこから立ちのぼる煙が経済的成功の重要なシンボルとなった。そして産業革命後の風景では、煙突が姿を消し、その代わりにもっと大きいオフィスビルが立ち並んだ。

オフィスビルの登場

オフィスビルの登場によって、新しい現代的な働き方がはじまった。もっと清潔で安全、そして働きやすい環境に憧れて、人びとは工場を出てオフィスに入った――いまではほとんどのオフィスワーカーが否定するだろうが。オフィスで働くのは大きな喜びだった。フルスピードで動く機械のなかによじ登って掃除しろと上司から命令され、手足がずたずたになってボロネーゼになる代わりに、お尻のコピーをとったり、輪ゴムで巨大なボールを作ったり、デスクにけばけばしい色の髪の人形や連れ合いの写真を飾ったりできる。天国のような仕事があるとしたら、これこそまさにそうなのでは？

しかしオフィスビルを建てるには大企業が必要で、中世には大企業というものは存在していなかった。何千人もの労働者を雇って管理業務をさせる初の民間事業、東インド会社のような大規模な組織が登場したのは、一八世紀になってからだった。その後を追うように一九世紀には、鉄道、銀行、郵便、保険、大手小売業が出現した。

一九世紀末、タイプライターや電信の発明、そして電気の利用の拡大によって第二の技術革命の波が押し寄せると、労働市場は再び変わりはじめた。

一九世紀後半には、事務員という新たな職種がもっとも急激に拡大した。一八六一年のイギリスの国勢調査では、事務職に就く人は約九万一〇〇〇人だった。それが一八九一年になると四倍以上に増え、四〇万人弱を数えるようになった。[1] 二〇世紀に入ってからかなり経っても、経済の立役者はいまだに工業だった。しかし数十年のうちに脱産業革命が忍び寄り、一九七〇年代に本格化した。

変化を起こすのはたいてい支配している人のほうであって、知識や技能を提供する人は、その対価が目減りしたことに気づいてもなかなか変化を起こせない。一九七〇年代、賃金カットで週三日勤務の人が出て、またストライキのせいで街中にゴミが積み上がっても、消費文化の未来には楽観的な見方が強かった。自動化によって娯楽の新時代が到来したが、それと同時にもちろん労働の新時代も訪れた。二一世紀、人間の仕事のほとんどをロボットに任せるようになったら、空いた時間をどうやって埋めればいいのか、経済学者は必死で考えている（この未来像は少なくとも半分は正しいが、自動化された未来に人びとはますます自由になるという楽観論は、いまではかなり下火になっている。二〇世紀には、「誰がロボットを所有するのか」という重要な疑問が忘れられていたのだ）。物質的環境は、私たちの身体を変えることはあっても、救ってくれることはないだろう。

一九七〇年代、オフィスにはコピー機が登場し、さらにフロッピーディスク、ノートパソコン、レーザープリンタ、音声認識、そしてもちろんデスクトップパソコンが導入された。いずれもつまらないベージュ色で、操作する人はますます動かずに済むようになった。まさに解剖学的革命である。一九世紀に産業革命と同様、座りっぱなしのオフィスワークも労働者の身体を永久的に変化させた。一九世紀にさまざまな労働が単純化され、二〇世紀末には労働の均一化のプロセスがほぼ完了した。

この章では、オフィスワークによって引き起こされた習慣や病気のうちのいくつかを選んで見ていくことにする。長時間座っていることは身体にどんな影響をおよぼすのか？　足にはどんな影響があるのか？　ほぼあらゆるオフィスワーカーがますます慢性的な腰痛に悩まされているのはなぜか？

デスクワークは身体をどう変えたのか？

一九世紀半ばに再登場した人間工学は、それ以降どんどんと重要性を増してきた。どんな科学でもそうかもしれないが、人間工学も、そして仕事場の設置と設計に関するアドバイスも、ここ五〇年で大きく進歩している。

現在の指針によれば、二〇分仕事をしたら一分から二分手を止めて身体を伸ばし、五〇分ごとに五分から一〇分休んでまったくちがう作業をすべしとされている。そんなことをしているのを上司が見たら、びっくりしてお茶を噴くかもしれない。とてもよいアドバイスなのはあきらかだが（UCLAにある人間工学の研究センターによる）、非生産的に思えるため、習慣として受け入れさせるにはかなりの文化的変革が必要だ。

すべての労働者が退職までこの習慣を実践したとしたら、腰や首、肩や手首の痛みを訴える人はどのくらいの割合に減るだろうか？　正しく直立できる人はどのくらい増えるだろうか？

長時間座りつづけていることは、さまざまな形で人体に悪影響をおよぼすことがわかっている。長時間座っていると血流が妨げられて、筋肉から代謝廃棄物を流し出せなくなる。もう一つ、長時間座っていると、股関節屈筋群と呼ばれるいくつかの筋肉が傷つくという説も広く信じられている。

股関節屈筋群は腰を曲げる働きをする（上腕二頭筋が腕を曲げるのと同じ）。また、脊柱をひねったり曲げたりもするし、脚を内転させて（空手の横蹴りの後半部分）、太ももを内側にひねったり曲げたりもする。股関節屈筋群は、大腿骨や骨盤や脊柱に沿って伸びていて、そのさまざまな場所につ

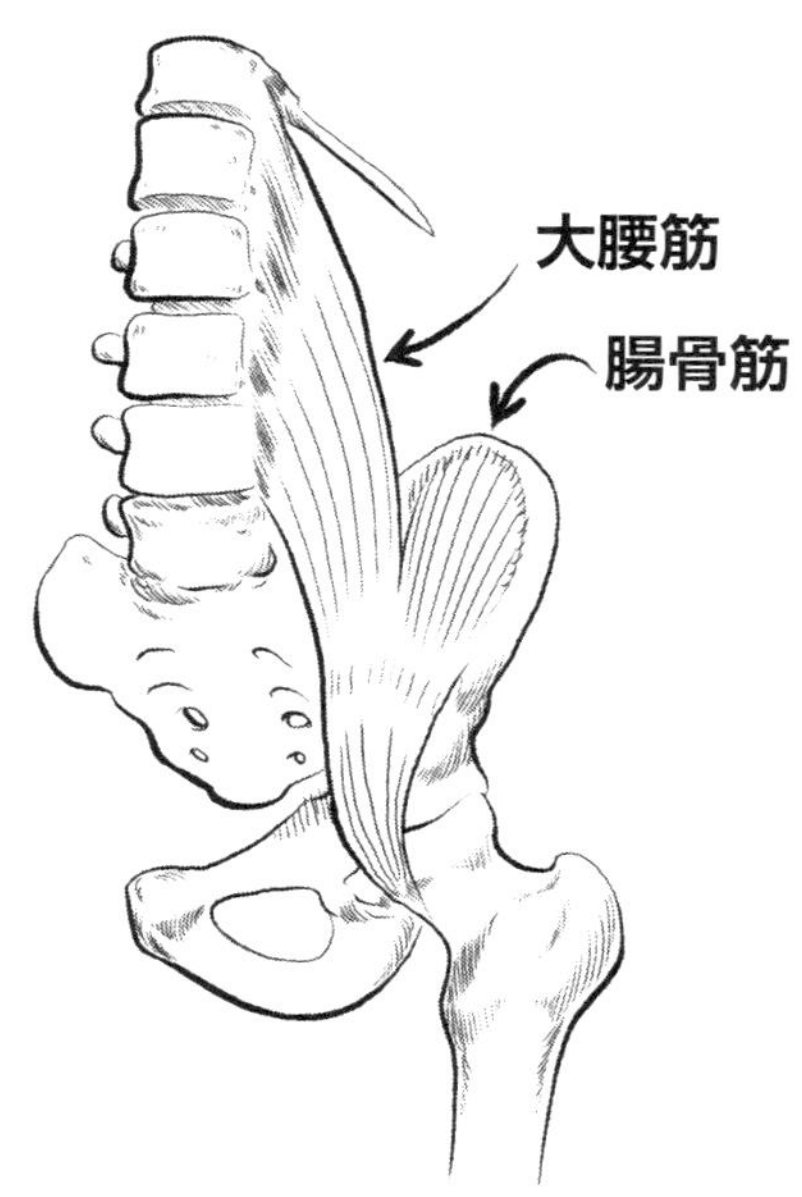

２つの大きな股関節屈筋。皮膚に近いところではなく、身体の奥にあることに注目。２つまとめて腸腰筋という。

ながっているため、身体の外から触れることはできない。股関節屈筋群のなかでも重要な筋肉の一つが、一対の「腸腰筋」である。この腸腰筋は、大腿骨のてっぺんにある股関節のすぐ下からはじまって、骨盤に沿って伸び、扇のように広がって何個かの椎骨につながっている。つながっている部位は、いちばん下の胸椎と、腰痛の元凶である腰椎椎間板Ｌ１からＬ５。下のほうにたどっていくと、股関節の骨頭と骨窩をまたいで伸びて、大腿骨の骨幹の上部内側の面につながっている。脚を上げて胸に近づけることができるのは、これらの筋肉のおかげだ。歩いたり走ったり飛んだりするのに絶対欠かせない筋肉である。

軟組織は要求に応じて適応するというデイヴィスの法則によれば、長く座りつづけていると股関節屈筋はそれに対応して短くなることになる。

腸腰筋（およびそれ以外の股関節屈筋）は、立っているときには伸びて、座っているときには緩む。そのメカニズムをかんたんに説明することはできないが、座っている状態で膝の裏側に伸縮性のヨガバンドを通し、両端を首の後ろに回して結んだとイメージしてほしい。バンドは、そのまま座っていても苦しくないほどの長さがあるとする。ここで、バンドをずらさずに立ち上がろうとしても、バンドを結んだ首にかなりの力がかかってしまって、完全には立ち上がることができない。腸腰筋もそれと同じように働くが、ただしつながっているのは腰である。この腸腰筋が固くなると、脊柱は大きく前彎して（前側にカーブして）しまう。

私が思うにこのメカニズムは至極もっともで、アメリカで腰痛を訴える人の五四パーセントがいつも座って仕事をしているというのもうなずける。仮説としてよくできている。考えてみれば、いつもハイヒールを履いている女性がローヒールに変えようとするとかなり苦労するのに似ている。ハイヒールを履いているときには足首の角度は一八〇度に近いが、ローヒールでは直角になる。ローヒールをうまく履きこなせないのは、ふくらはぎの筋肉が適応して短くなり、本来の位置まで楽に伸ばせなくなっているからだ。

いつも座って仕事をしている人の多くは、「骨盤前傾」という症状にもなる。これは、骨盤が目に見えるほど前方に傾くというものである。アスリート系のイケメン俳優が立っている姿を横から見ているとイメージしてほしい。ベルトは床とほぼ水平になっているはずだ。いかにもイケメンらしくて姿勢がよい。

いつも座って仕事をしている人を同じく横から見ると、ベルトの線は身体の前側に向かって下がっているだろう。これは股関節屈筋群が短くなっている（および股関節伸展筋が長くなっている）せいだと考えられるが、それとともに、ハムストリングスや殿筋や腹筋など周囲の筋肉が弱くなっていることも原因である。骨盤は本来後ろに傾いているもので、骨盤をその正しい位置に保とうとすると、腰の椎間板と腰椎に負担がかかってしまう。

長時間座っていると、脊柱が変形し、それにともなって筋肉のバランスが崩れることが多い。ストレッチ不足や筋トレ不足も、骨盤前傾の原因になる。

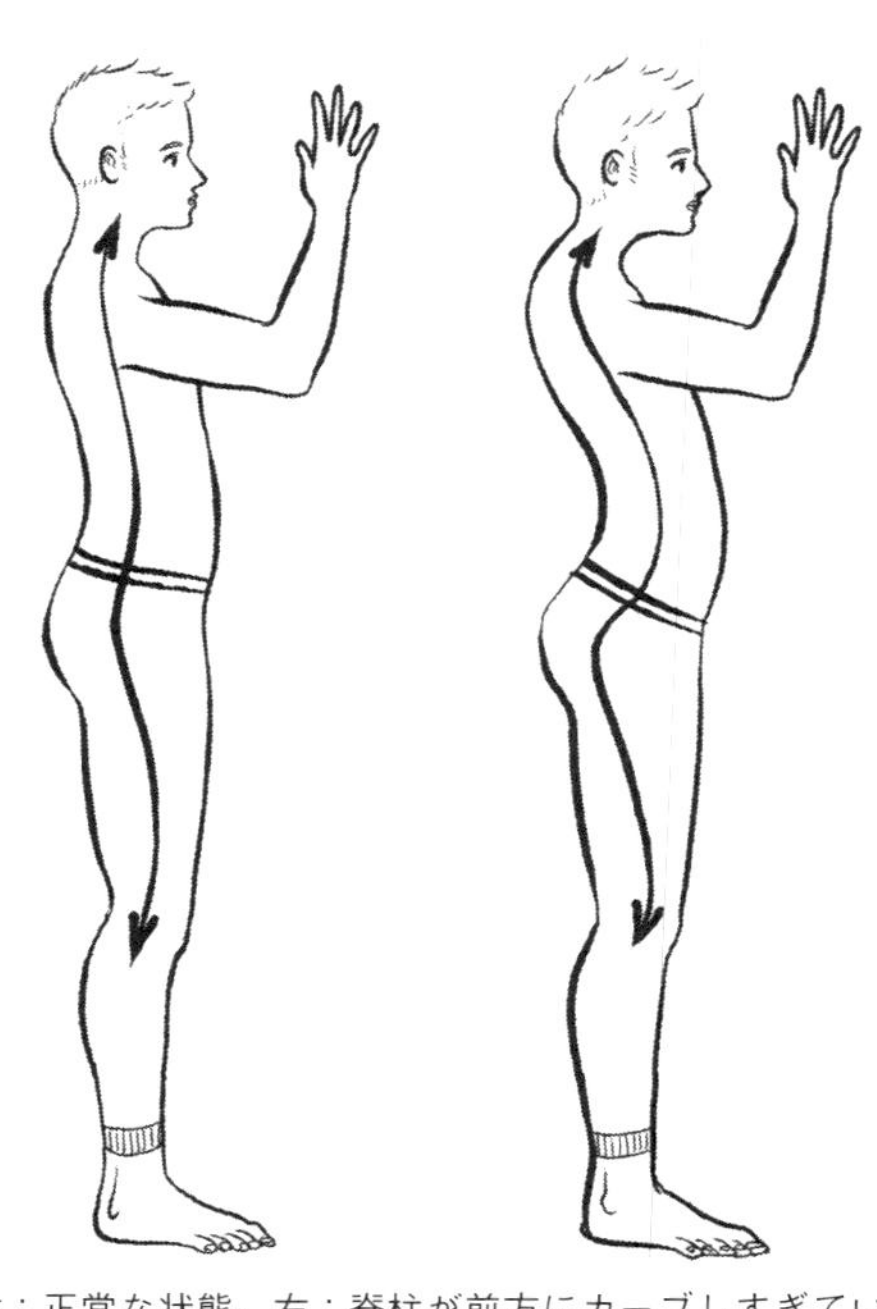

左：正常な状態。右：脊柱が前方にカーブしすぎているのを補おうとして、背中が丸まっている。

症状はわかったが、ではどのように診断するのか？

私は何カ月ものあいだ、自分の腰痛は座っていることと走っていることが原因だと思いこんでいたし、どんな文献を見てもこの二つの活動は筋肉を縮めてしまうと書かれていた。体幹が弱くて、走っているときに自分の身体をうまく支えられないのだと。「なるほど」と思った。そこで、徹底的に腰を伸ばし、体幹を鍛えようと腹筋運動と背筋運動をはじめた。効果はあったのか？　以前よりもできる回数が増えただけで、たいして効果はなかった。腰痛は治らなかったのだ。

「体幹」とはいったい何だろう？　この言葉を聞くとどんなものを連想するだろうか？　私には、ディーゼルエンジンのように強くてタフな何か実体のあるもののように聞こえる。しかし実際のところ、そのためにはどのくらいの筋肉が必要だろうか？　体幹にはたくましい筋肉が詰まっているように思われているが、実際には、長さ約八・五メートルの腸と数十兆個の微生物、そして生殖器（女性が胎児を育てる場所）があって、それらの周りを軟組織と骨が囲んで支えている。そんなものを本当に「体幹」などと呼べるだろうか？　体幹というのは、いくつもの筋肉と腱、骨と靱帯の集まりで

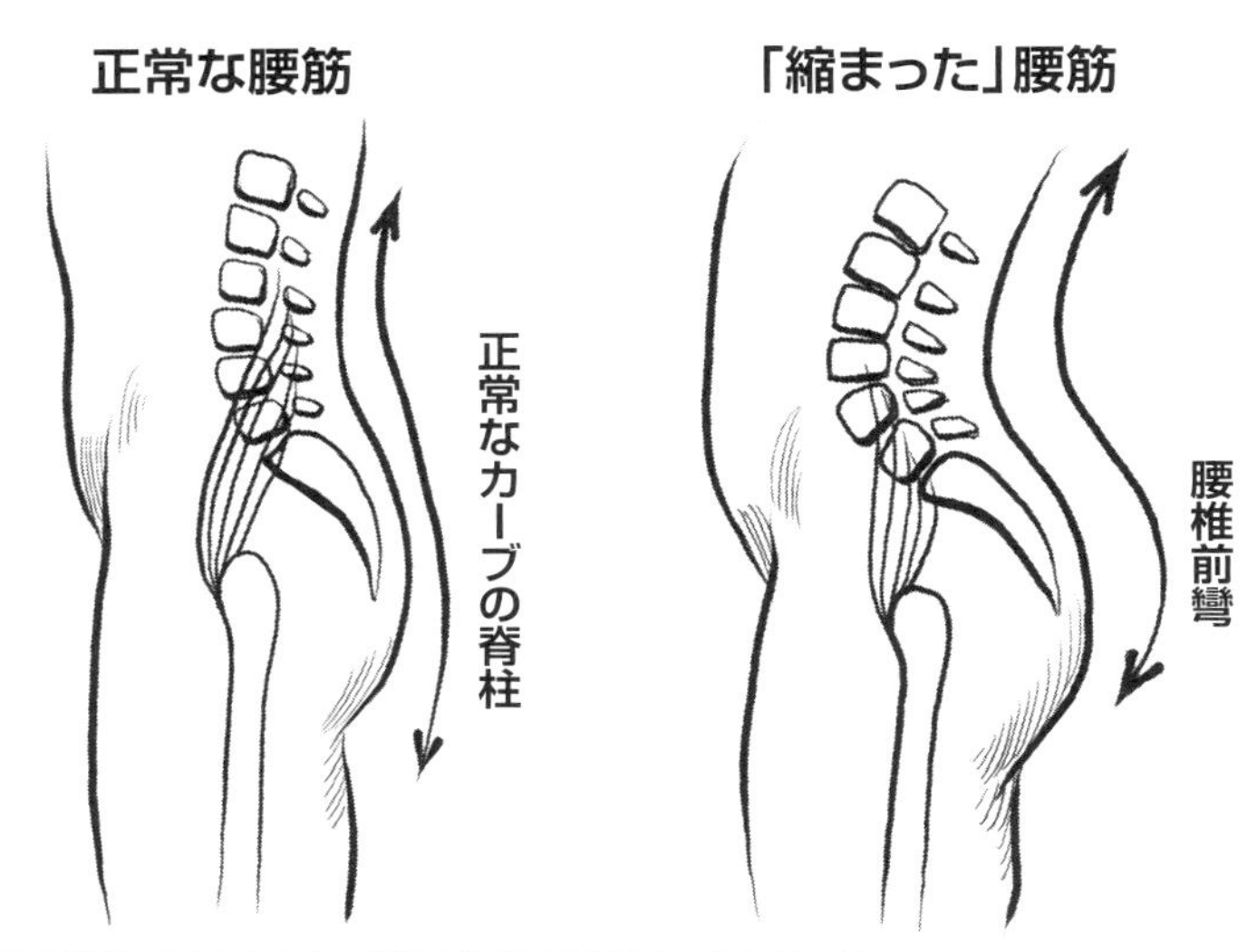

股関節屈筋群が短くなると、脊柱が過剰に前彎することがある。

あって、それらが一緒に働いて軟組織と同じように複雑な機能を発揮しているのだと考えるほうが、筋が通っているのでは？

多くの人は、身体を動かすときには体幹の筋肉を張らなければならないと考えている。しかし筋肉は、一つ、ひとつの関節を動かすためにある。歩くとき、骨盤を持ち上げようとして腹筋を張ってしまうと、骨盤が上体と反対方向に回転しなくなって、歩行周期が完了しない。骨盤と胸郭は、動物の後肢と前肢に似ていて、身体の側面図で見ると互いに反対方向に動くとみなすことができる。骨盤が逆方向に回転しなくなるのは、体幹が張って胸郭と骨盤のあいだの動きが妨げられるためだ。体幹の強さと体幹の固さは別物で、体幹が固いのは、長時間座っていることよりもさらに脊柱に悪い。必要なのは固さでなく、可動性、つまり、適切な動きに対応して歩行を促す体幹の能力である。

私が思うところ、この腸腰筋短縮説に対し

ては三つのかなり具体的な反論理由がある。第一に、これは仮説としては広まっている（パーソナルトレーナーのウェブサイトにもさかんにとり上げられている）ものの、科学的な裏付けはない。科学に裏付けられていないので、「状況証拠」でしかない。

第二の理由として、デイヴィスの法則によれば組織は要求に応じて適応するとされているし、ヨガかストレッチをやったことのある人ならわかるとおり、一日数分間を数週間続ければ筋肉の長さと強さが大きく変わってくる。それと腸腰筋のどこがちがうというのだろうか？　脊柱は頑丈な構造だが、身体のどの部位よりもたくさんの筋肉や腱がつながっているので、分厚い筋肉に負けてしまうのではないだろうか？　その筋肉が短くなっても、立ち上がれば伸びてくれるのでは？

最後に、仕事場で座りつづけているせいで腸腰筋が短くなるのだとしたら、どうして上腕二頭筋は短くならないのだろうか？　可動域はどちらもほぼ同じである。椅子から立ち上がるとき、腕は難なく伸ばすことができる。腸腰筋はどこがちがうというのだろうか？

それでも身体に問題が起こっているのは間違いない。現代の社会では骨盤前傾斜はありふれた症状で、街の大通りでどんなに空いているどんな時刻に見ても、骨盤が前に傾いている人を目にする。そういう人は、いつも座りっぱなしのせいで周辺の筋肉組織を使っていないのだろう。一日中身体を伸ばしていないせいで筋肉が異常に収縮しているからではないのだ。

股関節屈筋群に何の問題もない人にとってはこれで話は終わりだが、ストレッチや筋トレをしても腰痛が治らない人にとっては、これでは問題は解決しないし、しかもそういう人がほとんどだ。

一九六〇年代から七〇年代、機械自動化の明るい未来に踏み出したオフィスワーカーの身体を、座ってばかりの仕事がむしばみはじめて、いまでも私たちに悪影響を与えつづけている。その一部は間違いなく骨盤前傾と下部脊椎の前彎が原因だが、真犯人は座りつづけていることである。座ること自体ではない。座り方でもない（長時間座りつづけるのに適した正しい姿勢などというものはない）。じっと座りつづけていることこそが、身体全体の健康にもっとも大きな影響を及ぼしているのだ。

骨盤が前方に傾いているからといって、必ずしも生体力学的な不調から慢性痛につながるとはかぎらないが、骨盤の可動域が狭くなっている可能性は高い。人間の正常な歩行サイクルでは骨盤は前にも後ろにも傾くので、長時間座っていると効率的に歩く能力が損なわれるだろう。

仕事などでつねに座りつづけていると、日々の正常な身体の動かし方が乱される。座っていると、筋肉が短くなるというよりも、身体が弱くなって動きが単調になるのだろう。本来の身体の動かし方をめったにしないため、帰宅すると、ごく自然だったはずの動きが奇妙に感じられてぎこちなくなる。動きの最初と最後は頭のなかでわかっているのに、その途中のステップがなぜかさっぱりわからなくなるのだ。

座りっぱなしは死を招く

身体を動かさない習慣、あるいはもっと具体的に、座りっぱなしの習慣に関する科学的研究が、近年になって増えている。そして研究の蓄積によって、座りっぱなしがいくつもの重大な死因と強く関係していることが示されている。二〇一四年にイギリススポーツ医学ジャーナルに掲載されたある論文には、次のような記述がある。[2]

座っている時間は、有害レベルの腹囲、BMI、トリグリセリド、HDL－C［「善玉」コレステロール］、インスリン、HOMA－IR、HOMA－%B、食事二時間後のグルコース［β

細胞の機能、インスリン抵抗性、空腹時の血糖値を測定する方法」と有意に相関があったが、血圧やグルコースレベルとは相関がなかった。集団ごとの解析によると、座っている時間との相関がもっとも高かったのは、社会経済的に下層および中層の集団と、毎週運動をしていないと答えた人における心血管代謝のリスクファクターだが、性別や人種によるちがいはほとんどなかった。

いつも座っている人にとってはかなり嫌な話だ。

二〇一〇年にアメリカ疫学ジャーナルで発表された別の研究でも、「座っている時間と全死因死亡率の高さとの正の相関は、いくつかの要因で説明できる」ことがあきらかとなっていた。[3] それを裏付けるように、右に挙げたイギリススポーツ医学ジャーナルの論文では、次のように結論づけられている。「［四五六〇人の被験者において］座っている時間の自己申告値は、ほかのリスクファクターにかかわらず、アメリカ人の代表的サンプルにおける性別や人種にわたって一貫して、心血管代謝の有害なリスクファクターと相関していた。座りすぎていることが公衆衛生上の懸念であることは間違いない」。

アメリカではここ四〇年で、２型糖尿病（座っていることと強い相関がある）の患者数が、四〇〇万人以下から、人口の一〇パーセント近い二〇〇〇万人を優に超える数にまで増えている。たった数時間、背もたれに身体を預けるだけで、いわば冬眠のような状態になる。それはよいことのようにも聞こえる。冬眠するのは自然なことなのでは？　スカンクかマーモットだったら確かにそうだろう。冬眠は、食糧が不足して生命の危機にさらされたときに生き延びるための行動である。動物は冬眠すると、代謝を大幅に下げてエネルギーを脂肪として蓄える。

クッションに二時間腰掛けるたびに、血流が減って血糖値が下がり、糖尿病や肥満や心臓病のリスクファクターとなる。その結果、一日の運動量の基準を満たしている成人でさえ、リスクが高まりかねない。二〇〇七年に糖尿病の専門誌に掲載された論文によれば、たとえ一気に運動しても、長時間座っていると、正常な代謝が損なわれかねないという。[4] クイーンズランド大学労働衛生学部が二〇〇九年に行なった研究や、[5] そのほかの数々の研究でも、同様の結果が得られている。運動をするとある程度のメリットはあるが、長時間座っていることによる悪影響を埋め合わせるのには不十分である。それはちょうど、定期的にサッカーをしながらたばこを一日二〇本吸うようなものだ。

これらの研究から得られる教訓として、学校でも職場でも、一定間隔で、または一日を通して、身体を動かしている必要がある。長時間座っているのはただ運動していないということだと広く誤解されているが、実際にはまったく別物である。たとえ運動をしていても、何時間も座っていたら、身体を動かしていないのと同じことになってしまうのだ。

どんな会社でも役員会議室には大金がつぎこまれている。アーサー王のキャメロット宮殿と同じように、大きなテーブルは権力と富と成功の象徴で、その席に着くのは会社や組織の騎士に任ぜられたようなものである。しかも、めったに座られることのないその椅子は、一脚あたり何百ポンド（何万円）もする。この調度品一式が、その場でテーブルを囲んで下される重要な決定を象徴している。しかし、そうした会議に定期的に座っている人たちは、早死にすることにもなる。これ以上身体をむしばまれる前に、足を洗うべきだ。

もちろん一日中運動している必要はないし、ジムやボクササイズのレッスンを受けながら会議を開く必要もないが、着席ではなくて立ったままで会議をする必要はある。立ったまま会議をするメリットとしてもう一つ、かなりありがたいのが、会議がずっと短く効率的になることだ。

おそらく本当の問題は、座りっぱなしが病気の一つだとは受け止められていないことだろう。医学的にいえば確かに病気ではないが、座りっぱなしは数多くの病気の主原因である。西洋ではここ数十年で喫煙者の数が急激に減っていて、その理由としてもっとも考えられるのは、たばこの健康リスクに関する知識が人びとに広まったことだろう。痩せているから喫煙しても病気にならないなんてことはない。それと同じことが、身体を動かさないことにも当てはまるのだ。

二〇〇九年にサウスカロライナ大学で行なわれた研究では、「いつも座っている正常体重の成人は、有酸素運動をしている体重過多または肥満の成人よりも、心臓血管疾患関連死のリスクが高い」と結論づけられ、座りっぱなしで痩せているよりも身体を動かしているほうが健康であることが示された。[6]

座っていることにはいろいろな危険がともなっていて、そのリスクについて人びとがもっと知れば、それに関連する何百万もの死の一部は防げるかもしれない。

座りっぱなしという病気は気づかないうちに死を招くもので、いくつかの研究で気がかりな結論が示されている。二〇一〇年にアメリカがん学会が行なった、座っている時間と肉体活動のレベルやタイプとの比較を行なった研究では、いくつか信じがたい結果が出た。身体を動かさない（一日六時間以上座っている）女性は、座っている時間が一日あたり三時間未満の女性に比べて、調査期間中に死ぬリスクが九四パーセントも高かったのだ。[7]

二〇一二年にアメリカ疫学ジャーナルで発表された研究は、座りっぱなしと早期老化との関連性をあきらかにした。[8]この研究で調べられたのはテロメア。染色体のいわば保護キャップとして働いていて、年齢とともに徐々に短くなり、細胞の老化の指標となるものである。研究の結果、七八一三人の被験者のうち一日一〇時間以上座っている人は、テロメアの長さが有意に短く、生物学的には八年ほど歳をとっていることがあきらかとなった。そして、「多少身体を動かすだけでもテロメアが長くなるかもしれない」と結論づけられている。

私はこの章を書きはじめたころ、ふつうに椅子に座って調べ物をしていた。しかし、四五歳から六四歳の人のうちいつも座って仕事をしている人（まさに私のこと）は、引退後に老人ホームに入る割合が四〇パーセント高いということを知って、すぐにトレッドミルで歩きながらｉＰａｄで文献を読むというやり方に切り替えた。

現代の新たな労働階級であるサービス業労働者や知識労働者は、有害で危険な環境に知らず知らずのうちに身をさらして、ＤＮＡの発現のしかたを変え、あらゆる身体異常や病気に突き進んでいるのだ。環境はさまざまな形で大きく変化してきた。農業革命の初期、知識労働者の数はもちろんゼロだった。一八世紀から一九世紀にはその数がごくゆっくりと増えはじめた。二〇世紀初頭、イギリスの労働者のうち知識労働者およびサービス業労働者はわずか一〇パーセントほどだったが、いまでは八〇パーセントに近い。成人だけでなく、いつも座っていなさいとしつけられる子どもにとっても、運動だけでは身体の問題は解決しないのだ。

子どもを外に連れ出して自由気ままな教育を行なう教師は、創造的で革新的だとも、あるいは世間知らずで子どもを甘やかしているとも見られるが、学校で子どもを座らせていなければならない理由は何もない。トレッドミルを勉強机にするのが解決法だとは思わないが、実践できる方法はいくつもある。

アメリカ中西部の学校のなかには、試験的にエアロバイクを勉強机にしているところが何校かあって、思ったよりも普及している。ただ人間工学的に難があるので、読書などの受け身学習以外の目的で採り入れられることはないだろう。数年前、ノースカロライナ州のある小学校が試しに「漕ぎながら読む（リード・ライド）」時間を設けたところ、いくつかおどろきの結果が出た。大半の時間をこのプログラムに費やした生徒は、そうでなかった生徒に比べて、学年末時点での読書熟達度が四二パーセントも高かったのだ（各生徒はプログラムを受けるかどうかを自分で選択したので、これは科学的な結果とはいえないが、改めて適切な調査を行なう価値はあるだろう）。このプログラムにはほかにもいくつかメリットがあった。生徒どうしで競走しあう必要がないため、体重過多の生徒も、自分は遅いとかビリになるとかと心配する必要がなかった。走行距離も測らなかったし、いつでも好きなときに休んでかまわなかった。

立った状態で使う立ち机も、解決法として有効かもしれない。一日を通じてカロリーの消費量が増えるし、しかも生徒（そしてもちろん労働者）の集中力も長時間続く。生徒四八〇人と教師二五人を対象としたある調査では、このような机を導入して、生徒には立っているよう促しながらも、スツールを用意しておいて休みたいときには座れるようにした。調査を行なったテキサス農工大学環境労働衛生学科のマーク・ベンデンが、のちに教師に面接したところ、生徒が集中できる時間が大幅に延び、また高学年よりも低学年のほうが抵抗が少なかったことがあきらかとなった[9]。すでに何年も学校で勉強している子どもの場合は、従来の勉強方法のほうがやりやすかったのかもしれない。

産業革命の遺産「腰痛」

若いうちに座りっぱなしの習慣が身についてしまうと、将来どんな問題が溜まり溜まっていくのだろうか？　学校を出てすぐにオフィスやコールセンターで働きはじめるのは、思ったよりも多少リスクが高いかもしれない。みなさんはすでにお気づきだろうが、腰痛は世界的な問題である。一九世紀、肉体労働者の怪我の多くは、その場で瞬間的に起こるものだった。現代の腰痛はそれとはちがって、もっと慢性的でしつこい。腰痛を訴える人が二〇世紀までと比べて増えているのはほぼ間違いないが、報告される患者数の推移はさほど単純ではない。

いくつかの国（ボリビア、インド、メキシコ、ポルトガル、ベトナムなど）では最近まで、腰痛を訴える人はごくわずかだったが、これらの国も、腰痛が身体障害の第一位であるという世界的傾向に急速に追いつこうとしてる。

アメリカでは、腰痛によって年間一〇〇〇億ドル（一〇兆円）程度のコストがかかっていると考えられる。このような値を踏まえると、低所得の国よりも高所得の国のほうが腰痛の問題は深刻だと考えられるが、統計値にはノイズがかなり多い。世界中のほぼすべての国で腰痛の影響が増えていると報告されているが、では実際に増えているのは何だろうか？　痛みなのか、それとも、医療費、痛みを訴える件数、負傷の件数、休業日数なのか？　それぞれ別の事象だし、要因も互いにちがう。これらの統計値は解釈が難しいし、科学を持ち出してきてもあまりクリアにはならない。

一九世紀の人びとは、重い肉体労働の職業訓練を受けることなどなかった。ものを持ち上げる基本的テクニックを教える人などいなかった。いまではそのような訓練は確かにあるが、たいして役に立っていないように思える。一八二七件の調査に基づく大規模分析では、次のような結論が得られている。「肉体労働の訓練は、腰痛や腰の怪我を減らすのにはほとんど効果がない。優先すべきは、多面的な対処法を開発して吟味し、産業界に合わせた、筋力と柔軟性を高める運動トレーニングを採り入れることである」[10]。

ものを持ち上げるテクニックが原因でないとしたら、真の元凶は何だろうか？

ここまで人新世をたどってきてわかったとおり、腰痛は一九世紀の座りっぱなしの習慣とともにはじまったらしいが、オフィスワークが一般的になってからそれが、生卵を割ってフライパンに落としたときのようにあらゆる人のあいだに広がっている。

アメリカだけでも、職場での腰の怪我が毎年一〇〇万件以上発生している。負傷率がもっとも高いと報告されているのは、トラックドライバー。長時間身体を動かしていない状態からすぐに重い肉体労働をするという、もっとも悪い組み合わせを負っている人たちだ。ほかにリスクの高い職業は、看護師、肉体労働者、清掃員である。おどろくことにこれらはすべて身体を動かす職業で、一見したところオフィスワークよりも健康なはずに思える。しかし一つの職業に慣れるには数年かかるもので、たとえば看護師の場合、もっとも頻繁に腰痛になるのは見習いである（一九世紀の港湾労働者でもそうだっただろう）。清掃労働を生涯の仕事にする人はほとんどいないし、清掃員として雇われるのはあまり高度な作業に適していない人だ。トラックドライバーは、長時間座りつづけている合間に時折重いものを持ち上げる。解決法はあきらかだろう。腰の怪我を防ぎたければ、家にいることだ。

しかし何もしない人は、ますますひどい目に遭うらしい。

北アメリカでは、低所得地域や中所得地域よりも高所得地域のほうが、腰痛を患う人が八パーセント多い。その半数以上は、一日中座って仕事をしている。贅沢な生活をしていても、背中や腰には必要なことをしてあげていないのだ。

おどろくことに、腰痛にはいまだ謎が多い。筋肉の痛みであることがもっとも多く、椎間板の異常と椎骨の異常が同率第二位であると専門家は自信を持っていうが、一人ひとりの患者についてそのうちのどの部位が原因なのかを特定するのはなかなか難しいのだ。

ブリストル大学のマイク・アダムズ教授は、一九七〇年代から腰痛の研究をしていて、その経験の広さと深さに太刀打ちできる人はほとんどいない。アダムズによると、椎間板がダメージを受ける原因にはおもに、負傷と疲労（自己修復の能力が負担に追いつかない）の二つがあるという。

大きな問題の一つが、脊柱の内部や周囲の構造が複雑なことである。筋肉は飛び抜けて代謝活性が高いため、傷ついても数日単位で治る。骨や腱は代謝産物の供給が少ないため、治るまでに数週間、場合によっては数カ月かかる。脊柱にたくさん付いている軟骨は、傷つくと修復に数年かかる。一方、アダムズによれば、椎間板のコラーゲンがすべて置き換わるのにかかる時間は二〇〇年と概算されているという。椎間板はある程度独立した構造体で、あまり血流が届かないため、効率的に治癒することができない。時間とともに損傷が修復のペースをどんどん上回って、疲労が蓄積していくのだ。

そのため、若い人は活動的でいることがとくに重要で、それによって疲労と負傷への耐性が高まる。中年や老年になってからの自立した生活には、筋力が欠かせない。老年期に身体を動かさないと、ほぼ確実に早死にする。子どものころや青年期のほうが筋力を付けるのはかんたんで、それ以降は筋力は衰えていく。

おもしろいことに、筋力が衰えるスピードは、もともと筋力があったかどうかにかかわらずほぼ同じである。プログラマーだろうがウェイトリフティングのオリンピック選手だろうが、ピークに達してから徐々に衰えていくのはどうしても避けられない。しかし三〇歳以降でのグラフの傾きは、ピークの高さに関係なく同じである。そのため、人生の前半をいつも座ったまますごした人は、ピークの低いところからスタートして、すぐに筋力の限界値（自分で風呂に入ったり便器から立ち上がったりできるレベル）を下回ってしまうことになる。

アダムズは、「筋肉にかぎっては、傷つくまで酷使しろ。骨のためには、若い人なら『うーん』とうなるくらいまでウェイトトレーニングをしろ」と勧める。ただし、中年になったらもっと注意が必要だという。「四〇代に入ったら、脊柱に絶え間なく激しい負荷を掛けたくはない。四五歳くらいをすぎたら、いちばんに考えるべきはスポーツの成績ではなく、怪我、とくに軟骨と椎間板の怪我を避けることである」。

成人してからもそうだが、とくに若いころに身体を動かさないと、将来に向けて大きな問題が蓄積していくのだ。

立ち机は解決法になるのだろうか？　かなり売れ行きがよくて、それにはれっきとした理由がある。学校やオフィスでの利用に関する研究によって、心理的にも生理的にもメリットがあることが確かめられている。二〇一八年前半にヨーロッパ予防心臓病学ジャーナルに掲載されたある論文は、立ち机が一日のカロリー消費量にどの程度寄与するかを定量化することを目的とした。その答えは、立ち机に替えると一年で体重が二・五キログラム減るというものだった[11]。しかし話はそれだけでは終わらない。

慢性的な腰痛を抱えている人のおよそ半数は、おそらく椎間板の何らかの異常が原因で、残り半数はおそらく椎間関節の問題である。椎間関節とは椎骨が積み重なっている部位のことで、腰や膝と同じくすべりのよい滑膜関節である。椎骨一つごとにこの椎間関節が二つあるため、全体で五〇カ所を超える。

アダムズは次のように説明している。「四〇歳以上の人の九〇パーセントは、一つ以上の椎間関節に変形性関節症がある。骨関節症にかかりやすいのは、もっとも負荷のかかる下部腰椎と頸椎である。椎間関節が悪くなると、関節痛が起こってその痛みが何年も続く。椎間関節は荷重を支えるような構造にはなっておらず、後ろに曲がりすぎたり、横に曲がりすぎたり、回転しすぎたりしないようにしているだけだが、椎骨どうしのあいだの椎間板が薄くなると、圧力に抵抗するという力学的な役割が椎間関節に押しつけられる。早歩きをすると、腰椎のカーブがまっすぐになって椎間関節の屈曲がわずかに強まり、それだけで椎間関節が離れやすくなる」。

直立しながら激しく動くと、腰部の前彎（前方へのカーブ）が強くなる。すると脊柱の外側の負荷が大きくなって疲労が起こり、さらに進むと慢性痛の原因になる。このような腰痛を持っている数千万人のうちの一人（私もそう）だったら、立ち机はむしろ症状を悪化させかねない。

オーストラリアのカーティン大学で最近行なわれた、二〇人を対象とした小規模な調査では、立ち机を使用すると腰と脚の痛みが「著しく」悪化することがわかった。[12] 立ち机の多くを製造してきたメーカーは、いずれ訴訟を起こされる恐れがあるかもしれない。立ち机に関する研究はまだあまり多くなく、現段階では万能薬といいきることはできない。

初期の工場労働者が行なっていたような作業と立ち机はどこがちがうというのだろうか？

もっと身体によさそうなのは、一日のあいだに姿勢を変えることのできる調整可能な机である。立ったり座ったり、読むときには机を高くしてもたれかかったり、机を低く下げて、椅子に深く座って足を載せたりできる。いろいろな姿勢をとれるところがポイントだ。しかしもっとずっと重要なのは、週四〇時間から五〇時間も一カ所にいなければならないような仕事に就かないことである。

多くの事柄と同じく腰痛も、産業革命によって私たちに手渡されたバトンのようなものではないだろうか。しかし、当時の人がそれをはじめて後世に伝えた一方で、私たちはそれを一般大衆に広めてしまった。一九世紀には腰痛は上流階級の専売特許だったようだが、それを私たちは誰にでも手の届くものにしてしまったのだ。

人新世の病

はたして腰痛は、ＭＲＳＡ〔訳注：抗生物質の効かない病原菌〕や結核やＨＩＶと同じように、医療システムのなかで広まっていく病気なのだろうか？

あらゆる腰痛のうち、骨折やがんや神経疾患などの深刻な病気が原因なのは、おそらく一パーセントにも満たないだろう。患者の約二〇人に一人は、椎間板ヘルニアなどの症状と確認できる。しかし残りの九四パーセント（当てはまるのは数億人単位）は、医学的に診断可能な異常がいっさい見られない。それはおもに、腰痛の正確な診断がとても難しいためである。身体の奥深くに埋もれているし、脊柱には一〇〇を優に超える靱帯や腱がつながっている。まさに筋肉のエコシステムのようなものだ。

腰痛をやわらげる方法として、体幹をまっすぐにすること、人間工学的な処置、立ち机、日々の活動で筋肉を張る癖を身につけることなど、さまざまな解消法が提案されているが、いずれも科学的な裏付けはほとんど、あるいはいっさいない。

さらに困ったことに、腰痛に悩んでいる人を相手に、費用がかかるが効果の小さい処置がいくつも行なわれている。ＭＲＩスキャン、理学療法、針治療、鎮痛剤はいずれも、効果がかぎられていることが証明されている。

さらに、腰痛はむしろ医原性（医療自体が原因）の疾患であって、医療システムによって悪化するものかもしれないという証拠まである。イヴァン・リンは、かつては慢性的な腰痛の影響と無縁だったと思われるオーストラリア先住民を対象に、ある調査を行なった。[13] リンは次のように説明している。「アボリジニは、この病気にひどく苦しめられていながらも、文化的信念によって、慢性的腰痛が引き起こす障害からは守られていたという点で、独特の集団である。ある研究によると、オーストラリア中部辺境のあるアボリジニ集団では、慢性的腰痛の罹患率が高いにもかかわらず、慢性的腰痛による影響は小さく、疼痛行動はほとんど観察されなかったし、人びとも治療を求めなかったという」。

この研究では、調査対象者のほとんどが、自分の痛みは「脊柱の構造的または解剖学的な傷つきやすさ」のせいであると訴えた。「そう信じたのは、健康管理医のアドバイスと、脊柱の放射線学的画像診断の結果のせいだった。より障害のある人のほうが、ネガティブな結果を信じて将来を悲観する割合が高かった。逆にあまり不自由でない人は、健康管理医とのやりとりにはなかったポジティブな考えを信じていることが多かった」。

腰痛は心身症ではないが、ストレスが痛みのシグナルを強め、また身体を動かさないことが腰痛と強く関係していることを示す圧倒的な証拠がある。

そのような証拠を踏まえると、身体を動かして活動的になり、自分の筋力や能力にポジティブな感情を持つことは、腰痛を治す上でどんな手術や医療処置よりもずっと効果的だろう。

ヨガにもピラティスにも、痛みを軽減させることが知られている活動を促す効果がある。森のなかの散歩と同じように、身体を動かしていくつもの関節を使わせることで、ストレスが減る。しかも、一人ひとりが自分で行なう。ヨガが気に入ってよさそうだと思った人には、ヨガが合っている。そうでなければ、似たような効果のある別のことを試せばいい。

ウォーキングはつねに魔法の特効薬である。何百万年も昔に草原で暮らしていた人たちとのつながりを感じ、人間であることのあらゆる側面に効く。脊柱の前湾の負担を減らし、椎間板の健全性を促す。椎間板が分厚くて健全であればあるほど椎間関節は保護されるので、これは重要である。そして何よりも重要な点として、座っていては歩くことはできない。誰でもわかるとおり、長時間じっとしているのはどんな人にとってもよくないことなのだ。

腰の構造の起源ははるか昔、五億年以上前にまでさかのぼるので、これからの未来への備えはできていない。ある特定の環境にとって理想的なものになるよう、ゆっくりと時間をかけて進化してきたのに、その環境を私たちはほぼ丸ごと変えてしまったのだ。

一九世紀、脊柱の異常や腰痛は、エドワード・ダフィンなど何人かの人が記録を残してはいるものの、数千億ドル（数十兆円）の医療費を食い潰したり収益を奪ったりするような世界的な身体障害ではなかった。存在していたことは間違いないが、労働がいまよりも過酷で肉体を駆使するものだったにもかかわらず、腰痛は比較的稀だった。当時は医療をあまり受けられなかったため、腰痛が医原性になる機会はかぎられていた。また、痛みや身体障害に対する考え方もちがっていた。一九世紀の多くの人は、座りっぱなしで仕事をしている現代人よりも身体が強かったはずで、人新世の人間よりも生体力学的なストレスへの耐性は高かっただろう。

こんにち、低所得の国々の肉体労働者は西洋のほとんどの工場労働者よりもきつい仕事をしているが、彼らの腰はうまく適応しているように思える。座りっぱなしの労働者が持ち上げるもののなかでもっとも重いのは、自分の上半身で、約三〇から五〇キログラムある。

未来に備えて背中の構造を進化させたいのであれば、ある事実を受け入れる必要がある。ほとんどの人は、働き方を完全に変えるには人生を一変させるしかないのだ。そんなことができる人、したい人がどれだけいるだろうか？

仕事のしかたを変えられれば、草原で暮らしていた人たちとの結びつきを強くすることができる。ＤＮＡはいまでも、彼らのようになりたいと必死で願っているのだ。

腰痛は身体障害の原因として世界的にもっとも重大だ。医療システムが中程度の症状を悪化させて慢性化させているのかどうか、大きく変化した労働環境が身体障害の可能性を高めているのかどうか、いまだに最終的な結論は出ていないが、どちらもおそらくはそのとおりだろう。そしてどちらについても、その真犯人は私たちが作ってきた環境である。座りっぱなしの習慣が世界的に広まったのに合わせて、腰痛も世界的に拡大したというのは、けっして偶然ではない。現時点で腰痛の解決法としてもっともよいのは、特別な職業訓練や立ち机、ストラップで止めるコルセットや姿勢に関する難解なアドバイスではない。人びとが必要としているのは、脊柱を身体の動きや定期的な利用に慣れさせることである。二〇世紀、工場の代わりにオフィスビルが建ちはじめ、椅子が繁殖力の強い細菌のように普及しはじめるにつれて、定期的に身体を動かす機会を得るのが難しくなっていったのだ。

ランニングシューズはギプスと同じ

オフィスビルが高くなって何十年も時代が下るにつれて、私たちの足のアーチも潰れていった。肉体労働が座りっぱなしのオフィスワークにとって代わられ、新しいライフスタイルが次々に現われた。そして、古代ギリシャ人からイギリスの地主階級に至るまで、何百年ものあいだ富裕階級の領分だった肉体運動が、大衆に影響を及ぼすものになった。一九六〇年代から七〇年代にはジョギング革命が徐々に起こりはじめ、八〇年代には女優ジェーン・フォンダのエアロビクスビデオに感化された人たちが、リビングで足を高くふり上げては筋肉痛になった。

工場にとって代わったオフィスビルは確かに清潔で安全だが、天井じゅうにとり付けられた蛍光灯の光が当たらないファイリングキャビネットの裏には、不健全の脅威がいまだに潜んでいる。オハローⅡ遺跡で見つかった、穀物の茎を利用したマットレス以来、私たちは快適さを追求する動物種でありつづけてきた。その快適さの一例を見つけるために、私はブライトンのコーヒーショップの席に座って、窓越しに手っとり早く観察してみた。通りすぎた二〇人のうち、一人はブーツを、三人は革靴を履いていたが、残り一六人はみなトレーニングシューズを履いていたのだ。

一九世紀、ランニングシューズはめったに見かけるものではなかった。アスリート専用の靴だったが、必死で探せば見つけることはできた。いまと同じくとても高価だったが、デザインはまったくちがっていた。軽くて柔らかいが、衝撃を吸収する機能はいっさいなく、まるで紙のように手で丸めることができた。重さは約二八グラム、革製の靴下を短く切ったような姿だった。一九世紀末になるとある目ざとい人が、クリケットの膝当てや靴底のなかに圧縮空気を入れる方法の特許をとった。しかし本格的な商品化には至らなかった。さらにいくつかの企業がスポーツシューズのアイデアに便乗して、一九一七年にコンバースが登場したが、最初は靴底は薄かった。二〇世紀半ばから後半になってようやく、クッションの利いた靴が出回りはじめ、それがやがてナイキ・エアなどのトレーニングシューズに進化した。

二一世紀になると、トレーニングシューズ市場は推計五五〇億ドル（約五兆五〇〇〇億円）、小規模や中規模の国のＧＤＰに匹敵する規模にまで成長した。誰もが愛用していて（私もちょうどいま履きながらこれを書いている）、市場調査によると、購入者のうちスポーツや運動競技に使うつもりで買った人はたったの二五パーセントだという。

ここ四〇年でトレーニングシューズは、身体を支える役割さえも引き継ぐまでになった。いまではランニングシューズを買うのは、ネットがつながらずに誰かにやり方を聞くのとさほど変わらない手間がかかる。

あらゆる用途や目的に合わせてデザインされた靴がある。舗装道路用か、がれ場を歩くためか、山道用か、マラソン用か？　裸足感覚か、競走用か？　足の動きに合わせて変形するか、クッション性が高いか、自然な感じか？　扁平足用か、甲が「高すぎる」人用か？　甲の高さが「ちょうどいい」足用か？　自分に合わない靴なんてたくさんある。二〇一六年にエクセター大学の生体力学の専門家ハンナ・ライスが発表した研究によると、クッション性の高い高価なトレーニングシューズで走っている人は、怪我のリスクが高い傾向がある。おそらく購入者は新しい靴が怪我を防いでくれるだろうと信じていて、そのせいで「走っているときの負荷率が変わる」のだという。[14] しかし、身体を支えてくれるのは当然よいことなのでは？　一九世紀に機械を操作していた少年少女にとっても、ありがたい品物だったはずではないだろうか？

何かに身体を支えてもらうことも、ときには必要となる。ハーヴァード大学の世界的に有名な生体力学専門家イレーヌ・デイヴィス（ライスの元共同研究者）は、首のギプスのたとえを使って説明している。事故に遭って首を痛めたら、治るまで頭の動きを制限して支えるために、しばらくのあいだ首のギプスを付けている必要があるかもしれない。しかし、もしずっと付けっぱなしだったら、どうなってしまうだろうか？　首の筋肉が萎縮してしまうだろう。そうなってから首のギプスを外しても、また一生付けっぱなしにするしかないと気づくのが落ちだ。足の支えにも同じことがいえる。足の働きを外部の器具に肩代わりしてもらったら、正しい刺激を与えないかぎり足は弱くなってしまうのだ。

人間の足の大きさは、食事や身長のせいで多少の増減はありながらも、何千年ものあいだ比較的一定だった。ところが二〇世紀あたりから大きくなりはじめ、ここ四〇年だけでも二サイズ分大きくなっている。一九六〇年代にはアメリカ人女性の足の平均サイズは六・五（日本サイズで二四・〇）だったが、いまでは八・五から九（日本サイズで二六から二六・五）。[15] 平均体重による影響もあるが、おどろくことにそれだけではない。足のアーチが潰れて扁平足になっているせいでもあるのだ。

二〇一七年にインド人の男女五〇〇人を調査したところ、扁平足の人の割合は約一四パーセントだった。以前の一九九二年の調査では、四歳から一三歳の子ども二三〇〇人において、「靴を履いている子どものうち扁平足なのが八・六パーセントだったのに対して、靴を履いていない子どもでは二・八パーセントだった」[16]。

二〇一七年の別の調査では、次のような結論が示された。「つねに靴を履いていることで、すべての年齢層が、足のアーチ高や母指の角度の減少など、足に関係する著しい影響を受ける。これらの結果が示しているとおり、つねに靴を履いていることは子どもや青年の足の成長に影響を与える。したがって、裸足で育てることは子どもの足の成長に重要な役割を果たすようで、運動学習や晩年の健康に長期的な影響をもたらすと考えられる」[17]。

現在、アメリカにおける扁平足の人の割合の推計値にはかなりの幅があって、三〇パーセントや、さらには五〇パーセントという推計値まである（一〇パーセントの人が、足の支持組織の一部が切れてかかとが痛む、足底筋膜炎を患っている）。最大で一億五〇〇〇万人の人の足が平べったくなってしまっているのだ。

これらの統計値に追い打ちをかけるかのように、平均体重もまた増えつづけている。活動レベルが低いと体重が増え、それによってさらに活動レベルが下がるという悪循環になる。そしてその両方が足にとってよくない。

家が崩れたら基礎を掘り起こしてもっと強いものに替えるが、人間の身体は、つねに支えてもらっていることには必ずしもうまく対応できない。身体を支える靴は、ギプスと同じく回復を助けるために短期間だけ使うべきだ。そしてそのあいだは、足の内在筋や腱や靱帯の機能を元に戻す運動をすべきだ。

これと同じことが、人工的にかかとを高くしたほぼすべての靴にも当てはまる。平均的なランニングシューズでは、かかとが一五ミリ高くなっている。かかとを高くするとクッション性が増して歩幅を大きくすることができ、また強く着地しても気にならないため、かかとから着地するようになる。かかとを高くすることで、歩くスピードも上がるし遠くまで歩けるようになるのだ。

身体が十分に守られていると、いちいち気を遣わなくても環境に対処できる。中世の多くの人が履いていた革のブーツ（分厚い靴下とほぼ変わらない）のように、支えのない靴を履くと、着地するのは足の中央で、かかとと指の付け根の膨らみが同時に地面に着く。スピードは遅くなるが安全だ。チョーサーの『カンタベリー物語』（岩波書店ほか刊）で、巡礼者がサザークからカンタベリー大聖堂まで八〇キロも歩くことができたのも、きっとそのためだろう。

私たちが作ってきたこの世界には、適度なクッション性のある靴が合っている。ここ二〇〇年でコンクリートが普及したことで、公共の場を裸足で歩くのは難しいか、または完全に不可能になっているのだ。裸足が文化的なタブーになっているのも奇妙だ。身体のことを考えると、靴を履かない時間をもっとずっと増やしたほうがよいだろう。

「すべてを動かさなければならない」

では、足のためにできることは何だろうか？　いま私たちがどんな人間になっていて、何に耐えているのかについて、足の状態からどんなことがいえるのだろうか？　かんたんに答えるなら、「かんたんな答えはない」となる。よくない状態にあるのはあきらかだが、ちょっとした筋トレやストレッチでよくなる程度なのだろうか？　やって悪いことはないが、足やその動き、そして身体全体の構造にとってそれがどれほど重要なのかを、もっと知る必要があるだろう。

ゲイリー・ウォードは、身体の動きの専門家、身体構造の理論家、そしてクローズトチェーン生体力学（身体の力学的構造の連携を詳細に調べる分野）のパイオニアである。あるテレビに出演した翌朝、ウォードは自分が有名人になっていることに気づいた。数時間の番組のなかで、二〇年以上ひどい腰痛に悩まされていた患者を治したところ、ウォードの治療プログラム「動きの解剖学（アナトミー・イン・モーション）」の予約が

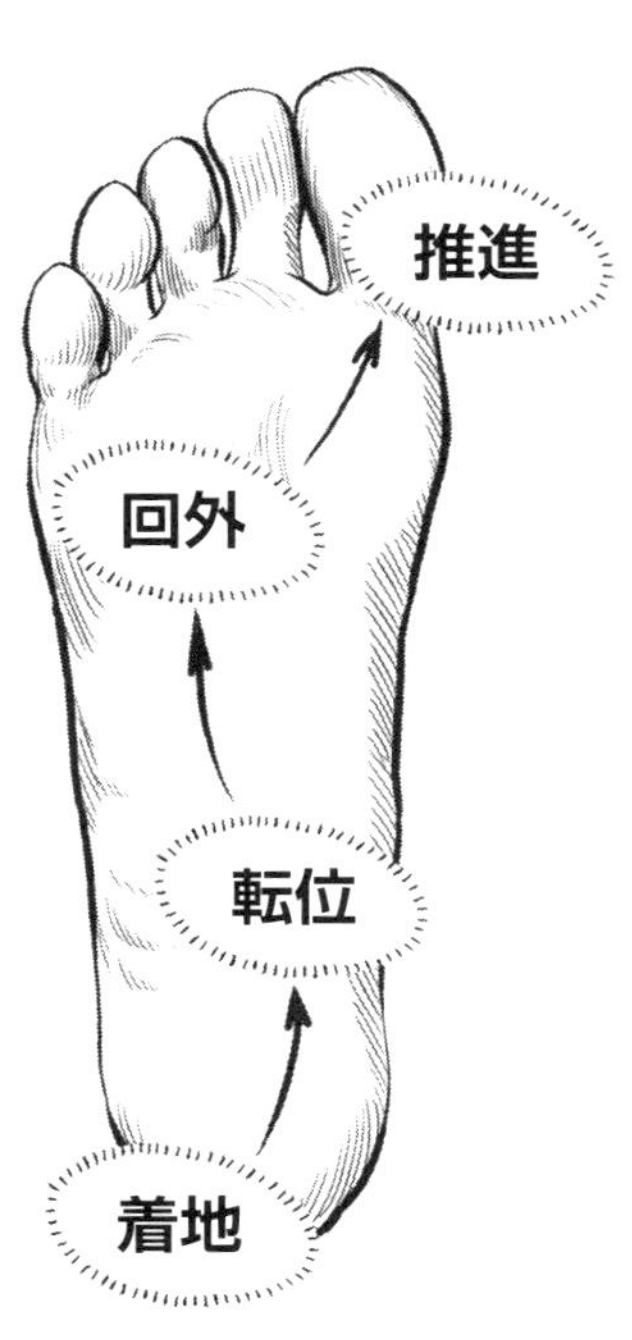

歩行サイクル中に足裏の表面を重心が移動していく様子。

三〇年待ちになってしまったのだ。番組へのこのような反響を見ると、いかに多くの人が痛みを抱えていて、どうにか治してもらいたいと思っているかがよくわかる。

ウォードによると、ほとんどの人は正しく歩けておらず、生体力学的な問題の多くは足からはじまるという。歩いている最中、身体の重心は足のさまざまな場所へ移動していく。まず、かかとが回外（後方外側が地面に付く）してから、アーチを利用するために回内し、それから再びつま先が回外して地面を離れる（右図参照）。

またウォードによれば、身体の問題の多くは、ほとんどの人が「足を反転させて腰や脊柱を伸ばすことができない」せいだという。反転とは歩行サイクルの最後の段階で、つま先が地面から離れるときに足が外側へ移動する動きのこと。走っている（または歩いている）最中、一方の脚が後方に来たときには腰が伸びる。脊柱が伸びるのは、昔からよい姿勢とされてきた直立姿勢と結びつくだろう。逆に現代生活の大部分は身体が屈曲した状態で、脊柱や肩が曲がっている。

多くの人は、足の回内（アーチのほうに向かって内側に回転すること）もよくないという印象を持っている。しかしこの足の回転作用は、骨自体の構造の形に由来している。踵骨（かかとの骨）の底部は平らでなく、地面と平行でもない。踵骨が傾いているおかげで、足が前方に回転して中央（身体の中心）に向かって移動し、つま先が地面を離れるときの推進力を、アーチ機構を使って補うことができる。そのためには、ちょうどぞうきんを絞るときのように、足の後ろ半分と前半分を互いに独立に動かせなければならない。

ウォードは次のようにいっている。「足の骨はすべて三次元の軸を持っている。どの骨も、前後左右どちらの方向にも移動するとともに、回転もできなければならない。そうすることで、中心を見つけて筋肉をすべての方向へある程度動かすことができる。中心だ。それがないと筋肉の緊張が増して関節が潰されてしまう」。

何か問題が起こると（よくあることだが）、一つまたは複数の関節の動きが少しだけ小さくなって、別の関節がそれを補い、その影響が閉じた連鎖のなかを伝わって、何か別のバランスに行き着く。足を踏み出すたびに、その変化のパターンが関節や筋肉、さらには神経系や脳に固定されてしまうのだ。このプロセスはおどろくほどあっという間に起こる。

ウォードによれば、二本の指を包帯で巻いて互いに動かないようにすると、「たった二時間ほどで脳は、それらの指を独立に動かせるという発想を失いはじめる。ギプスを六週間付けていたらどうなるか想像してみてほしい。外すころには、たとえばひじや足首の使い方を忘れてしまっているだろう」。

では、私たちの足に異常があるのは、このような環境、とくに靴に適応した結果なのだろうか？「なぜ足に異常があるのかと聞かれたら、それは身体に異常があるからだ！」。扁平足ははじまりにすぎず、その影響が身体の構造的な連鎖を伝わっていくのかもしれない。そこで、とくにアメリカやヨーロッパやオーストラリアといった先進国、そしてアフリカのいくつかの国（とりわけケニア）で広まっているこの異常について、ウォードに尋ねてみた。するとウォードは、身体運動の健康に関する単純な統計値を鵜呑みにしてはならないという。

「たとえば、三〇パーセントの人は足が正常で、七〇パーセントの人は異常だという統計があったとしよう。これは、三〇パーセントの人が生体力学的に正常な範囲内だという意味で、その範囲はたとえばレベル〇からレベル一六までである。問題は、仮に左足がレベル一五で右足がレベル一だと、骨盤を回転させたとき、一方の膝を伸ばすことができずに、脊柱が間違った方向に回転してしまうことだ。そういう姿勢になってしまう。数値なんて関係なくて、たとえ『正常』であっても、歩行のパターンに関して同じ問題が起こってしまう。だから、正常とは何なのかを疑う必要がある。足は正常でも、身体が正常とはかぎらないのだ」

身体の状態は環境に大きく左右される。身体が成長するなかで、転倒や打撲、転落やスポーツ時の怪我、さらには、産道から引っ張り出されたり帝王切開でとり出されたりしたときなどの激しい有害な身体的出来事一つひとつの影響が、動き方や姿勢のなかに刻まれていく。整骨医のなかには、母親の姿勢が胎児の生体力学に影響を及ぼすと考えている人までいる。

歩き方は指紋と同じで、人生のさまざまな経験に影響されて一人ひとりちがってくる。どちらもDNAのようなもので、生活や環境によってDNAが変化するのと見事に対応している。

足の姿勢は、生活スタイルに対応した生体力学的な戦略や意図によって作られ、つま先から順番に決まっていく。現代生活で足がほとんどの時間接しているのは、靴である。ウォードは、完璧な靴などという概念をこの世から一掃したいと願っている。しかし、「足に服従する」のが理想的な靴だとは考えている。問題は、九五パーセント以上の靴が逆に足を支配していることだという。だが、すでに動き方が異常になってしまっている人に、「裸足感覚の靴」は役に立つのだろうか？

「裸足感覚の靴［支えがいっさいない、軽くてしなやかな靴］は、歩き方を変えるのではなくて、その人の力学的なしくみのとおりに歩けるようにする。その力学が働かなくなったり、固定されたり、回内したり、動きの範囲が狭くなったりしたとしたら、本当に制約をかけているのは何だろうか？問題は靴なのか、それとも力学なのか？　裸足感覚の靴は、正しい動きを可能にはするかもしれないが、その力学的な戦略はすでにできていなければならない。本当によくできたテーラーメードの靴（昔ながらの仕立て靴）が歩きやすいのは、必要なあらゆる動きを足がすることができるから、つまり歩行に影響を与えすぎないからだと思う。しかしスポーツ店に行くと、ほとんどのトレーナーはいろいろな仕掛け満載の靴を売りつけてくる。衝撃吸収機構は、足の動きにとっては必要ないし、動きを促すこともないし（そもそもそんなことはできない）、ほとんどの場合は足の角度をおかしくしてしまう」

ウォードは、「靴は問題でもなければ解決法でもない」と感じている。生体力学的な機構が固まってしまった後ならそのとおりなのだろうが、成長の初期段階では、靴は現代生活が突きつけるさまざまな問題の一つだろうと私は強く思う。では、目指すべき解決法はどんなものだろうか？

「目標は、足の力学が最適な形で働くようにすること。つまり、骨や関節や筋肉が最高の働きをして、開いたり閉じたり伸びたり縮んだりすることで、前に進むのに合わせて足を、可動式の補助具のような状態（回内した状態）から、曲がらない梃子のような状態（回外した状態）へ動かすということだ。かんたんな解決法はないが、それぞれの構造が持っている本来の基本的な働きに立ち返ることに私は関心がある」。

足を強くしたり、足の指でタオルを丸める運動をしたり、かかと落としをしたりしても、足の正しい機能には役に立たないだろう。多くの人は足の親指を完全に伸ばす能力を失っているため、歩行サイクルの最後の段階である、つま先で地面を蹴る動作をきちんと行なうことができない。足の構造を強くしても、この機能を行なうのに必要な可動範囲をとり戻すのには役に立たない。必要なのは筋トレやストレッチではなくて、動かすことだ。一連の姿勢を連続してやれるようにすることで、推進、移動、運動という単純な動作に役立てることである。

何らかの問題が起こったときに身体は、一部がある程度機能するレベルにまで修復するだけで、もっとも効率的に機能するところまでは戻らないので、それによってアンバランスが生じてしまう。そのアンバランスはどこか別のところで補うしかなく、それが一連の動作のどこかに表れる。このような身体の修復戦略によって必ず痛みが起こるとはかぎらない。しかし痛みが起こったときには、その原因は、違和感のある部位から離れた別の場所にあるかもしれない。身体をまっすぐ立てるためには、当然すべてが連携していなければならない。もし連携していなかったら、立ち上がることすらできないだろう。

ウォードは、「す﹅べ﹅て﹅を動かさなければならない」といっていた。これは、骨や腱や靭帯、そして身体の支持と筋力の複雑な折り合いのことだったのだろうと思うが、それ以上具体的には教えてくれなかった。すべてを動かさなければならない。この概念は、動物界で生物種を分類する上で昔からいちばんの基礎となっている。私たちが脳を持っているのは、ひとえに動くためだ。人間の身体は、新たな脳細胞を作り、神経伝達物質の働きを高め、活力を与えることで、あらゆるたぐいの動きから恩恵を得ているのだ。

人間は何百万年ものあいだ、サバンナを放浪していた。その後、何千年ものあいだ、地面を歩いては耕作をしていた。ところが、たった数十年の座業革命のなかでしてきたことが、現代の私たちには当たり前のことのように思える。オフィスワークによって身体の力とパワーがひどく衰えたせいで、かつてなかったほど、またかつては予想できなかったほどのスピードで、身体の異常や病気が増えている。その結果私たちは、足を使う機会が人類の長い歴史のなかでおそらくもっとも少なくなっていて、たまに使うときでさえ「支え」に頼ってしまうのだ。

さらに、私たちの足が接する環境は、極端なまでに均質である。あらゆる場所がコンクリートやアスファルトで覆われていて、私たちは人工的に均した世界に暮らしており、しかも靴を履くことでますます楽をしている。その影響として、一歩一歩がほぼすべて同じになっていて、「本物の」大地を裸足で歩くときのように足の筋肉を伸ばしたり動かしたりすることがほとんどなくなっている。

こんにちの私たちは、自分の身体に本当に必要なことをほとんどしていないのにも気づかずに、一日一万歩（一歩一歩すべてまったく同じ）やエアマックスにこだわっている。身体の動きを現代生活の栄養にたとえれば、私たちは餓死寸前だといえるだろう。

ひとたび足を使わなくなると、ドミノ倒しのように影響が広がっていく。まっすぐ立っているのが少しつらくなって、骨盤が傾きはじめ、腰の脊椎前湾部分がぶれはじめ、運動がますますつらくなる。慢性的な腰痛が起こりやすくなり、その裏ではさまざまな恐ろしい病気が待ち構え、ゲートが開いてなだれこむのを待っているのだ。

オフィスでの生活は一見したところ安全に思えるかもしれないが、よくよく考えると、調節可能な椅子に身を沈めてコンピュータの電源を入れ、電話がつながっているかどうかチェックするときにとるリスクは、少なくとも一九世紀の工場労働者がとっていたリスクに匹敵するのではないだろうか。

第8章　身体は現代の食生活に追いついていない

心臓血管疾患、神経変性疾患、代謝異常、がんという四大死因について知らない人は、この本の読者にはほとんどいないだろう。現代生活は素晴らしい目的を持っているが、寿命が延びたことが一因で、とくに老年に発症することの多い神経変性疾患が増えつづけている。いまやアルツハイマー病と認知症は、八五歳以上の死因第一位になっている。

誰しも長生きしたいと思っていて、日本や香港、マカオやモナコの人びとのように、男性であれば中年から八〇代後半まで何事もなくすごせるようになりたいと願っている。西洋世界の私たちも、平均寿命にかけてはかなり張り合っている。ただその数値は誤解を招きかねず、各国で受けられる緩和ケアに合わせて補正が必要だ。

しかしイギリスでは近年、平均寿命の延びが止まっている。二〇世紀のあいだに寿命は三〇年以上伸びた。あまりに延びが速く、一〇年経つごとに女性は寿命が約二年、男性は三年延びると予想されていた。しかしここ七年間は一進一退している。イギリス国家統計局によると、二〇一〇年における平均寿命は、女性で八二・六歳、男性で七八・七歳だった。そこから推測していくと、二〇一五年にはそれぞれ八三・六歳と八〇・二歳になるはずだった。しかしどちらもそこまで達せずに、実際の値は女性で八三・一歳、男性で七九・六歳である。[18]

だが二〇一〇年は、二〇〇八年の世界金融危機後の財政再建のために保守党政権が打ち立てた新戦略の一環として、国民保健制度と公的介護の支出が大幅に切り詰められた年だった。一方で、アフリカ、たとえばアンゴラで生まれた男性なら、三七歳までしか生きられないと予想される（女性でもたった四〇歳まで）。お金がある地域では必ず寿命が長い。サルデーニャ島でジャンニ・ペスから聞かされたとおり（１０５ページ参照）、遺伝子は長寿の要因としてさほど強力ではないが、お金は間違いなく強力であるようだ。

上に挙げたイングランドの二枚の地図は、ほとんど同じデータを表しているように見える。しかしこの二つのあいだには、憂慮すべき関係性がある。一方は経済に関するデータ、もう一方は健康に関するデータなのだ。

貧困と早期死それぞれのリスクの分布はあまりにも似通っていて、まるで印刷がずれただけのように見えるくらいだ。

わざわざカール・マルクスを引き合いに出すまでもなく、物質的な生活条件は意識に影響を及ぼす。この例では両者にはまったく差がないように見える。

健康寿命を表した世界地図にも同様のパターンが見られ、各国の相対的な健康度は国民所得とある程度一致している。

人間の寿命には生物学的な上限があるだろうが、私たちはまだそこまで達していない。しかしその一方で、科学が進歩し、医学が奇跡的な緩和ケア戦略を生み出しつづけるにつれて、平均寿命はひとりでに向上し、条件の整った国では延びつづけるだろう。

その間にもっとずっと急を要する問題が、病気である。多くの人にとって、歳をとるのはとても憂うつなことだ。命をつなぐための薬を処方され、老人には必要だからというだけで薬を飲まされ、電

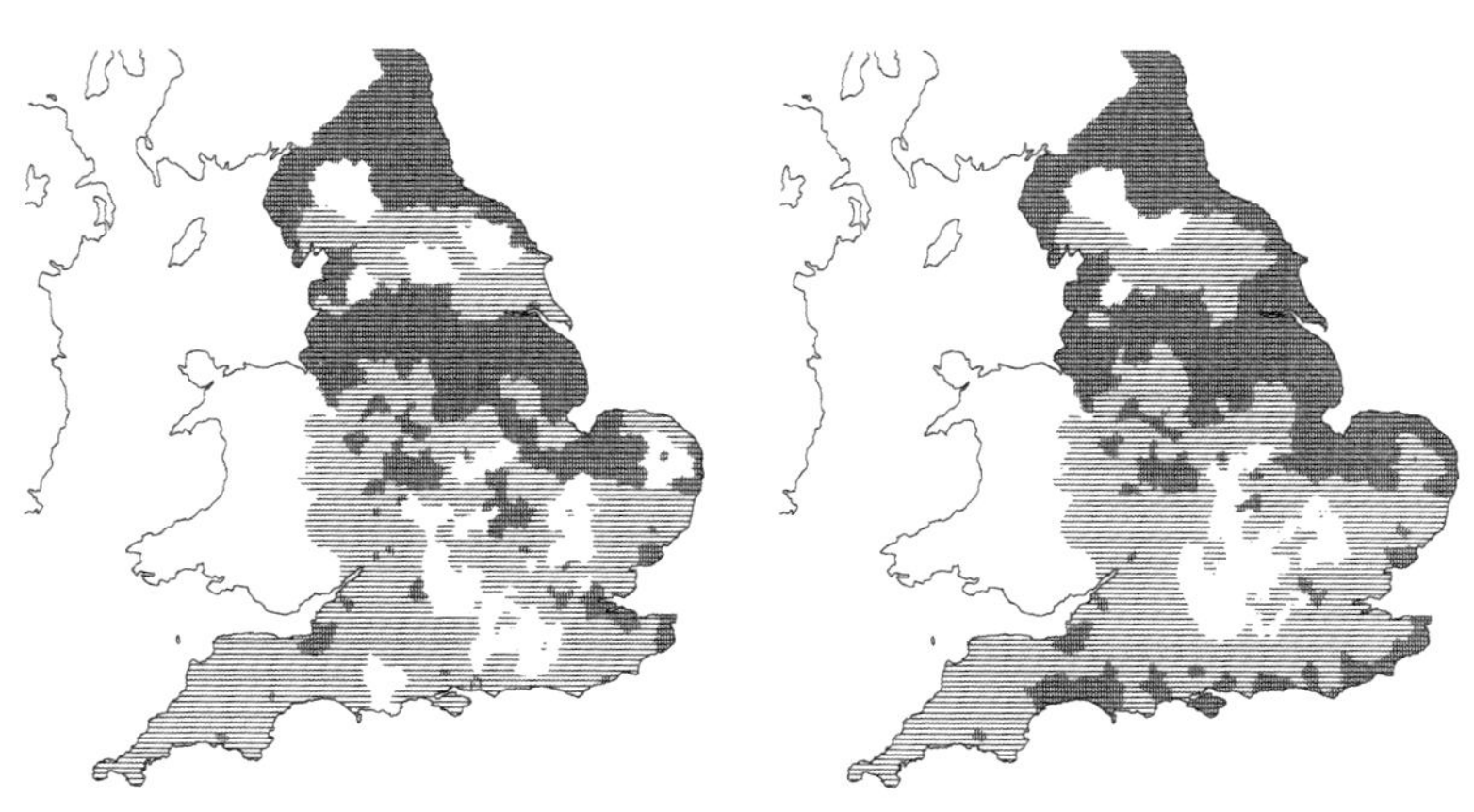

左図は、各地域での貧困と経済的不安定のリスクを示している。右図は別のデータに基づいていて、各地域での肺血管閉塞性心臓疾患による死亡リスクを表している。色が濃い地域ほどリスクが高い。

動車椅子に縛り付けられ、医療費を払うために家を売り、部屋から出たり風呂に入ったりトイレに行ったりするのも一人ではできないほどに身体が衰える。魅力的な未来とはけっしていえない。

しかし、誰もがそのような未来を迎えるわけではない。未来はある程度コントロールできるのだ。平均寿命は経済状態と少なからず結びついていて、よい晩年を送るための条件の多くは所得額と関連しているが、必然的に結びついているわけではない。もっとも重要なのが食事だろう。

カロリーをとるだけなら安くて済むが、オーガニックな食品は安くない。では、最高のオーガニック食品は栄養価も高いのだろうか？

二〇世紀半ば以降、私たちのウエストラインは急拡大して手に負えなくなっている。肥満が増えつづけている原因は、カロリーが豊富にある環境と、カロリーの消費量が劇的に下がったことである。とくに仕事での消費量が下がったが、それだけでなく、じっと座りながら楽しむタイプの娯楽が増えたことにもよる。

各地域の経済状況。色が濃いほど貧困度が高い。

各地域の平均寿命。色が濃いほど寿命が短い。

たいていの人では、体重（平均より重いか軽いか）の約四〇パーセントは遺伝的に決まっている。しかしなかには、その割合がもっとずっと高い人がいる。それらの遺伝子は、脳の回路やレプチンなどのホルモンに作用して、食欲を持続させる。つまり、そういう人はつねに満腹を感じることがない。いっさい感じない不幸な人もいる。また、脂肪を燃やすことができない人もいる。誰しも食事をするが、全員が太るわけではないし、逆にけっして痩せられない人もいる。四〇パーセントという値は遺伝子決定論から見ればさほど大きくはないが、人新世でこれらの遺伝子が出くわす敵対的なエネルギー環境を考えると、けっして小さくはない。

二〇二五年には二七億人が肥満に

一八八〇年、イギリス人動物学者のエドウィン・レイ・ランケスターは、ダーウィンの跡を継いで動物種の運命に関心を持った。とくに専門としたのは、無脊椎動物の歴史。著書『退化――ダーウィニズムの一章』（*Degeneration: a Chapter on Darwinism*）では、一つの種のなかで進む可能性のある複数の進化の道筋を探った。そうして、のちに社会ダーウィニズムでおどろくほど引き合いに出されるようになる言葉を、科学者としてはじめて使った[19]。

ランケスターは次のように考えた。

1　動物種は、軟体動物、ヒトデ、トンボのように、進化したのちに停滞することもある。「自然選択と適者生存のプロセスは、対象となるすべての生物の構造を改良して複雑化させるように作用することもあれば、条件にちょうど適応した形のまま変化させずに、いわばバランスのとれた状態を維持するように作用することもある」。

2　動物種は、次々に複雑化した状態へ向かいつづけることもある（ｉＴｕｎｅｓを使っている人ならどういう意味かおわかりだろう。誰でも知っているとおり、コンピュータのソフトウエアはどんどん複雑になっていく）。「複雑化とは、次々に多様で複雑になっていく生存条件に適応するように、生物の構造が徐々に変化することである」。

３　最後に、動物種は退化のプロセスを進みはじめることもある。「退化とは、次々に均一で単純になっていく生存条件に適応するように、生物の構造が徐々に変化することであると定義できる」。

ランケスターは軟体動物やツルアシ類や甲殻類のいくつかの例を挙げてこれらの主張を説明しているが、いま私たちに関心があるのは三番目の定義だけである。あまりにも容易に食糧を手に入れられると、動物種は退化しかねない。何とも悩ましい説である。もちろんそれは、ある特定の種が食物連鎖の頂点に立っていて、その身体が食糧の獲得にふさわしいように進化してきたという意味だ。

更新世、スミロドンという剣歯虎がいた。牙の長さが三〇センチ近いものもいた。足が速くて敏捷、あごは角度にして約一二〇度も開いた。小柄でがっしりしていて、ヒョウほどは足は速くはなかったが、とても強かった。そして農業革命のはじまりとともに姿を消した。

もしランケスターが、その突然の絶滅の原因を考察してくれと頼まれたら、きっと退化のプロセスを引き合いに出したことだろう。スミロドンは狩猟者で、食物連鎖の頂点にいたことは間違いない。足が速くてタフ、牙はサーベルのようで、あきらかに進化の当たりくじを引いていた。環境に見事に適応したことで、食糧を手に入れるのが少々かんたんすぎたくらいかもしれない。しかし更新世から完新世に移ったとき、スミロドンは長距離を移動するのに慣れていなかったし、さまざまな種類の獲物に忍び寄る経験もなかった。環境が変化して食糧が不足すると、スミロドンの複雑な形態は、わずかしかちがわない行動にもうまく適応できなかった。退化が絶滅につながったのはほぼ間違いない。

そこでこういう疑問が浮かんでくる。「私たちも剣歯虎のような存在なのだろうか？」。
私たちがほとんど身体を動かさないことにはきわめて複雑な要因があるが、環境が大きく変化してきたのは間違いない。私たちも剣歯虎のように、新たな地質年代の崖際に立っていて、完新世の日が沈むのを眺めている。私たちの身体は必要以上に複雑すぎる。これほどたくさんの関節も、これほどの移動能力も必要ない。現在私たちがこなしている仕事を行なうにはもっと単純な身体が必要だが、DNAはそのことを知らないのだ。

地球上にいる七三億の人間のうち、九〇パーセント以上の人はかんたんに食糧を手に入れられる。多くの人は、玄関まで配達してもらうことさえできる。食糧はかんたんに見つけられるし、仕事場の近くに住んでいる（私の場合は隣の部屋だ）。離れていれば、車に乗りこんで自分でそこまで運転する。歯がどんどん小さくなっていることを除けば、私たちもスミロドンのような存在だといいたくなってくる。

飼われていて自分で食糧を探す必要のない動物は、野生の同種よりも決まって体重が重い。人間にもすでにさまざまな徴候が表れている。イギリス公衆衛生庁が最近発表した調査結果によると、イングランドの女性の約二人に一人、男性の三人に一人が、身体を動かしていないせいで健康を損なっているという。女性の四人に一人以上、男性の五人に一人は、身体を動かす時間が週三〇分未満で、「無活動」と分類される。いくつかの地域では、健康を維持できるほどに身体を動かしている成人が一〇人中一人しかおらず、しかも人口集団（性別、人種、身体障害の有無、年齢）ごとに大きな差がある。イングランドでは運動不足は病気や身体障害の十大原因の一つだし、イギリス全体でも六人中一人は運動不足が原因で命を落としている。その経済的損失は、イギリス全体で年間七四億ポンド（約一兆一〇〇〇億円）と推計されている。[20]

このイギリス公衆衛生庁の報告書はなかなか読みづらいが、その情報は、ざっと目を通して沈んだ気持ちになる以外にもさまざまな形で役に立つ。現代の私たちが、腰布を巻いて槍を持って近くの公園に行き、リスを仕留めるわけにはいかない。先祖返りすることはできないが、生活を少しずつ変えていくことならできる。新たな命が宿ったときにその細胞のＤＮＡが予期していた世界、その世界でやっていたはずの活動に少なくとも近いことをやるようにするのだ。

さまざまな要因で形作られた現在の環境では、カロリーを消費する機会があまりにも少なくなっていて、時間とお金の両方に余裕のある人でないと、エネルギーを燃やして２型糖尿病などの重大死因を避けることができない。腹回りが大きくなるにつれて、２型糖尿病とその合併症は急速に広まっている。それにともなうコストは手が付けられないほど急増している。歴史学の分野には、戦争中の社会が経済的生産物をすべてその戦争につぎこむことを指す用語がある。「総力戦」だ。これは、すべての人、すべてのものが、戦争に組みこまれるという意味である。現在の統計値、そして２型糖尿病と肥満の増加に歯止めが利かないことを考えると、これらの病気の治療コストは数十年以内に世界的な大国の経済をも上回って、各国政府は「総肥満」という新たな文化に対抗するために何らかの残酷な決断を下すしかなくなるだろう。

このままいくと二〇二五年には、肥満とそれにともなう病気によって世界中で年間一兆二〇〇〇億ドル（約一二〇兆円）の経済的損失が生じると推定されている。[21] 世界肥満連合によるこの報告では、世界中の人の三分の一以上（二七億人）が体重過多または肥満になるとも推計されている。損失額は国によってばらつきがあり、アメリカが五〇〇〇億ドル（五〇兆円）超で群を抜いている。医療制度を崩壊させかねないほどの額だ。

肥満ははたして病気なのだろうかと疑っている人もいるが、このような値を見ればあきらかに病気である。アメリカ保健医療統計センターによると、三カ月以上続き、ワクチンで予防することも医薬品で治療することもできず、ひとりでに治ることもない病気のことを、慢性病と呼ぶ。[22] さらに、長期間続いたりたびたび再発したりする病気も、慢性病とみなされる。ということは、子どもの肥満は単なる病気どころか、慢性病なのだ。

しかし異論もある。医師のなかにはこの考え方を受け入れない人もいる。こんなに多くの人が病気にかかっているとか、人間は無責任だとかいった考え方が嫌で、要は単純な統計上の問題だといい張っている。カロリーを摂りすぎているから太っているだけだというのだ。

肥満はいくつもの原因がある複雑な病気だが、「解決しようのない」原因は一つもないと、二〇世紀半ばには受け止められていた。だがいまでは、遺伝的、出生前、生物学的、心理学的なさまざまな影響が原因となっていることが知られている（本人はそのうちのせいぜい一部しかコントロールできない）。また、幼児期の成長の影響など、もっとはっきりした社会的原因も存在する。お金と時間も重要な要因だし、環境もさまざまな形で重要な役割を果たしている（習慣や、手に入る食品を左右する）。そのため、各個人の「意志の力」に頼っているだけでは、急速に世界的な健康危機になりつつある病気の解決法としては役に立たない。これではだめだといくら唱えても、世界は変わらず、問題はいっさい手つかずのままだ。

肥満と結びつけられる環境要因は、ほかにも次々に増えている。腸のなかに棲んでいて幼児期に免疫系を訓練する何兆個という細菌、いわゆる微生物叢（そう）（このあと詳しく説明する）は、肥満と強い関連性があることが示されている。腸内環境のちがいによって食物の処理のされ方が異なることが実証されていて、特定の微生物叢は食物から不必要なエネルギーを効率的に吸収してくれるらしい。二〇一三年にサイエンス誌で発表された研究では、まさにそのような結論が示された。[23] その実験では、まず何組かの一卵性双生児の腸内フローラを採取した（大便を採った）。彼ら双子どうしは遺伝的にはまったくちがいはなかったが、一方は太っていてもう一方は痩せていた。続いて、双子のそれぞれから採取した微生物叢を、一群の無菌マウス（腸内に微生物がいっさいいないよう育てられた）に移植した。そして、まったく同じ餌を与え、摂取カロリーと消費カロリーも同じに揃えて飼ったところ、体重に差が生じた。双子のうち太っているほうの人から腸内細菌をもらった無菌マウスのほうが、痩せているほうの人から腸内細菌をもらったマウスよりも、体重が増えて体脂肪も多く蓄積されたのだ。このケースでは、どうやら肥満は伝染するらしい。

この結果からせいぜいいえるのは、体重と食事と腸内フローラの関係性はかなり複雑で、現在のところ何一つ証明できないということまでだ。摂取カロリーのような単純な要因が肥満の流行の犯人であるという考え方には、いまや疑いの目が向けられはじめていて、実際にはもっと幅広く食事全般が原因なのかもしれない。どうやら食べている食品だけが鍵ではなく、その食品がほかの食品の消化と処理のされ方に影響を与えることが重要であるらしい。神経伝達物質とうつ病との関係と同じように繊細なシステムで、新たな外的刺激には必ずしもうまく対応できないようだ。

代謝に関係してくるのは、体内でエネルギーがどれだけ容易に素早く使われるかだけでなく、消化器系で食物がどのように処理されるかも重要である。腸内に多様で豊富なフローラが棲んでいる人は、体重が減りやすい（狩猟採集民に肥満の形跡が見られないのはそのためである）。最近の研究によって、摂取カロリーと消費カロリーのバランスよりも食事の質のほうが、体重の減少と関連性が強いことがあきらかになりつつある。二〇一八年にスタンフォード大学で行なわれた研究でも、まさにそのような結果が得られた。加工食品（とくに糖類と精製穀物）の量を減らした人は、食事の量やカロリーを気にしなくても体重が有意に減ったのだ。[24] また、被験者たちのＤＮＡを解析して、脂肪や糖の代謝に影響を与える遺伝的変異を調べたところ、ある程度の変異はあったものの、「以前より健康な」食事に切り替えたときの身体の反応のしかたが遺伝子によって異なることはなかった。

似たような食事をとっていても2型糖尿病にかかる人とそうでない人がいる理由も、腸内環境の具体的な性質や個人差に基づいてある程度までは説明できる。この場合も遺伝子だけが原因ではなく、二つの環境が重要である。一つは外の環境、もう一つは、宇宙に存在する恒星の数よりもたくさんの微生物が棲んでいる、体内の宇宙だ。

将来、食事によって肥満を治療したり予防したりする、プロバイオティック療法が登場するのは間違いないだろう。しかし、スーパーに行って商品棚からプロバイオティック飲料をつかんでくるだけでは、効果は望めない。大量生産されたプロバイオティック食品は、大量生産のかつらくらいの効き目しかないのだ。効果を出すためには、一人ひとりに合わせて工夫して製造しなければならない。糞便移植にも同じことがいえる。ただし重いアレルギーの人は、大腸の一部を洗浄してアレルギー体質でない人の細菌を植え付ければ治るかもしれない。

さらに、二〇一六年に行なわれた腸内細菌叢移植の治験では、次のようなことが示された。「腸内細菌叢移植によって、うつ病による行動および生理機能の異常をある程度再現することが可能である。したがって、うつ病の進行を引き起こす複雑な機構には腸内細菌叢が因果的な役割を果たしているものと考えられる」[25]。

さらに研究が進むにつれて、うつ病などの精神疾患に関連する具体的なアンバランス状態があきらかになっていくのは間違いないだろう。未来は糞便移植にかかっているのだろうか？　誰の便をもらえばいいのか？　アレルギーのない人？　いいね！　痩せている人？　それもいい。幸せな人？　それは一線を越えていると思う。誰も本当のところ理解できていない生態系をあれこれいじり回すのは、はたしていかがなものだろうか。

外の環境がこれほど変化しているのだから、腸内の信じられないほど複雑な環境が変化していたとしても不思議ではないはずだ。その繊細な生態系は互いに頼り合っていて、一つが乱されると、その影響は想像できないほど深く広がっていくのだ。

２型糖尿病は「スローモーション災害」

私が知るかぎり、座りっぱなしであることの死亡リスクを喫煙とはじめて比較したのは、二〇一二年に医学誌ランセットに掲載された一本の論文である。[26]「運動不足は、医療費の隠れた増加と生産性の低下を通じて社会に負担を負わせている。不活動な人による死亡率の増加は喫煙と同程度なので、人びとに運動をさせることは公衆衛生上の優先課題である」。二つの類似性はこれだけでは終わらず、記述はさらに続く。「喫煙と不活動は、世界中で非伝染性の病気の二大リスク要因である。非伝染性の病気による年間の死者三六〇〇万人のうち、不活動と喫煙による死者はそれぞれ約五〇〇万人に達する」。

二〇一五年にランセット誌で発表された、「障害調整生存年」、つまり、早期死と身体障害によって健康寿命が短くなることの要因のランキングを紹介しよう。[27]

障害調整生存年の要因

1、食事のリスク
2、喫煙

3、高ＢＭＩ
4、高血圧
5、アルコールおよびドラッグ
6、高血糖
7、高コレステロール
8、腎臓病
9、運動不足
10、職業上のリスク

この表によると、二位と五位と一〇位を除けば、障害調整生存年はほぼ完全に食事と運動に左右されているように見える。そのどちらか一方に絞らなければならないとしたら、もっとも大きな影響を及ぼしている要因は運動だろう。このリストには重複している点がいくつもある。高ＢＭＩは運動不足と高血圧と高血糖（2型糖尿病）と関連しているし、糖尿病と高血圧はどちらも腎臓病と関連している。しかしそれは関連しているだけで、因果関係ではない。障害調整生存年に寄与するこれらの原因と無縁の人は、一人もいないだろう。自分自身にはこのうちいくつかのリスクがなくても、家族や愛する人のなかにはそれらのリスクを抱えている人がきっといるはずだ。

もしこれと同じようなリストを、ホモ・エルガステルやホモ・ハビリス、さらには農耕以前のホモ・サピエンスで作ったとしたら、まったくちがうものになるだろう。食事のリスクはやはり第一位だろう（食糧の不足と種類の少なさによる）が、そのほかの多くは人新世特有の病気なので、いっさいランクインしないはずだ。

いくら強調してもしすぎることのない点として、これらの病気は確かに遺伝的要因もあるものの、ライフスタイルの選択によって大きく悪化し、その多くの裏には恐ろしい２型糖尿病が潜んでいるということがある。

２型糖尿病の遺伝的要因は、このリストに挙げられたほかのリスクと同様、ホモ・エルガステルやホモ・ハビリスなど私たちの遺伝的祖先たちも間違いなく持っていた。糖尿病は、インスリンというホルモンの生産能力が弱まったり、身体がインスリンに有効に反応できなくなったりする病気である。すべての動物が（および一部のキノコも）インスリンを生産している。食事をすると膵臓からインスリンが分泌され、それによってエネルギー貯蔵部位（筋肉、肝臓、血液）の一つひとつの細胞に、グルコースを吸収せよというメッセージが伝わる。インスリンはいわば細胞の扉を開ける鍵で、それによってグルコースの吸収が起こる。

１型糖尿病は、２型よりもずっと稀な病気である。１型糖尿病は自己免疫疾患で、膵臓でのインスリンの生産に影響を与える（膵臓のなかでインスリンを生成しているβ細胞を免疫系が破壊してしまう）。一般的には子どものころに発症する。１型糖尿病の発症率は２型ほど高くはない（症例のうち２型が約九〇パーセントを占める）。１型糖尿病の原因は解明されていないが、専門家は遺伝的要因と環境要因の両方があると考えている（一卵性双生児の一方が１型糖尿病を発症しても、もう一方は三〇から五〇パーセントの確率でしか発症しない）。現時点では、１型糖尿病の発症を防ぐ方法は知られていない。

しかし、統計を見ると環境との関連性が疑われる。二〇一四年にアメリカ医師会会報で発表された研究によると、二〇〇一年から二〇〇九年までに１型糖尿病が二一パーセント増加したという[28]。人新世にはほかにもさまざまな病気の発症率が急上昇しているし、とりわけ近年の研究に照らしてみると、環境との関連性はほぼ間違いなく存在しているように思える。

二〇一四年にアメリカ医師会小児科分野会報で発表された別の研究によると、さらなる研究が必要ではあるものの、「幼いころに室内犬と触れさせることで、発症前の1型糖尿病から子どもを守れるかもしれない」という。[29]

2型糖尿病は極悪非道だ。1型糖尿病とちがって、あきらかに肥満と関連性がある。体重が増えると、体内の細胞がインスリンに対する抵抗性を強め、インスリンを作用させるためにますます多量にインスリンを生産しなければならなくなる。

グルコースをエネルギーとして使うためには、血中から細胞のなかにとりこまなければならず、インスリンはそのとりこみを手助けする。だが体重が増えて、とくに腹回りの脂肪が増えると、ちょうどジャケットに蠟を塗って防水処理するのと同じように、細胞が脂肪のコートをまとう。するとインスリンが細胞のなかに入るのが難しくなり、その結果、細胞が血液からグルコースを吸収できずに、血中のグルコース濃度が上がりつづけ、グルコースは脂肪にコートされていない細胞を探して身体中をめぐる。これをインスリン抵抗性という。しかし、誰でも平等にそれが起こるわけではない。体重過多だからといって、必ずしも糖尿病になるとはかぎらないのだ。

インスリン抵抗性は年齢とともに多少高まるが、糖尿病ともっとも強く関係しているのは腹部の脂肪である。食事に炭水化物が多いかタンパク質が多いかは関係なく、エネルギーの摂取量と消費量で決まる。糖質であれ野菜であれ肉であれ、カロリーが多すぎると、やがて血中の脂肪酸の濃度が上がってインスリン抵抗性が高まるのだ。

現代の文化で加工食品が大問題になっているのは、そのためである。加工食品はあごの形を変えたり（かつては存在していなかったであろう不正咬合を引き起こす）、微量栄養素を不足させて善玉菌を死なせたりするだけでなく、糖分が加えられていることも多い。

糖分自体は問題ではないが、すでにカロリーたっぷりの脂肪糖質爆弾に仕立て上げられた食品に、こっそりとエネルギーの威力を付け足している。そのような食品には奇妙で不可解な人工添加物がいくつも加えられていて、化学の博士号を持っている人でもなければ、調理済み食品の原材料のうち半数は何なのか理解できないと思う。問題は、加工食品に含まれている精製炭水化物が体内で容易に分解されてしまう（血糖値やインスリンの急上昇につながる）ことだけではない。自然食品に比べて栄養素やビタミンやミネラルが少ないことだけでもない。食物繊維がはるかに少ないことだけでもない。いずれも加工食品の量を抑えるべき理由にはなるが、これらの特徴が掛け合わされることで、食事全体の量を増やしても必要な栄養素が大幅に不足するという事態に陥る。腹一杯なのに足りないのだ。加工肉は栄養価は低いのに、カロリーと塩分ははるかに多い。しかも身体で素早く処理されてしまうため（前もって処理の一部が済んでいるから）、またすぐに腹が減ってしまう。

健康に長い影を落とす加工食品はほかにもある。世界保健機関は、加工肉に関して衝撃的な勧告をしている。加工肉には、ハムやベーコンやソーセージ、ホットドッグやコンビーフやチョリソなど、保蔵処理や発酵、燻製や加塩や保存加工など風味を高める処理をして変質させたすべての肉が含まれる。これらは、たばこやアスベスト、ヒ素やプルトニウムと並んで、カテゴリー1の発がん性物質に分類されている〔訳注：発がん性の強さによる分類ではなく、科学的証拠の確実さによる分類〕。加工肉の健康リスクとしては、2型糖尿病の発症確率を高める（一日一人前食べると約五〇パーセント上がる）だけでなく、がんの発症確率も高めるのだ。[30] 加工肉を一日たった五〇グラム食べただけでも、大腸がんのリスクが約一八パーセント高まることが、数々の研究で実証されている。

世界保健機関の元事務局長マーガレット・チャン博士は、肥満と2型糖尿病の流行を「スローモーション災害」と呼んでいる。広告、疑似科学、農業と商業への補助金、政府へのロビー活動、国際貿易政策（いずれの根底にもお金が流れている）が共謀して、カロリーは安いがそれを燃やすのは高くつく、肥満を生み出す環境とも呼べるものを作り出しているのだ。ジムの会員になるのにお金がかかるだけでなく、職場まで歩くのにも食事を用意するのにも時間がかかる。お金に替えられるどんなものよりも、時間のほうがコストがかかるのだ。

一方、製薬企業各社はこの問題にとり組んでいる。アメリカではまもなく、新たな錠剤がＦＤＡ（食品医薬品局）の認可を受けることになっている。[31] ＧＷ５０１５１６（略称５１６）と呼ばれるその薬は、世界アンチドーピング機構の禁止薬物で、いまでも闇市場でなら手に入る。これは、運動によって活性化する化学物質の代わりとなる合成物質である。身体がもっと多くの脂肪を燃やすよう仕向けて、糖の代謝を促し、体脂肪を減らすのを容易にする。また持久力を高めて、もっと長時間運動できるようにする。しかし最大の作用は、身体をだまして、運動をしていないのにしたと思いこませることである。

この薬の臨床応用としては、運動をしたくてもできない人、たとえば慢性肥満や重度の筋ジストロフィーや四肢麻痺の患者に大きなメリットがあるだろう。だがこの薬は一一年以上前から開発が続けられていて、いつ濫用されはじめてもおかしくない。座りっぱなしのゆがみきったライフスタイルにとって、運動は重荷だ。そこでこの薬は、運動の効率を上げて少ない運動で手っとり早く大きな効果を上げることを狙っている。しかしその一方で、運動の心理的メリットをほぼ奪ってしまうし、活動レベルが低下するせいで、骨密度を上げる骨芽細胞への刺激も減って、骨がますます脆くなりかねない。

もう一つの効果として、この薬を投与されたマウスは、血糖値をコントロールする能力が上がる。

しかし、そのためにわざわざこの薬が必要だろうか？　２型糖尿病は、本書で見てきた多くの病気よりも予防しやすい。それには摂取カロリーを減らせばいいし、インスリン抵抗性を下げるには、体重をたった二キログラム強減らしたり、毎日一〇分から一五分歩いたりすればいい（これを数カ月続ければ体重がもっとずっと落ちる）。たいしたことないように聞こえるかもしれないが、ちょっとのことでもとても役に立つのだ。

２型糖尿病は、野放しにしておくとどんどんはびこっていくという点で、近視に少し似ている。インペリアルカレッジ・ロンドンとハーヴァード大学公衆衛生学部が最近、ほとんどの国の成人四四〇万人のデータを分析した結果、２型糖尿病による全世界の経済的損失は年間およそ八二五〇億ドル（約八二兆五〇〇〇億円）と推計された（中国が一七〇〇億ドル（約一七兆円）、アメリカが一〇五〇億ドル（約一〇兆五〇〇〇億円）、インドが七三〇億ドル（約七兆三〇〇〇億円）、日本が三七〇億ドル（約三兆七〇〇〇億円））。また、２型糖尿病の発症率は一九八〇年時点から四倍近くに増えていて、二〇一四年には四億二二〇〇万人が２型糖尿病にかかっているという。[32]

今後一〇年で、２型糖尿病患者は八億人にまで増えると予想されている。豊かな環境のなかで、人新世の人間の身体はさまざまなストレスの徴候を示している。人類は二〇〇万年以上のあいだ、肉食動物や飢餓と戦いながら生きつづけてきた。ところがこんにちでは、ほとんどの人が食べすぎによって死んでいるのだ。

しかしもし、人新世がこの上さらなる全世界的な影響を及ぼしているとしたら？　作物の生育自体に影響を与えて、あらゆる作物がかつてよりも大量の糖を生産しているとしたら？　私たちが作ってきたこの世界が、オーガニック食品を新たなジャンクフードに変えようとしているとしたら？

野菜の栄養が減っている？

問題：ニンジンがニンジンでないのはいつ？　ニンジンが二本あったとしよう。どちらも同じ土、同じ畑で、同じ種類の有機物を肥料とし、同じ気候で育った。唯一のちがいは、一方が現在、もう一方が二〇〇〇年前に土のなかから引き抜かれて収穫されたことだ。大きさも重さも、おそらく色も、そして土のなかにあった期間もちがわない。しかしはじめて日の光に当たり、皮を剝かれて食べられるとき、栄養価が高いのはどちらで、カロリーが多いのはどちらだろうか？

何十年も前から研究者は、食品の栄養価が下がっていることに気づいていた。考えてみれば当然のように思える。集約農法が増え、栄養分でなく収量を重視した作物が栽培されている。それ自体は目新しい話ではない。しかし、もしそれだけでないとしたら？

新世に食品に起こっている現象と世界的な健康問題との関係性は、小学生でも理解できるほど単純だが、その影響は広範囲におよんでいる。

その答えは、おそらく学校で習ったであろう単純な魔法の式に潜んでいる。

$$6CO_2 + 6H_2O = C_6H_{12}O_6 + 6O_2$$

これは、植物が太陽光を使って水と二酸化炭素をグルコースに変える方法、いわゆる光合成を表した反応式である。この式を見るとわかるように、二酸化炭素と水を太陽光に当てて、植物の持つ何種類かの酵素の助けを借りると、植物が使う糖と、私たちが呼吸する酸素（植物にとっては廃棄物）ができる。植物はこの魔法の物質転換能力を持っているおかげで、働いたり歩いたり狩りをしたりする必要がなく、自活している。水と二酸化炭素、土から吸収した栄養分、そして太陽光で、自分の食事を作っているのだ。

太古の地球の大気は、二酸化炭素と水蒸気からできていた。約三二億年前、進化のプロセスがこの植物の自活法を思いつき、それからおよそ八億年かかって大気中に酸素が豊富になって、地球は徐々に青色と緑色を帯びていった。これを「酸素革命」という（またしても革命だ）。

それまでの何億年ものあいだは、単細胞生物が世界を支配していた。理解しておくべき重要な点の一つが、光合成では酸素は廃棄物だということである。酸素は光合成プロセスの排ガスとして吐き出されるのだ。

酸素は反応性の高い気体で、かつて地上を支配していた単細胞生物にとっては有毒だった。地球史のかなりの期間にわたって環境汚染物質だった気体のなかで、私たちは暮らしているのだ。一方、植物にとって二酸化炭素は重要な栄養分で、二酸化炭素の濃度が上がると植物はもっと生長する。そこで、二酸化炭素濃度を高めた環境で作物を栽培する実験が行なわれている。二酸化炭素を、作物の生長を促す肥料のように使って、上々の成果を上げているらしい。

数十億年経って世界は変わったが、光合成のしくみは同じままだ。これまでに地質学的サイクル（氷期など）が何度も起こったが、大きなスケールで見れば大気の成分はほとんど変わっていない。大気はいまでも酸素が豊富で、多細胞生物を支えている。

しかし生態系は繊細で、いまやそのバランスが崩れはじめている。

産業革命以降、大気中の二酸化炭素の濃度は上がりつづけている。恐竜が地上を闊歩していたころ、二酸化炭素濃度は一〇〇〇ｐｐｍもあった。しかし人類が進化したころにはもっとずっと低く、約二〇〇から三〇〇ｐｐｍだった。地球全体ではつねに自然の変動があるが、その変動幅はたいてい約二〇〇から四〇〇ｐｐｍとさほど大きくはない。

現在、平均の二酸化炭素濃度はすでに四〇〇ｐｐｍを超えていて、ＩＰＣＣ（気候変動に関する政府間パネル）の推計によると、今世紀末には、シナリオによってちがいはあるが五五〇から九〇〇ｐｐｍに達するという。

科学者の予測によると、二〇五〇年には二酸化炭素濃度が五五〇ｐｐｍにまで上昇するという。何ら策を講じなかった場合、このレベルの二酸化炭素が気候にどんな影響を及ぼすか、それに関してはあちこちでさかんに論じられている。ところが、二酸化炭素の増加が食糧の中身に及ぼす影響についてては、ほとんど、あるいはまったく知られていない。

光合成の鍵となる成分である二酸化炭素が大気中に増えると、何が起こるのだろうか？　先ほどの反応式の左辺に大きい数を入力すれば、右辺から大きい数が出力される。二酸化炭素が増えれば、植物が増えるのだ。そこで、テキサス州選出の共和党下院議員ラマー・スミスは、「二酸化炭素をめぐるヒステリーを信じるな」というタイトルの記事のなかで、次のように論じている。「大気中の二酸化炭素の濃度が上がれば、光合成が促されて、植物の生長がさかんになる。すると食糧生産量が増えて、食物の質もよくなる。研究によると、作物が水をより効率的に利用するようになって、必要な水の量も減るという」[33]。

ほぼすべて正しいが、ところどころ間違っている点が実はとんでもない大間違いにつながる。正しいのは、「植物の生長がさかんになる」、「食糧生産量が増える」という箇所。確かに部分的には正しい。

数学者のイラクリ・ロラッツが二〇一四年に学術誌ｅＬｉｆｅで発表した研究のことを、最近耳にした[34]。イオノームというものに関する研究だ。イオノームとは生物を構成する全元素の組成のことで、この論文は、大気中の二酸化炭素濃度の上昇が植物の元素組成におよぼす影響を算出したものである。

ロラッツはアリゾナ州立大学で博士研究をしていたときに、光合成作物の質がそれを食べる動物に及ぼす影響を考慮したシステムモデルを作った。そしてプリンストン大学に移ってから、光合成の加速と食糧の質の変化に関する問題を提起したが、さほど注目を集められなかった。地球科学科のある研究者からは、鉄などの重要な栄養素の含有量が減っても、「泥を少し食べればいいのだから」たいした問題ではないといわれてしまう。多くの動物が泥を食べるし、ゾウやヤギはさかんに石を舐めるが、人間はもう少し疑り深いし味覚も繊細だろう。

二〇〇二年にロラッツは、生態化学量論、つまり、すべての生物に欠かせない元素のバランスと比率に関する論文を発表した。そのなかでは次のような疑問について考察した。「植物は、二酸化炭素は大気中からとりこむが、それ以外のほぼすべての元素は土からとりこむ。すると、大気中の二酸化炭素の増加と完璧に見合った量で土壌中の栄養分が増えることはないのだから、問題が発生するのではないだろうか？[35]」。

大気中の二酸化炭素の濃度が数ｐｐｍ上がったところで、土壌中の各元素の量が変わることはない。大気中の二酸化炭素が増えて、植物のグルコース生産が加速しても、吸収される栄養素はそれと同じようには増えない。そのため、世界的に元素のアンバランスが生じて、すでに半数の人間の食事に不足している鉄やヨウ素や亜鉛などの元素に影響がおよびかねない。そこでロラッツは、はたして二酸化炭素が増えると、植物や野菜の栄養価が下がってカロリーが増えるのかどうか、それをあきらかにしようとした。

人類が消費している全カロリーの四〇パーセントがコメとコムギであることを考えると、この疑問の重要性はいくら強調してもしすぎることはない。その答えによっては、現在世界中で手に入るどんなパンよりも、一八世紀のパンのほうが一斤あたりの栄養価が高かったということになりかねない。

ロラッツの二〇〇二年の論文は、理論的にはかなり確実な結論を導いている。植物がより大きく生長して、より多くのカロリーを生産しても、「ほぼすべての元素の濃度が平均して下がるはずだ」という結論である。

ロラッツの研究が同業者とちがっていたのは、二酸化炭素濃度の高い大気中で生長する植物の質の変化を、人間の栄養状態と関連づけた点である。ロラッツは、二酸化炭素と、窒素、リン、カリウム、カルシウム、硫黄、マンガン、鉄、亜鉛、マグネシウム、銅という植物に必須の元素に関する、発表済のあらゆるデータを集めて結論を導こうとした。そして自分の仮説を検証しようとしたところ、データが不足しているという問題に直面した。[36]

それから一〇年間、実験室を持たずにノートパソコンだけを使って一万五〇〇〇以上のデータポイントを集め、二〇〇二年の論文から大幅にデータを増やして、このテーマに関するいまだに世界最大のデータセットを作り上げた。そうして、二酸化炭素が増加すると植物の質が低下するという実証的裏付けをつかんで、その結果を二〇一四年に発表した。[37] その論文のなかでロラッツは次のように述べている。「生物地球化学的サイクルのうちで人間活動によって大きく変化するのは、炭素サイクルだけではなく、知られているすべての生命形態で中心的な役割を果たしている窒素、リン、硫黄のサイクルもそうである」。ノイズの多いデータのなかに、このほかにも生物の生理や機能の微妙な世界的変化が潜んでいることは十分に考えられる。

ロラッツの説明によると、この論文のタイトルに使った「隠れた変化」という言葉は、栄養価の低下がデータノイズのなかに「隠れている」ことを表すための包括的な用語だという。その変化を見つけるにはかなり大量のサンプルが必要となる。しかし変化は間違いなく存在していて、データをとった四大陸、温帯と熱帯、作物と野生植物にかかわらず至るところに見られるし、めぐりめぐって食卓に並ぶ料理にも影響がおよんでいる。光合成がさかんになると、料理に含まれる炭水化物とデンプンが増えて、量のために質が犠牲になる。植物の生長は促進されるが、「各元素の含有量はほぼすべて下がる。私が見たところ、何が起こっているかはあきらかだ。ミネラルが減って炭水化物が増えるという、いくつかのメカニズムを予想していた。ところが、二酸化炭素が増えると働き出すメカニズムがもう一つあった。植物は大気中の二酸化炭素を、葉の裏側にある気孔という場所からとりこむ。気孔を小さな口だと考えれば、大気中に二酸化炭素が増えると、植物は気孔を少し閉じる。気孔を開いていると、空気中よりも湿度の高い葉の内部から水が失われてしまうからだ。気孔を狭めれば、失われる水の量が減って、使う水の量も減る。効率は上がるが、使う水の量が減ることで、根が吸収する水の量も減る。そのため、土壌から根に流れこむ養分も減ってしまう」。

ロラッツがみずからの仮説の証拠を集めるために使った研究結果として気がかりなものは、このほかにも、Y・C・クレメンティディスらが王立協会生物科学分野会報に発表したものなどいくつかある。[38]ロラッツによれば、それらの研究は、人新世に体重を増やしている生物種が人間だけでないことを証明しているという。「人間が作った食物を食べていない野生動物さえも徐々に太っていることが、数々の研究によって示されている」。

ロラッツは二〇一四年の論文で、二五種類のミネラルすべてに関する将来の栄養不足分の最終的な平均値をまとめ、「平均的変化はマイナス八パーセントである」とはじき出した。この値はどれほど重大なのか？「とてつもなく重大だ！」。

「たとえわずか五パーセントだったとしても、減る栄養素は一種類でなくてすべてだ。たとえばあなたが先進国に住んでいて、カルシウムまたはマグネシウムの欠乏症になるリスクが三三から四五パーセントあったとしよう（実際の値）。ここで、植物性食物からこれらの栄養素がさらに五パーセント減ったとすると、ミネラルは壊されることも新たに作られることもないので、料理に入っている栄養素も減ってしまう。体内でマグネシウムを合成することはできない。そのため、ミネラル不足で病気になるか、または食物の摂取量が増える。そのような食べ方を補償的摂食といって、動物では観察されている。二酸化炭素濃度の高いところで育てた植物飼料を動物に与えると、食べる量が増えるのだ。人間も食べる量が増えると考えて差し支えないだろう。ヒルが開発した数学モデルによれば、一回の食事あたりのカロリーが五パーセント増えて、ほかが何も変わらないと、三年以内に肥満になって、約一〇年以内に病的肥満になるという[39]」。

作物の収量を増やすとり組みには当然多額の資金が提供されていて（ビル＆メリンダ・ゲイツ財団も支援している）、よりたくさんのカロリーを生み出しているが、一方で二酸化炭素は植物や野菜をあたかもジャンクフードに変えてしまっているかのようだ。

人びとの健康に及ぼす影響はあきらかだし、衝撃的だ。体内のミネラル欠乏症が引き起こすさまざまな問題を並べ立てるまでもない。ロラッツによると、二酸化炭素濃度を高めた大気中で植物を栽培するとリチウムのレベルがどのように変化するか、それを調べたデータポイントはまだ一つもないという。人間は穀物や野菜や飲料水からリチウムを摂取している。「リチウムは人間にとって必須栄養素だ。精神的健康にとって重要だし、ビタミンB12などを運ぶのにも必要だし、幹細胞の生成にも欠かせない。飲料水中のリチウムの濃度が低いほど自殺率が高いことが、すでにわかっている。それ以外の必須元素に関するデータはほとんどない。セレン、クロム、ヨウ素、モリブデンと、きりがない」。

脂肪を溜めておいて痩せたときのために使うという能力は、はるか昔、大地が不定期に凍りついたり融けたりする氷期に進化した。過酷な時代、余分なカロリーを脂肪に変えることのできた数少ない人たちが、もっとも生き延びる可能性が高かったのだ。

人類が進化したのは、いまのように二酸化炭素濃度の高い大気中で作物が育つような環境ではなかった。今後数十年で、大気中の二酸化炭素の濃度は産業革命前のレベルの二倍に近づくだろう。その世界的影響について断言するのはまだ早すぎるが、もともと炭水化物の多かった食事からすでにタンパク質やミネラルが減っていて、糖質やデンプンがそれを埋め合わせているという事実には不安を覚える。人新世、二酸化炭素濃度の上昇によって食物連鎖から微量栄養素が排除される一方で、人間の食欲はそれを欲している。このことが肥満の流行にどの程度寄与しているか、それを知りたいと思うのはもちろん私だけではないだろう。

マリー・アントワネットは、大衆はパンを食べられないのであれば「ケーキを食べればいいじゃない」といった。ケーキを食べるのはあまり身体によくないし、もしロラッツのいうことが正しければ、有機野菜でさえマカロンのように砂糖たっぷりの状態へ着実に向かっている。二酸化炭素の増加によって今後、植物性の食品を一口食べるごとに、その栄養価はどんどん下がっていく。含まれるカロリーが増えるだけでなく、もっとたくさん食べなければならなくなるのだ。

では最初の問題に戻ろう。ニンジンがニンジンでないのはいつか？

それは、人新世のニンジンであるときだ。一八本の染色体は変わらないが、この新たな環境におけるニンジンのＤＮＡの働き方が、ニンジン自体を変えてしまっているのだ。まるで私たち人間のようではないか？

肥満の人を増やしているおそらく最大の原動力が、食品をめぐる環境であって、そこにはいくつもの要因がある。もっともあきらかなのは、多くの食品が工場で作られていて、昔よりも脂肪や塩分、

人新世のニンジン。2018年、ローマにて。

糖分や添加物を増やすことで、食欲をそそるよう意図的に工夫されていることだ。各種の食品の相対的な価格を見ると、有機野菜は高くなっている一方、大量生産の食品は安くてどこでも手に入るし、調理済みでなかったとしてもかんたんに調理できる。

それも肥満の流行の一因だが、問題は、変化しつづけるあらゆる原因のなかから一つだけを選り分けるのが不可能なことである。環境によって食品のカロリーが変化し、それに応じて栄養価が下がっているという事実は、肥満の複雑なアルゴリズムに追加されるさらにもう一つの気がかりな変数といえよう。

二一〇〇年には世界の人口は一一二億人に達すると予測されている。それとともに大気中の二酸化炭素の濃度は上がり、ニンジンは巨大化するだろう。

第Ⅳ部のまとめ

1　自然とのつながりを保つ

私たち人間は、自分自身の生理や心理に関する何百もの理由のためだけでなく、身体のなかにある生態系のためにも、緑地や自然環境にできるかぎり触れつづけることが重要である。何種類もの果物や野菜を含む多様な食事をとれば、腸内の生物多様性の維持に役立つ。これだけならかんたんに勧められるが、研究によると、とくに妊娠中は抗生物質の使用を最小限に控えるなど、もっと厳しい対策も必要である。また、帝王切開や人工授乳によって母親の微生物叢が乳児に受け継がれないという事態は避けるべきである（母乳哺育の是非なんて考えたことのない男性にはなかなかわからないだろうし、とくに多くの社会では授乳のための環境が整っていない）。

2　自分と同じように腸にも栄養を与える

私たちが食べる食物の種類によって微生物叢の活性度がちがってくるので、微生物叢を活性化させるような食品を食べるべきである。身長が急激に伸びるのが成長中の一時期だけであるのと同じように、免疫系を訓練できる時期もかぎられていて、本書を読める人はみな、免疫系を完全に再教育するにはすでに遅すぎる。しかしだからといって、微生物叢をないがしろにしていいわけではけっしてない。人間の身体は食物繊維を利用できないが、腸内細菌は利用できるので（母乳中の多糖類と同じ）、多様な食品、とくに生の果物や野菜、アブラナ科の野菜（ブロッコリ、ケール、キャベツ、カリフラワー）など繊維質の食物を食べるとよい。みそ、ヨーグルト、ケフィアなど発酵食品もよい。プロバイオティック食品は、肥満の人のインスリンやトリグリセリドやコレステロールのレベルを下げ、心臓病や２型糖尿病など肥満に関連する数々の病気のリスク要因を減らしてくれる。

微生物叢は食欲も促している。その研究はまだ初期段階（ショウジョウバエなどを使った実験の段階）だが、私たちが食べる食品に応じて腸内細菌が増えたり減ったりすることはすでに証明されている。人間が食事をすると腸内細菌も餌を採り、さまざまな物質を分泌して遺伝子を活性化し、栄養素の吸収を促す。また腸内細菌は、人間の中枢神経系や脳とも情報をやりとりしている。そのしくみはまだわかっていないが、何百万年ものあいだ体内に微生物叢が棲み着いているうちに、人間は情報をやりとりする宿主として共進化してきたらしい。腸内細菌は、自分たちが欲しいものを人間からもらえるよう、食欲を促す。逆に、腸内細菌にとって過酷な環境を作ってしまうと、身体はそれに応えて、うつや不安症、さらには高血圧になってしまう。

3　活動的になる

食品の栄養価が下がっているという推測が正しいとしたら、そのぶんたくさん食べたくなるかもしれない。しかし、それによって必ずしも体重が増えるとはかぎらない。それは数学モデルの結論にすぎない。日々の生活で少しだけ余分に身体を動かせば、さまざまな数値が改善する。政府も科学者も運動は魔法の治療薬だととらえていて、それは絶対的に正しい。すべての主要な死因、さらには一部のがんや神経変性疾患とも闘ってくれる。私たちが脳を持っているのは動くためで、植物に脳が必要ないのはじっとしているからだ。植物のようになってはいけない。

4　ファイブ・ア・デイ運動〔訳注：一日に野菜を五皿以上食べようというキャンペーン〕を疑うアクティブ10（114ページ参照）と同じく悪い目標ではないが、健康な微生物叢の鍵となるのは多様性なので、できるだけたくさんの種類の食品を食べるほうがよい。

栄養不足かもしれないことを示す徴候には、以下のようなものがある。

・青ざめた顔をしている。鉄が不足すると、赤血球が小さく、また少なくなる。目の周りや唇や歯茎が青ざめているのはその証拠。医者に診てもらったほうがよいが、それまでは、レンズマメ、牛肉、ホウレンソウ、マメ、ブロッコリを食べてしのぐこと。

・髪の毛が細くなったり切れやすくなったりする原因には、タンパク質不足とビタミンC不足の二つがある（バイロン卿は短期集中ダイエットを何度もやっていて、抜け毛と白髪に悩んでいた）。若白髪は、銅かビタミンDが不足しているからかもしれない。銅を補うにはヘーゼルナッツやアーモンド、ビタミンDには乳製品や卵や脂肪分の多い魚がよいが、日に当たることに勝るものはない。アメリカでは約四二パーセントの人がビタミンD不足の疑いがある（老人では七四パーセント、肌の色が濃い人では八二パーセントにも達する)。

・果物や野菜のカルシウム含有量が下がっているが、カルシウムは身体のすべての細胞が必要とする栄養素である。食事から十分な量のカルシウムを摂取していないと、骨からカルシウムが放出されて骨軟化症や骨粗鬆症になりかねない。鮮やかな緑色の野菜（ブロッコリやケールなど）および乳製品には、カルシウムが大量に含まれている。イワシの缶詰一缶には、カルシウムが推奨一日摂取量（健康なアメリカ人の九七から九八パーセントに必要な一日の摂取量）の四四パーセント含まれていて、最近の研究では微生物叢にもよいという。

5　骨盤を持ち上げる

骨盤が前方に傾いている人は、定期的な運動をすることで骨盤を持ち上げることができる。とくに体幹を意識する必要はなく、何らかの形で腹部に効く運動ならほぼどんなものでもよい。多くの人が、脊柱はまっすぐ「力がかかっている」ほうが安定だと思いこんでいるが、それは間違い。正常な姿勢では脊柱はゆるやかなS字を描いていなければならず、それが最高の性能を発揮する本来の形である。

6　泥を食べない

この第Ⅳ部を読んでそうしようかと思った人もいるかもしれないが、土は食べないように。

7　最低でも一日一万歩は歩く

一万歩歩くと約七キロになる。一万歩というのは完全に適当に決められた値である。二〇一一年に発表されたメタ分析では、戸惑ってしまうような結論が示された。「健康な成人は一日におよそ四〇〇〇歩から一万八〇〇〇歩歩くとよく、一日一万歩というのは健康な成人にとって理にかなった目標だろう」[40]。このように歩数に大きな幅が出たのは、四〇〇〇歩から一万八〇〇〇歩歩いているときの運動強度の報告値に大きな開きがあったためである。たとえばスカッシュをしている最中には四〇〇〇歩くらいしか歩けないだろうが、心臓血管へのメリットはその割にかなり大きい。私が思うに、人類が二〇〇万年以上ずっと歩いてきた距離、つまり一日あたり八キロから一四・五キロ、約一万二〇〇〇歩から一万八〇〇〇歩を目指すべきだ。切りのよい数字を目安にしたいなら、一週間に一〇万歩とすれば狩猟採集民に近づける。

8　裸足の時間を増やす

靴を履くと歩幅が広くなる。かかと部分のクッション性がよいと地面を強く踏みしめるので、靴を履いた状態で身についた歩き方だと、裸足になったときに歩きづらく感じるだろう。裸足か、または足に合わせて変形するふにゃふにゃの靴を履いて、歩いたり運動したりすること（ウェイトトレーニングを含む）。そうすれば、身体が望んでいるとおりの形で足の内在筋が荷重や運動に反応できる。

9　ウォルフの法則に注意

ウォルフの法則（ドイツ人解剖学者で外科医のユリウス・ウォルフが一九世紀に導いた）によると、健康な人間や動物の骨は、その場所にかかる負荷に適応するのだという。筋肉や腱や靱帯も負荷のあるなしに適応してしまうので、使えなくなるのを防ぐには動かして使うこと。

10　動かさないと衰える

腰痛を防ぐいちばんの方法は、運動によって、動きや負荷に耐えられる身体を作ることである。

動かすと腰痛がさらに悪化するというのは誤解で、研究によればその逆である。運動も同じ。あまり使っていない筋肉はとても傷つきやすいが、鍛えた筋肉は傷つきにくい。マイク・アダムズ教授は次のようにいっている。「運動で死ぬことはなく、逆に身体を強くしてくれる。どの組織も力学的な負荷に適応する。骨についていうと、負荷がかかることで組織がより硬く強くなる。軟骨も同じだが、とてもゆっくりで何年もかかる。筋肉は適応するのが速い」。

二〇一八年に発表された研究によると、長期にわたって微小重力下ですごした宇宙飛行士には、脊柱に負荷がかかっていなかったせいで、脊柱のこわばりや椎間板の膨らみや筋萎縮が生じる可能性があるという。[41] このように脊柱に負荷がかからないと、腰痛が起こる。日常活動の一部として、定期的にものを持ち上げたり負荷をかけたりすることを勧める。キャリアの長いボート選手はつねに脊柱を最大限曲げて負荷をかけているが、腰痛に悩まされる割合は、いつも座って仕事をしている中年と同程度だ。マイク・アダムズ教授がいうには、「オリンピック選手は脊柱（骨や椎間板）のさまざまな異常を抱えていることが多いが、痛みは平均的な男女と変わらない」という。ボートを漕ぐという動作は、脊柱が耐えられるなかでももっとも負荷のかかるものだが、ある程度トレーニングを積めば怪我はほとんどしない。しかしご用心。どんなトレーニングでも、急に増やせば怪我につながる可能性が高い。[42]

11　痛いからといって必ずしも傷ついているわけではない

苦しんでいる人にはなかなか理解できないし、強い痛みは身体が傷ついているサインのように思えることが多い。だが研究によって次々に示されているとおり、スキャンで診断できるどんな要因よりも、社会的および文化的な影響（および、症状が続いている期間や患者の思いこみなどの要素）のほうが、痛みがやわらいだりひどくなったりするのに大きな影響を及ぼすという。

12　スキャンを受けるかどうかは注意して考える

スキャン診断を受けても、九九パーセントの確率で腰痛の原因は突き止められない。そう遠くないうちにＭＲＩで筋肉の問題を特定できるようになるだろうが、ほとんどのケースではスキャンを受けても費用に見合うだけの価値はない。

13　身体に合ったブラジャーをつける

胸が大きいと脊柱に負担がかかる。身体に合ったブラジャーは、腕を頭の上に挙げたときに下側のワイヤーが皮膚から浮かないようなものである。浮くようになったら合わせ直したほうがよいかもしれない。

14　座らずに立っているようにして、仕事の環境を見直す

仕事の環境を少しでも変えて、もっと身体を動かせるようにするとよい。立ち机を使うのはよい考えかもしれない。立ち机を使えばもっと活動的になるだろうが、立ったり座ったりしたときに身体に合うよう、調節可能なものを選ぶこと。また、一カ所で長時間じっと立っているのに相当する「自然な」姿勢などというものは、そもそもないということを忘れないように。初期の人類は丈の長い草のあいだから頭を突き出して遠くの様子をうかがっていたが、けっして彫像のように立ちつくしていたわけではない。好きな時間立っていたら、座って休むこと。

第V部　未来

ホモ・サピエンス・イネプトゥス

まず足のつま先から話をはじめて、足のアーチについて探ってきた。そこで最後は、現代生活でスワイプやタッチやタイプをしている器官、すなわち手の指先で締めるのがふさわしいだろう。

足と同じように手も、もともとはひれだった。手の指は五本。クジラやカンガルーから霊長類に至るまで、これほど多くの動物が指を五本持っている理由について、説得力のある説明を考えついた人はまだ誰もいない。ウマやシカは？　ひづめを持つ四足動物は、進化の過程で伸びた中指の爪で走っていることになる。イヌは指が四本しかないように見えるが、五本目の指が足の少し上のほうに隠れていて、それをオオカミ爪という。

人間の手も足と同じように、指の本数が多い人が時折いる。手も足も骨の本数はほぼ同じ（距骨は二本の骨が融合してできていると考えている人もいる）。手にも足にも、アーチを作る筋肉が四種類ある（ただし機能はまったくちがう）。手のほうが関節の数が少ないが、そのぶん筋肉が多いため、可動範囲が広いし複雑な動きができる。情報時代の私たちがもっぱら必要としている三つの部位、それは、目と脳、そしてあらゆるデータをやりとりする手であるといえる。

人間の手と指は、四足歩行中に体重を支えたり、木の枝につかまってぶら下がったりしていたころからは大きく変化している。数百万年のあいだにそれらの機能を失い、二本の足で身体を支えるよう適応したのだ。

親指がほかの指と向かい合わせになっている動物種はけっして私たちだけではないが、人間の親指だけがかなり強く、しかもほかの指から大きく分かれている。そのため、分厚い筋肉によって並々ならぬ力を発揮するとともに、さまざまな認知処理を組み合わせて、弓矢を握って放ったり、槍を正確に投げたり、電話を持ちながら同じ手で「いま向かっている。あと一〇分」と入力したりできる。

人間が進化する上で手は、汗や脳の大きさと同じくらい重要な役割を果たしてきた。[1] 人間の解剖学的構造のうち多くの部分が狩猟に適応していて、手もその例外ではない。進化上もっとも重要だった役割の一つが、道具を作って使うことだが、それとともに動きの正確さを高めることも重要だった。足は地面に付いているが、手はつねに空中で開いている。他人の肌やスマートフォンに触れたくてたまらないのを我慢している。ほとんどの時間は何も気づかずに、やみくもに手探りしている。それでいて、何でもできるのだ。

人間が達成したり作ったりしてきたものにはほぼすべて、手が使われた。棒を拾うことから、宇宙ステーションの船外モジュールを修理することまで、何でもこなしてきた。手という二つの器官が、もののイメージを現実に、生物学的集団を社会に、石を道具に、そして時間の流れを歴史に変えたのだ。

生物学的な時間の流れが歴史になったのは、絵を描いたり文字を書いたり彫刻したりする方法を身につけたときだった。手の器用さが人類の進化にさまざまな影響を及ぼしたことで、まるで魔法のように思いがけず指がちがった使われ方をするようになったのにちがいない。それまでは、生物学的な結びつきによって共感したり社会の一体性を感じたりしていた。また、触れたり毛繕いをしたり、性的関係を結んだりして健全な集団を維持していた。しかし手は、しぐさや合図でコミュニケーションをとることで、腕の長さよりもずっと遠い場所にさまざまな事柄を伝えることができた。だがしぐさや合図だけでは、技術として限界がある。ものをいじったり撫でたり、ときには戦ったりするのに手を使っているだけでは、築くことのできる社会にどうしても限界があった。社会が一集団の大きさから、たとえば都市に成長するためには、それとちがう技術やコミュニケーション形態が必要だ。

第9章　超人類への扉を開ける「手」

人間とほかの動物とのいちばんのちがいは、想像力があるかどうかだとされている。現在を超えて未来や過去に思いを馳せると同時に、そのときどきの瞬間や交流を概念にまとめて、社会がどのように機能するか、あるいはどのように機能すべきかに関する共通の信念体系を構築する。人類が芸術を生み出したことで、これらがすべて一つになったのだ。

ジル・クックは著書『氷期の芸術——現代的な心の到来』（*Ice Age Art: Arrival of the Modern Mind*）のなかで、知られているかぎり最古の表象的彫刻について説明している。それは約四万年前のもので、ヨーロッパの最後の氷期のまっただなかに作られた。二〇世紀半ばに南ドイツの洞窟の奥からばらばらの状態で発見され、復元されたのはそれから何十年か経ってからだった。高さは約三〇センチ、ライオンマンと呼ばれている。

一見してあきらかに直立しているが、マスクをかぶった人間ではなく、ライオンの耳がぴんと立っていて、あたかも人新世の人間の視線に気づいているかのようだ。腕は身体の横に垂れ下がっているが、胴体からは少し浮き上がっている。この彫刻を作るには、材料（マンモスの牙）でなく作業時間の点でコストがかかったはずだと推測されている。

過酷な気候のなかで暮らしていたこの部族集団は、誰か一人に全精力を注がせてこの彫刻を作らせる価値があると判断した。目を惹くのはこの彫刻そのものだけでなく、彫刻に必要な腕もかなりのものので、製作者にとってはじめての工芸作品でないことはあきらかだ。この一体を作るだけで何百時間もの作業を必要とする。一方でこの彫刻の表象性は、長く失われていた世界への扉を開いてくれる。世界のしくみや、死者やあの世と自分たち生ける者との結びつきに関する、その当時とその土地での共通ビジョンを教えてくれている。そしてまた、当時の人びとが共有していた信念体系と、そのための祭祀物のことを伝えてくれているのだ。

手で彫られ、おそらく人の手から人の手へ引き継がれたことで表面がなめらかになったこの彫刻は、人間の手先の器用さによって作られ、おそらくこの部族の何世代にもわたって数えきれない人に触れられたことで意味を持つようになり、ひるがえって彼らの周りの世界にも意味を与えた。

ライオンマンは目を見張るような作品だ。北ヨーロッパの氷床の上には四万年前にすでに大勢の人間が暮らしていた。その社会は手によって築かれ、その社会的団結がマンモスの牙に彫りこまれたのだ。

手工芸品がきわめて個人的な所有物で、製作するのに技能と知性が必要で、分配できる数がかぎられているのとは対照的に、知識や習慣、概念や生き方は、ひとたび腕の長さよりも遠い距離に（視覚的または文字を通じて）伝えられるようになれば、その可能性は際限なく広がる。すぐ近くにいる人とだけ密接な社会的つながりを持つのでなく、いまでは別の国の誰かにEメールを送って、その人の研究論文を読み、その国まで行って、会う手はずを整え、帰国し、会ったときのことを文章に書き留め、そして本にまとめることができる。

人びとや概念との距離を縮めるという手の能力は、人類の進化の上でほかのどの身体部位よりも重要だったのだろう。知識が伝われば、生物学的な制約を乗り越える可能性が開ける。そうすれば、身体の限界をうまく操り、高め、あるいはかいくぐって、個人または集団の知性で特定の問題にとり組めるようになる。

かなり素朴な話に聞こえるし、実際にそうかもしれない。中規模の部族に相当する一五〇人という社会学的上限を、「大胆に乗り越える」というのだ。いまでは手は、テキストメッセージやＷｈａｔｓＡｐｐ、インスタントメッセージやインスタグラム、フェイスブックやツイッター、あるいはＥメールを通じて、この社会的結びつきを築いている。コミュニケーションの最前線にあるのはつねに指先だが、私たちは口がその役割を担っていると勘ちがいしている。そうしてあちこちで奇妙なミスマッチ病が起こりかねない。

現代生活における知的認知作業は、重要である一方で容易に見すごされかねない。都市の住人が、見知らぬ人をめったに見かけないような世界を想像するのは難しい。ほとんどの人にとって、出会う人の大部分は見知らぬ人であって、その状況に対処するために、公共の場でもあたかも一人だけでいるかのようにふるまう。

私たちをとり囲むメディア環境にも、同じく圧倒される。かつて人類が進化した小集団のなかでは、事実認識に関する意見の不一致はあまり多くなく、政治的世界観や宗教や生き方についても対立はなかった。一方で現代の私たちは、部族内の直接的な関係性や、集団内の全員が共有する世界観から必然的に生まれるはずの、忠誠心や強い社会的絆を持ち合わせていない。そのため、さまざまな選択肢や、ときに相反する概念や考え方に圧倒されて、大量の情報をふるいにかけなければならない。

人新世には、手は注意力と同じように、重い負担を負って酷使されているように思える。手はつねに何かをしている。手は使われすぎていて、コンピュータの前にいないときでも、スマートフォンやタブレットでテキストを打ったりタップしたりスワイプしたりしている。暇な時間にはゲームのコントローラを握って格闘している。ゲームをする習慣がない人でも（イギリスだけでゲーマーは約三三〇〇万人いるという）、きっと一日中ネットサーフィンをしたりコンピュータを使ったりしているだろうが、それでも手は昔より弱くなっている。

世界的に見ても、今世紀に入って以降、インターネットの利用はもちろん急増している。二〇〇〇年の時点では、インターネットはまだ普及しはじめたばかりで、頻繁にネットに接続している人はわずか二〇億人ほどだった。二〇一八年にはその人数が倍近くになり、高所得の国々ではインターネットユーザーの割合が九〇パーセントを優に超えている。中国だけでも約七億五〇〇〇万人のインターネットユーザーがいる。若い人ほど頻繁に使っていて、世界中の若者の七〇パーセントがいつもネットに接続している。イギリスの二〇一八年のデータによると、一六歳から三四歳の人の九九パーセントがデジタルネイティブだという。[2]

何とも慌ただしい習慣だ。誰もがほぼつねに手を使っていて、そのせいで反復運動過多損傷（ＲＳＩ）という新たなたぐいの指の病気が発生している。これは、手の使いすぎにともなう幅広い病状のことである。ＲＳＩの増加は、労働環境の変化と結びついている。産業革命のときにも、さまざまな仕事が手を使って行なわれていた。指が身体のほかの部分と同じくらい疲れ果てたのは間違いないが、さまざまなたぐいの活動を行なっていたため、手は強く丈夫になり、障害への抵抗性も高まっていた。指がキーボードを叩きたがらなくなるのは、あとどのくらい経ってからだろうか？

インターネットがはじめてつながったときの興奮ははっきりと覚えている。一九九五年ごろにはじめてコンピュータを手に入れたときのことも、一九九八年に自宅にダイアルアップ回線を引いたときのことも覚えている。このテクノロジーは何十年も前から、デジタル(デジタル)であると同時に指を使うものでもある。いまはまだ手入力が主流だが、時代は変わろうとしている。部屋の反対側からＳｉｒｉやＡｌｅｘａに話しかけて、「今日の天気は？」と聞くだけで、決まって正しい答えが返ってくる。しかし、照明を六〇パーセントの明るさにしてくれと頼んでも、ちゃんとやってくれる確率は同じく六〇パーセントくらいだ。

私が最初に買ったコンピュータにも、ちょっとした音声認識ソフトが入っていた。使い勝手が悪くて四、五時間訓練しなければならなかったが、おおむねうまく動作した。そのころから比べると、家庭用コンピュータのプロセッサの性能は三〇〇〇パーセント以上向上したが、音声認識機能はごくわずかしか進歩していないように思える。たしかに認識率は約九七パーセントから九九パーセント程度に上がった。まずまずの精度に思えるが、一行ごとに一カ所間違えるのに相当し、本格的に使おうとするといらいらする。それでもこのテクノロジーは進化の途上で、いずれは完成するだろう。

スマホ時代と「反復運動過多損傷（ＲＳＩ）」

Ｓｉｒｉとのあいだでこういう会話になった。

「ヘイ、Ｓｉｒｉ。ＲＳＩ（アールエスアイ）って何？」

「アワー・アサイーですか？　今後数カ月にわたって何の情報も見つかりませんでした」

「ＲＳＩとは何？」

「九時五三分です。おはようございます」

「ちがう、Ｒ、Ｓ、Ｉとは、何？」

「アワーＳＩについての情報は見つけられませんでした」

「[早口で]　ＲＳＩとは何？」

「ライス・アイについての情報は見つけられませんでした」

「ＲＳＩ、とは、なーに？」

「ＯＫ。情報を表示します」


そうしてＳｉｒｉは、労働衛生専門家の悩みの種であるこのミスマッチ病に関するウィキペディアのページを表示した。このやりとりを見るかぎり、機械が世界を乗っとるといったたぐいの恐怖はなかなか掻き立てられないが、ＳｉｒｉやＡｌｅｘａもいずれはあっという間に学習できるようになるだろう。そうした機械はやがて登場するだろうが、それまではすべて手で入力するしかなく、手にとっては困りものだ。

ＲＳＩは、あなた、またはあなたの知っている誰かが苦しんでいる一連の病気である。ほぼ誰もが人生のどこかの時点でかかるし、どんな年齢でも発症する可能性がある。手の筋肉や腱や軟組織が影響を受け、反復作業や強い振動、圧力や力の行使（とくに激しい活動）にともなって起こる。たいていは、同じ姿勢を維持したり、おかしな姿勢で仕事をしたりすることで発症する。

コンピュータの登場以前、ＲＳＩは、小中学生がとくに試験中に気づいたとおり、筆記具を長い時間持っていたことによるいわゆる書痙（しょけい）にすぎなかった。イタリア人医師ベルナルド・ラマッツィーニがある物書きのこの症状に気づき、一七一三年に記録を残している。いまではキーボードとマウスがおもな犯人だが、タイピストや工場労働者、音楽家やスポーツ選手もかかる。かつてはＲＳＩは稀な病気だったが、いまではイギリスだけでも、生産性の低下によって年間五億ポンド（約七五〇億円）

程度の損失を与えている。RSIによって一日あたり六人が仕事を辞めているのだ。[3]

スウェーデンではつねに座って仕事をしている人の五人中三人が、オランダでは大学生の四〇パーセントほどが、この症状にかかっている。ヨーロッパ健康医療科学大学ローベンス健康人間工学センターの報告によると、この患者は全般的に男性よりも女性のほうが多いという。[4]

RSIにかかる人とかからない人がいる理由はわかっていないが、各症状どうしの相関性はきわめて高い。症状としては、痛み、うずき、圧痛、こわばり、ズキズキする痛み、チクチクする痛み、感覚麻痺、脱力、けいれんがある。血液循環が滞って、手や手首や腕の筋肉が張り、炎症が起こる。ひどくなると、症状が何年も続いたり、一生消えなかったりすることもある。物書きはよく執筆の痛みを訴えるものだが、なかには極端な人もいるのだ。[5]

アーサー・マンビー（一八二八－一九一〇）は詩人で弁護士だったが、いまでは、労働者階級の女性に夢中な様子を記した日記でよく知られている。街なかを歩いてはそうした女性と交流し、会話の内容を記録して、しぐさや服装や癖を観察した。自分のぽっちゃりした柔らかい色白の手と、相手の手を比べることも多かった。一八六〇年八月二一日の日記には、次のように記されている。「相手の右手が、色の薄い仕事着から突き出した大きくて赤い塊のように見えた。とても幅が広く、四角くて分厚く、身長六フィートのれんが職人と同じくらい大きくて強かった。……皮膚はざらざらで、私の手は横に並べるととても白く小さく見えた」。[6]

現代の私たちの手首が張っていてボキボキと音を立てるのと同じく、彼女たちの神経はうずくように痛み、まさに労働者の手だった。マンビーの青白くてずんぐりした指は、工場労働者の曲がった背中や灰色の顔と同じように、階級の証だった。

作家ジョージ・エリオットもそうで、その変わった手は何世代にもわたって伝記上で議論の的になってきた。右手が大きくてがっしりしており、若いころにずっと牛乳をかき回してバターを作っていたせいだといわれていた。エリオットの手が実際にそうだったかどうかは重要ではない（もちろんそんな手ではなかった）が、ではなぜこの疑問がさかんにとり上げられたのだろうか？　おそらくそれは、一九世紀には服装の決まり事があまりに多くて、とくに女性の場合、頭と手以外は全身が隠れていたからだろう。体型ややつれた顔のラインと同じく、手も生活スタイルを物語っているように思えるが、とくに手は、顔つきよりも雄弁に労働生活の跡を表す。そもそも仕事は手でするものなのだから。

利き手のほうが骨密度や筋肉量が高くなるのは避けられないが、目につくような差は出ないだろう。牛乳をかき回していたり、金づちをふっていたりしたからといって、手がとんでもなく大きくなることはない。選手権で優勝するようなテニスプレイヤーは、選手人生を通じて一方の腕と手をとてつもなく多用するが、センターコートでの決勝戦を終えたアンディー・マレーがたとえば王女と握手しようとしても、スウェットバンドを着けたパエリア鍋のように見える手を差し出された王女が恐怖で後ずさりするようなことは起こらない。確かにほとんどのテニスチャンピオンの前腕はトレーニングのせいで一方がもう一方よりもあきらかに太いが、手はそんなことはない。前腕の筋肉と同じように手を大きくすることはできない。三〇年間毎日トレーニングしても、筋肉は増えるものの、手はふつうの大きさのままだ。

いまや大勢の人がＲＳＩをわずらっていることから、一つ疑問が浮かんでくる。その原因は、かつての世代よりも手が弱くなっているからなのだろうか？　骨密度のスキャンによればどうやらそのとおりらしいが、ＲＳＩは手や手首や腕の軟組織に影響を及ぼすため、化石記録にはほとんど痕跡が残らない。確かに初期の人類は、動物の皮を剝いだり、石器を作ったり使ったりと、負荷の大きい反復的な活動を現代人よりも多く行なっていたが、そのぶん内在筋も強かったはずだ。農耕開始前と後の女性の骨をスキャンすると、どちらもこんにちのボート競技のオリンピック選手よりもずっと骨が強かったことがわかる。

一九世紀の肉体労働者についてはどうだろうか？　ウィリアム・ダッドの言葉を信じるなら、一九世紀の児童労働者のなかには指がまったくない子どもが多かったという。「幼い子どもは運転中の機械を掃除させられ、そのために指や手や腕を瞬時に失うことが多い」[7]。

記録がとられていた数少ない施設の一つであるマンチェスター王立診療所では、一八三九年から四〇年のあいだに、この地域だけで足や手の切断事故が五七件記録されている。フリードリヒ・エンゲルスも著書『イギリスにおける労働者階級の状態』のなかで、児童が片手を失ったり、それによる合併症で命を落としたりするという恐ろしい事故を何件かとり上げている。

当時、手は工場労働にとって欠かせなかったため、労働者自体の集団も働き手と呼ばれるようになった。そこには出来高払いの労働者も含まれていた。たとえばレース編み職人やマッチ箱製造人は、作業中に手を失う可能性こそ低かったとはいえ、つねに手を使って仕事をしていた。ところが、RSIに似た症状に関する言及はいっさい見当たらない。この時代に一連の工場法が次々に成立したが、かえって、空いた手のために新たな作業を見つけなければならなくなったくらいだ。

現代の私たちの手は、つねに使いつづけているというのに、以前の世代よりも弱くなっているようだ。一九世紀の労働者の骨密度スキャンの結果は存在しないが、当時の大多数の人にとってふつうだった手仕事の種類を考えると、彼らの筋肉量や骨量がこんにちの私たちよりも高かったことはほぼ間違いないだろう。一方で私たちは、日中いっぱいコンピュータで仕事をして、夜はゲームをしたり、ダブルスクリーンを使ったりしている（つまりテレビを見ながらスマートフォンやノートパソコンをいじっている）。

私たちの手は注意力と同じようにけっして休むことがないように思える。まるで、好奇心を満たす見返りに際限なく与えられるドーパミンに溺れきっていて、その依存症から抜け出す術を知らないかのようだ。タッチ、クリック、スワイプなど指でやるすべての操作がこの報酬系に組みこまれていて（生殖器を含め身体のほかの部位はそんなことはない）、手と脳の連結が不釣り合いに強くなっている。

その一方で、私たちが世界に起こそうとしている根本的な変化の一つが、膨大なリソースをつぎこんで、もはや手を必要としないような環境を作り出そうとしていることだろう（現時点ではそれがほとんどの技術革新の推進力になっているようだ）。ＴｏＤｏリストやメモや日記を書いたり、メッセージを送ったり、映画の時間を調べたり、ショッピングサイトの買い物かごに商品を追加したりといった日常的な作業の縄張りを、ＳｉｒｉやＡｌｅｘａといった人工知能アシスタントが荒らしはじめているし、自動運転車も夢の未来技術として急速に実現に近づきつつある。

いまのところ、データをやりとりするにはいまだに手が欠かせない。スマートフォンやタブレットの登場で、マウスやキーボードを使わずにソフトウエアそのものにタッチできるようになった。アップルもマイクロソフトも、手ぶりによる操作のための特許申請に何年も前からいそしんでいるが、長期的には、脳とプロセッサをつなぐもう一つのリンクもなくすことが考えられている。最近のスマートフォンに顔認証機能が搭載されたことで、近いうちに指紋は本人確認の要件としては不要になるだろう。その次には音声認識機能も実現に近づいている。

ウインドウズ10の今後のアップデートによって視線追跡技術のサポートが強化され、適切なハードウエアを使えば、視線でマウスを操ったり、スクリーン上のキーボードをタイプしたり、動画の再生や一時停止などの単純な指示を出したりできるようになるだろう。そのためのソフトウエアはいまのところ未成熟だが、開発のペースが速まるのは間違いない。コンピュータとのやりとりの手段として、指を使った入力方法はやがて二次的なものにすぎなくなるだろう。

　これらを考え合わせると、手は身寄りを失いつつある最中だといえる。そうなったらどうなるのか？　現代生活が教えてくれているとおり、手は何もしていないのが好きではないのだ。


　二〇一八年一月、ロンドン中心部から郊外へ向かう列車に乗っていてあたりを見回すと、混み合った車両のなかでスマートフォンをいじっていない人が一人もいないことに気づいた。「このスマホゾンビどもが！」と私は心のなかでつぶやいて、車両じゅうに軽蔑のまなざしを送った。少なくとも一瞬だけはそう思ったが、すぐに、私も同じくスマートフォンの画面を見ていて顔を上げただけだと気づいた。ここ五年でこの光景が当たり前になってしまったのはなぜだろうか？

　おかしなことにスマートフォンは人間工学的にはできていない。手ではなくポケットに合わせて設計されている。この作業負荷の変化によって、私たちの手も当然変化しつつあるのだろうか？

　いまではさまざまな学者が、「メール指」や「携帯指」といった新たなミスマッチ病を発見したと主張して人びとの関心を惹こうとしているが、似たようなセンセーショナルな主張には長い歴史がある。一九八〇年代には「任天堂指」をめぐる同様の懸念が広がったし、二〇〇〇年ごろには「ブラックベリー指」なるものもとり沙汰されたが、いずれの呼び名も定着しなかった。それは、ほかの病気とあきらかに異なる症状が表れなかったからだ。病院に行ってスマートフォン由来の痛みを治療してもらう人もいるが、幸いなことに人数は少ない。インスタグラム中毒の人やツイッターにとり憑かれている人のなかには、スクロール指に苦しんでいる人もいるだろうが、深刻な常用癖の人はごく一部だ。

一九八〇年代や九〇年代、任天堂などのゲーム機を使いすぎる人はどのくらいいたのだろうか？私が想像するに、かなり少数、おそらく一パーセントから二パーセントだったと思う。それに比べると、スマートフォンの利用者数はとてつもなく多い。しかしそれのどこが問題なのだろうか？
スマートフォンは人間工学的にできておらず、正しい持ち方というものはない。受験生に襲いかかる書痙と同じで、手が痛み出したら少し休んだほうがよい。編み物や縫い仕事、機織りや石削りなどどんな作業でも、ひとたびＲＳＩになってしまったら、何を差し置いても手を休める必要がある。ＲＳＩの諸症状は、一つの決まった作業をやりすぎることで起こる。ＲＳＩの症例が増えているのは、ここ二〇年で労働パターンが変化してきたことと深い関係がある。
いまでは多くの人がノートパソコンを持ち歩いて仕事をしていて、優先すべき案件が何であろうが、それに奪われる時間と機会が増えている。イギリス衛生安全委員会事務局が発表した最新の値によると、ＲＳＩをわずらっていて治療を望んでいる人は〇・〇〇七三パーセント、五年前の〇・〇〇六パーセントから増えている。アメリカ国立職業安全健康研究所の推計によると、ＲＳＩの患者数は全体の七パーセント、労働による怪我の約五〇パーセントがＲＳＩであるという。[8]
一〇年前には状況は少しちがっていた。イギリス理学療法公認協会の推計によると、二〇〇六年から二〇〇七年までに、ＲＳＩによる経済的損失は年間三億ポンド（約四五〇億円）、三五〇〇日分の労働時間が失われたという。[9]
許容できる値だと思うかもしれない（三億ポンドなんて、たとえば腰痛や2型糖尿病によるコスト、あるいはアメリカのＧＤＰ一二兆ドル（約一二〇〇兆円）に比べたら大海の一滴だ）。しかし、これまで数十年にわたって医師や雇用者や公共医療機関がこの問題にどれだけの研究やお金やリソースをつぎこんできたかを考えてほしいし、損失額や患者数が増えているのも気がかりだ。許容範囲を超えようとしているのではないだろうか。手をめぐる環境は変化していて、仕事でも娯楽でも誰もがコンピュータやスマートフォンで同じ操作をする段階に近づきつつある。

アメリカでは、ＲＳＩによる労働者への補償に年間二〇〇億ドル（約二兆円）がかかっている（雇用者や保険会社にとってはかなりの額）。一九世紀の出来高払いの労働者や工場労働者が仕事の話のなかで似たような不満を訴えなかったのは、お金の問題が大きな理由の一つだったのだろう。彼らは、機械に手をもぎとられないよう気にすることや、昨日の日当だけで今日を食いつなぐことにかまけるあまり、手首が多少痛くても心配する余裕などなかったのだ。また、雇用者や保険会社に訴えることもなかった。

患者にとってＲＳＩは、体力を奪って活動を邪魔する苦しい慢性病だが、すべての人に発症のリスクがあるわけではない。また、手が使い方に応じて変化したり進化したりしていることもない。なぜか？　スマートフォンを使う能力が生殖に何らかの形で有利だったり不可欠だったりしないかぎり、遺伝的変異として優先されることはないだろうからだ。

私たちの手が人間という動物種にとってどれほど特徴的なものか、それをもっと知るには、もう少し時代をさかのぼる必要がある。

精神分析医で作家のダリアン・リーダーによると、私たちがスマートフォンを手放せずに、会議や映画や観劇の最中でもいじっているのは、画面をタッチするのが喪失感の表れだからだという。赤ん坊のころに母親と触れ合おうとして、とりあえずあちこちに手を伸ばしていた身ぶりを、再現して追体験しているというのだ。スマートフォンを使う理由はさまざまだが、この説にも一理あると考えたくなる。私たちはこのテクノロジーを通じて、母親とはちがうがやはり安心感を与えてくれる触れ合いや結びつきを探しているのではないだろうか。

画面をタップする指は、グーグルをさまよっているのでも、マッチングアプリのＴｉｎｄｅｒを右へスワイプしているのでも、写真のライブラリを整理しているのでもなく、知らず知らずのうちにやむにやまれぬ検索を行なっているのかもしれない――生まれ故郷に戻る術を見つけようとして。

私たちの「手」は何をもたらすのか？

現代の私たちとは大きく異なる構造の手を見つけて、人間の手がどのように変化してきたかを知るためには、どのくらい時代をさかのぼる必要があるのだろうか？

手の問題に関する世界的専門家の一人に会いに行った。ケント大学の自然人類学教授トレイシー・キヴェルは、霊長類の歩行や骨格形態、そして人間の二足歩行と手の使用の起源や進化を専門としている。現生および絶滅した霊長類の手を調べる研究プロジェクトを率いて、初期のヒト族がどのように手を使ってどのように生活していたかを解き明かしたいと考えている。手は人間の進化にとってきわめて重要な位置を占めているので、この研究は、私たちの進化史と人間の独自性に関する根本的な疑問に答えることを目指しているといえる。

キヴェルの研究チームは、生体力学や形態計測や３Ｄイメージング（大きさや形や内部構造を調べる技術）を使って、人間を含む霊長類における手の形と機能との関係性をあきらかにしようとしている。研究の出発点としては、現代の人間の手に注目して、外部からの刺激や負荷（鉄棒にぶら下がったり壁をよじ登ったりする）にどのように反応するかを調べる。また、チンパンジーと並んでＤＮＡが私たちにもっとも近い種である、ボノボの関節の形と機能にも注目している。

これまでの研究で、骨の内部構造が鍵を握っていることがわかっている。移動や形態に対する環境圧や進化圧がそれぞれ異なる種ごとに、骨の内部構造は大きくちがっている。手の構造自体も興味深いが、その内部に目を向ける必要もあるということだ。キヴェルのチームが探しているのは、関節面の下にある、小柱帯や海綿骨と呼ばれる骨内部の詳細なデータである。骨は負荷や使用に応じて一生にわたって作り替えられるので、小柱帯の精確な地図があれば、その骨が、歩行、ぶら下がり、岩登り、道具使いのうちのどのために使われたのか、あるいは、現代の人間のようにほとんど何にも使われなかったのかを知るのに役立つ。

よく保存されている足の化石がきわめて少ない（骨が小さくてかんたんに壊れ、ばらばらになって清掃動物に食べられてしまう）のと同じ問題が、手の化石にも当てはまる。現生人類の手や、ネアンデルタール人の手の化石として比較的完全な形で残っているものはいくつもあるが、それよりも昔のものとなるときわめて数が少ない。キヴェルのもとには、ホモ・ハビリスの不完全な手の化石が一組ある（「手首の骨が二個と何本かの指の骨がありますが、それくらいです」）。それ以外の大昔の化石記録は、いずれも一個だけ単独で発見された骨で、「何カ所かの発掘現場から断片が見つかっていますが、一個体のものとわかっているフルセットは一つもありません」。キヴェルがいうには、約四四〇万年前の、類人猿にとても似ているアルディピテクスの手の化石が一つあるという。ただし、足の指が大きく分かれていて、二足歩行よりも枝をつかむのに適していることから、アルディピテクスはヒト族であるという主張に異議を唱えている人もいる。

アルディピテクスと現生人類とのあいだの時代には、古人類学者リー・バーガーの九歳の息子が二〇〇八年に発見したアウストラロピテクス・セディバがいる。バーガーの息子が見つけたその鎖骨は、二〇〇万年前に生きていた身長約一二七センチの子どものものであることがわかっている。このヒト族の手は、ほぼ完全な形で発見された最古のものである。ほかの手の化石に比べると奇跡的に状態が

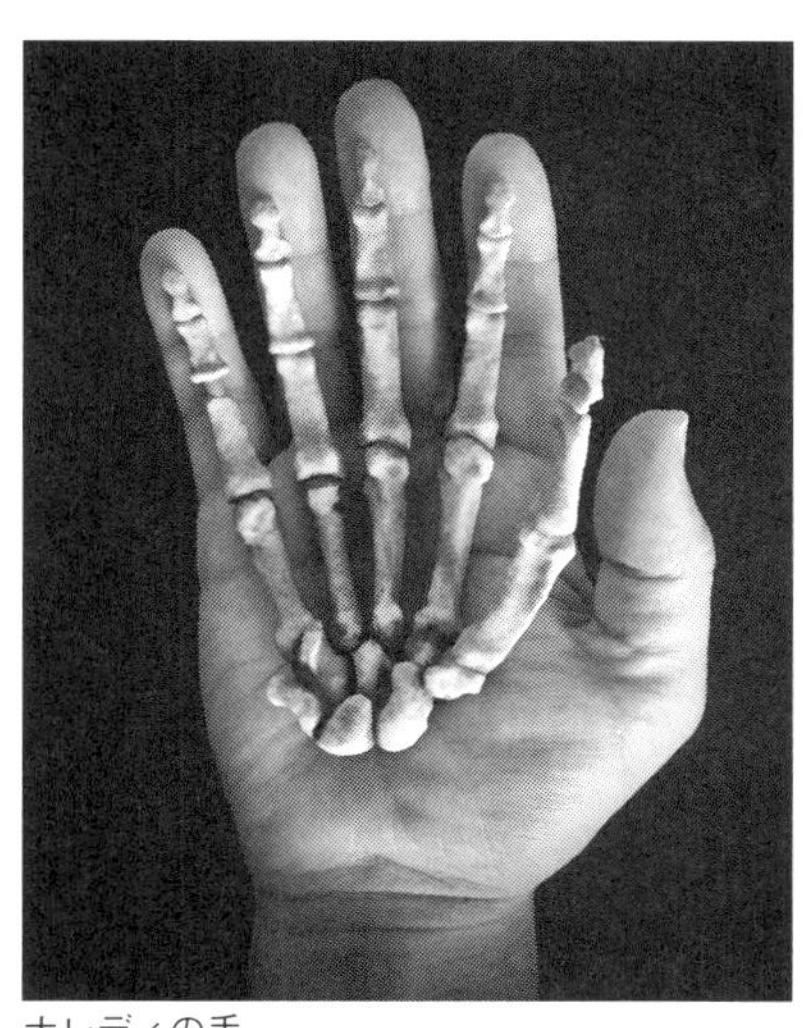
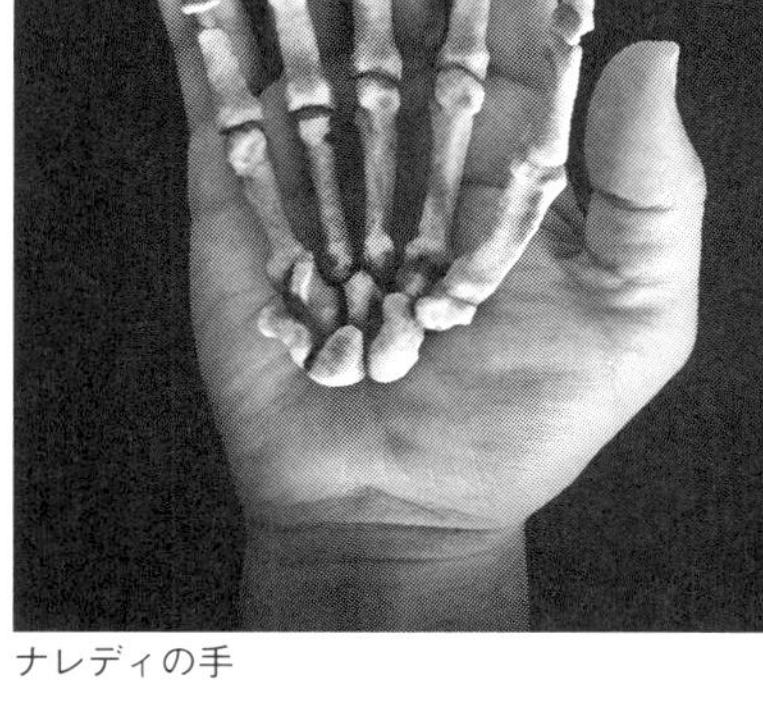

ナレディの手

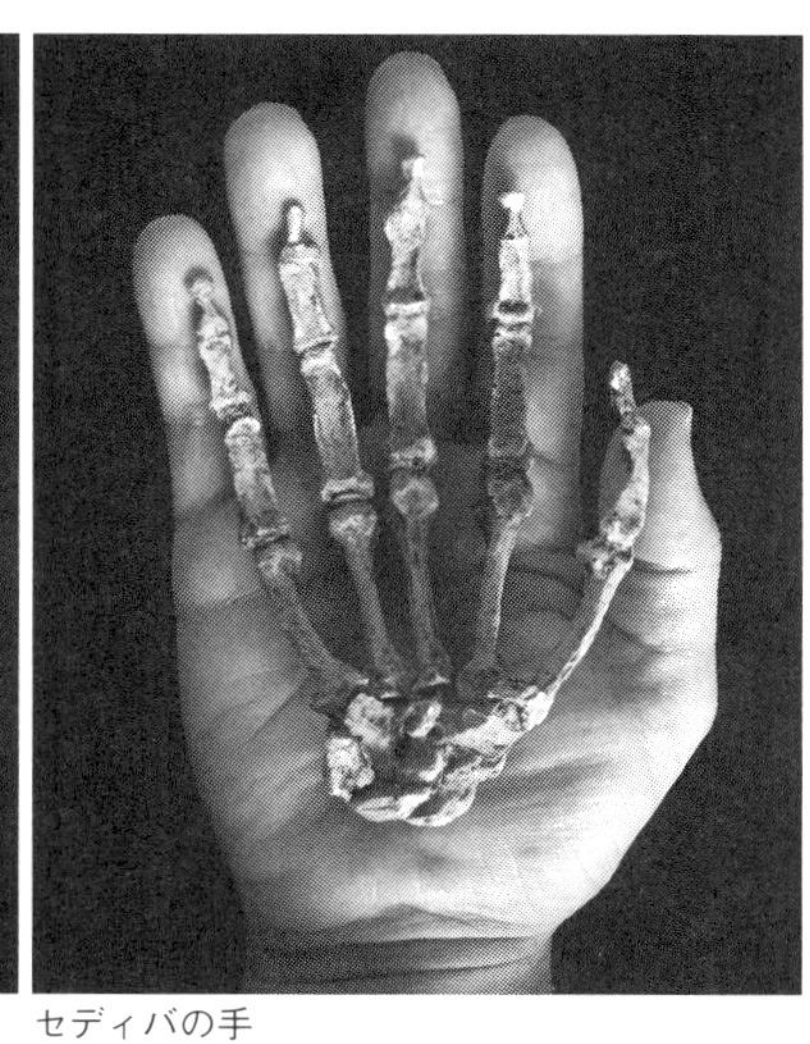

セディバの手

よい。現代の人間の手とおどろくほど似ていて、その形態から、ものを正確につかむことができたと考えられる。人差し指から小指までは現生人類と同じように短いが、親指はずっと長い。

　ものを正確につかむことは、手の器用さにとってとても重要である。紙をしわくちゃにせずに誰かに渡すには、親指の平とそれ以外の指の平を正確に合わせることが必要だ。人間はものを正確に強くつかむことができるし、力もかんたんに調節できる。指の平どうしを合わせる操作は、ゴリラなどほかの霊長類にはできない。ほかの霊長類は代わりに指の先どうしを合わせてものをつかむが、たとえ器用で経験を積んでいたとしても、たとえば私たちのように文字を書くことはできない。

　セディバの発見から数年後、バーガーのチームはまたもやお宝を掘り当てた。新種ホモ・ナレディの発見である（28ページ参照）。その発見に人びとは戸惑った。足は現生人類とほぼ変わらないのに、頭蓋骨（ひいては脳）は小さくてチンパンジーとほぼ同じ大きさだったのだ。すぐには放射性炭素年代測定が行なわれなかったため（化石を傷つけることになるから）、年代の推測値には大きな幅があった。形態だけからでは、数百万年ないし数十万年前とまでしかいえなかった。しかし結局、およそ二五万年前とかなり最近のものであることが判明した。

発見された骨のなかには、手の骨も完全な形で含まれていた。親指は私たちと同じように長いが、それ以外の指はかなり湾曲していて、アウストラロピテクス・セディバなどアウストラロピテクス属の種よりもさらに湾曲の程度が大きい。ホモ・ナレディは、ホモ・サピエンスのように走るための足と、類人猿のように曲がった指を持っていたのだ。

キヴェルの説明によると、ナレディは進化圧を受けて完全に現代的な二足歩行をしていた一方で、もしそれとともに樹上生活もしていたとすると、上肢はいまだに木登りの能力を残していなければならなかったのだろうという。

キヴェルのチームがその手の骨の地図を完成させてくれたおかげで、ナレディは樹上生活をしていたのか、あるいはセディバは道具を使っていたのかという疑問に、ある程度の答えが出せるはずだ。

手の各部分にかかる負荷や力のちがいは、骨組織の増減を通じて骨の内部構造に痕跡を残すが、では器用さについてはどうだろうか？　現生人類は飛び抜けて器用で、ライオンマンの時代以降、器用な技能を身につけて高め、彫刻や絵画や宝飾品を作ったり、一分間に八〇語タイプしたり、バッハのチェロソナタを演奏したりする動物種であることを見せつけてきた。

そこで、この能力はどの程度まで現生人類に特有のものなのかという疑問が浮かんでくる。キヴェルは、ほかの哺乳類に比べると霊長類は一般的に器用だという。「器用さが進化したのは、ほかの哺乳類が入手できないような種類の食糧を手に入れるためで、それはかなり有利に働きました」。もし霊長類にもとから器用さが備わっていたとしたら、二足歩行をすることは進化的にとても有利で、過

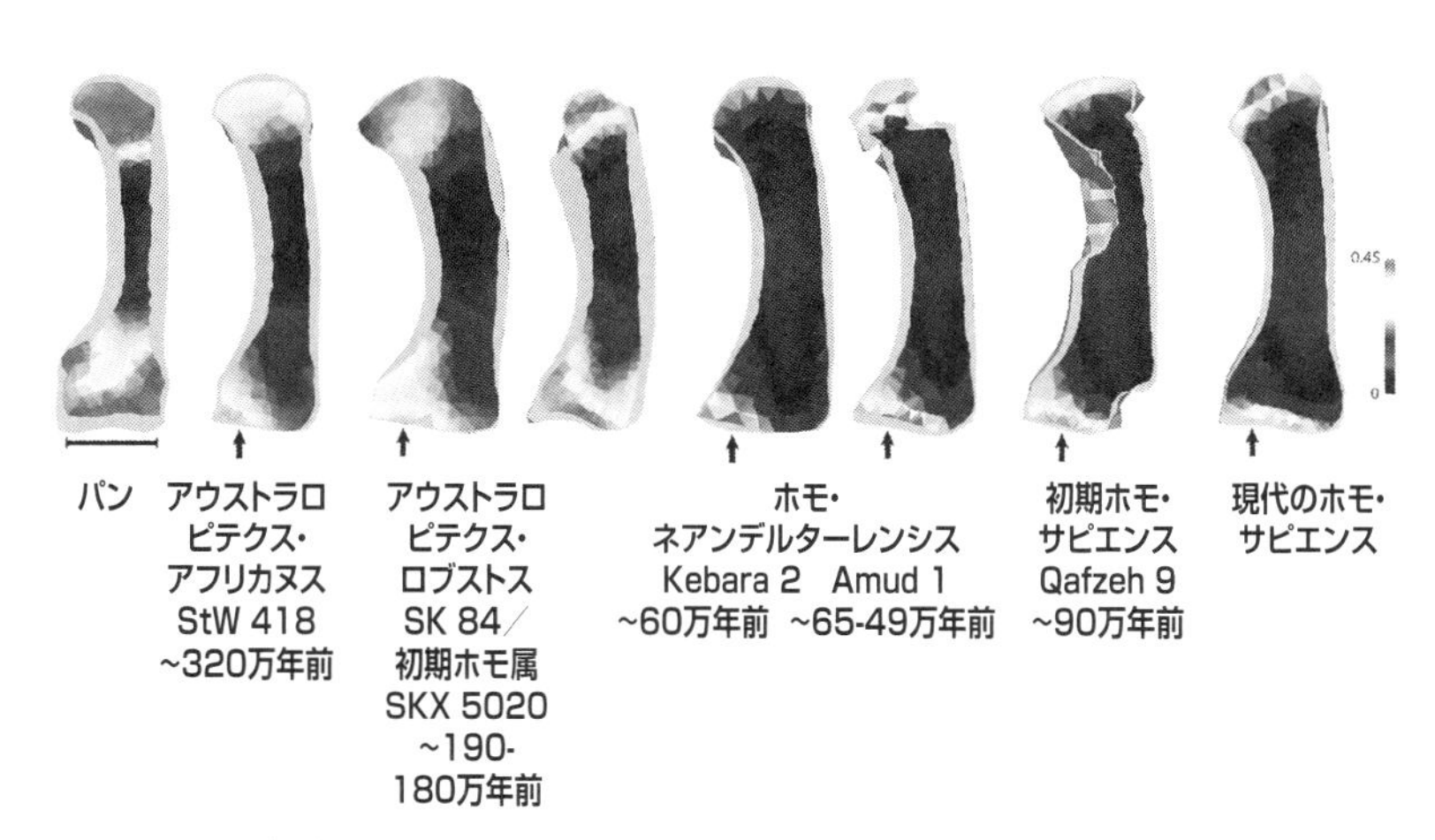

チンパンジー、初期のホモ属、ネアンデルタール人、および初期と現代のホモ・サピエンスにおける、親指の骨密度の比較（色が濃いほど密度が低い）。“Human-like hand use in Australopithecus africanus” by Matthew Skinner, et al., in *Human Evolution*, 2015, 347: 6220, pp. 395-399 より。

去数百万年のあいだに何度も繰り返し選択されたと考えても完全に筋が通る。

一方、「芸術」は認知的行為である。私たちが持っていて感心できるたぐいの器用さは、初期人類にも見てとれる。初期の道具を作るのに必要な器用さがあれば、彫像や呪物を彫ることもできただろう。しかしその彫像に素材（たとえばマンモスの牙の一部）以上の意味を与えるには、認知能力を大きく飛躍させる必要があり、その飛躍をどこかに着地させるために器用さを必要としたのだ。

キヴェルに、ホモ・サピエンスになって以降、人間の手はどのように変化してきたのかと尋ねると、その答えにおどろかされた。身体のほぼどの部位も環境に応じて特定の形で変化してきたが、手の形は数十万年前からほぼ変わっていないというのだ。ただし、一世代ほどのあいだに起こった大きな変化として、利き手の人差し指の書痙が見られなくなった（そしてそれによって骨密度が低下した）と

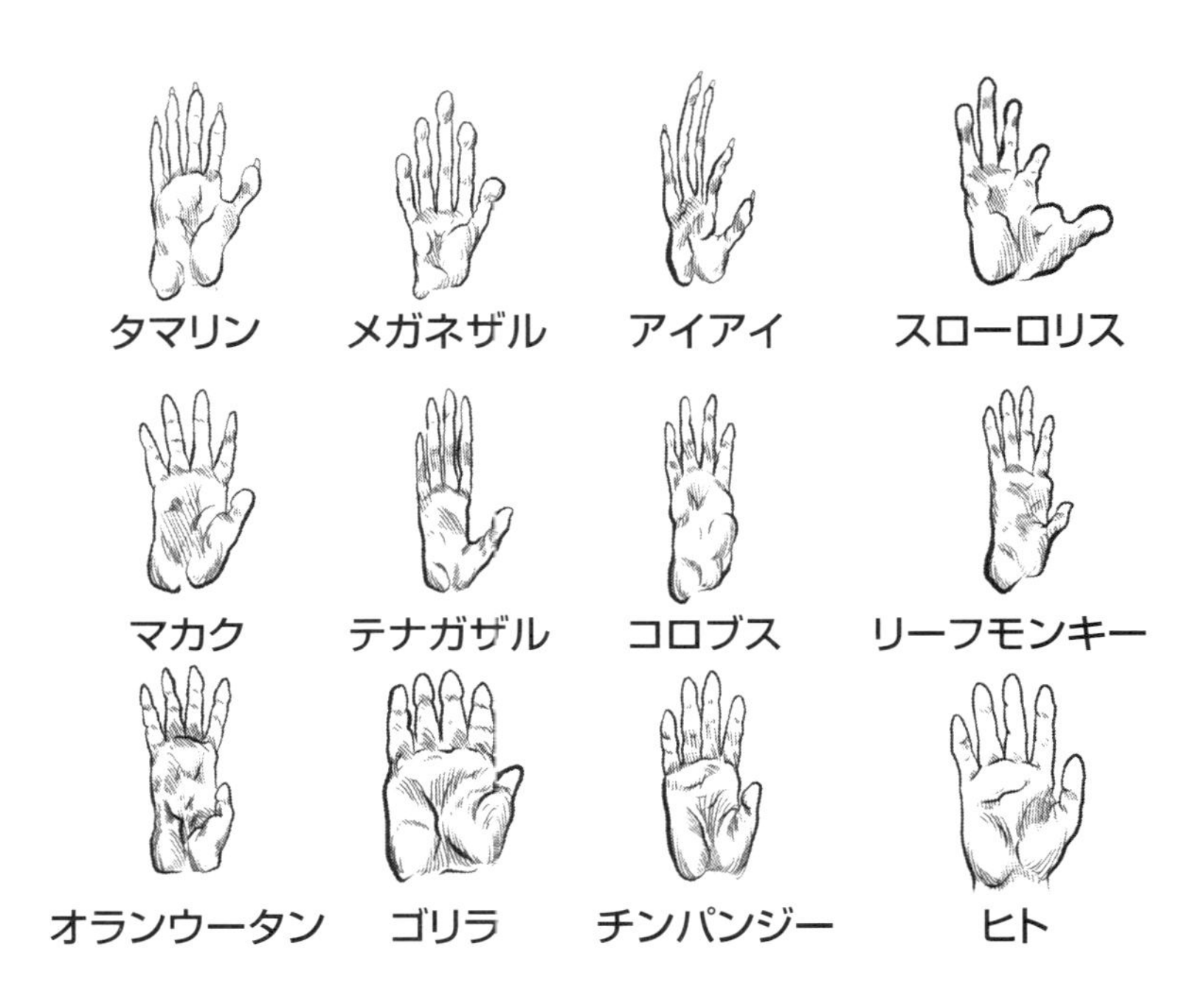

いう。

現代人の手は昔よりも少し病んでいて、ほとんどの人で筋肉量と骨密度が低下しているが、キヴェルによると、骨密度にはこれ以上は下がらない最低レベルというものがあるという。「以前は人間の手はとてもよくできていると思っていましたが、いまでは、類人猿の手の能力のほうがずっと感心できます」。つまり、人間の手はけっして唯一無二ではないということだ。

「人間の手は実はとても原始的なんです」とキヴェルはいう。

キヴェルに教えてもらって、ほかの霊長類の形態と機能に注目した解剖学的研究について少し調べてみた。そして、動物種としての私たちについておどろくようなことを知れた。

ツパイ、キツネザル、アイアイ、ガラゴ、スローロリス、メガネザル、タマリン、ヨザル、オマキザル、クモザル、オナガザル、マカク、ヒヒ、コロブス、リーフモンキー、テナガザル、オランウータン、ゴリラ、チンパンジーの手を持ってきてスケッチし、スキャンしてすべての形と大きさを平均したとしたら、どんなふうになるだろうか？　その結果は、平均的で原始的な霊長類の手、何か決まった機能には適応しておらず、おそらくどんな特定の作業にもさほど秀でていない手だろう。

ピエール・ルムランとダニエル・シュミットによるその論文[10]は、以前の研究、とくに一九世紀末の科学者フレデリック・ウッド・ジョーンズが行なった研究を踏まえて書かれた。ジョーンズは一九一六年の著書『木の上に暮らす人間』（*Arboreal Man*）のなかで、人間の手の原始的特徴をはじめて指摘した[11]。それから六〇年以上のちにジョン・ラッセル・ネイピアも、著書『手』（*Hands*）[12]のなかで次のように論じている。

人間の手は非常に原始的であり、その特化した動き、鋭い感覚、正確さ、鋭敏さ、表現力を考えると、これは仰天の結論である。……特殊化と原始性とのこの一見した矛盾を説明する方法が一つある。手そのものはいわば自由民の出身だが、それを貴族の一員に仕立て上げた要因は、コネクション、つまり脳という高次中枢との結びつきである。

ジョーンズとネイピア、どちらの考え方も革新的だった。私たち人間は、自分たちの手がすべての哺乳類のなかでもっともすぐれていると信じたがるものだが、そんな内なる虚栄心を二人は痛烈に攻撃した。人間の手とアイアイの手を比べてみてほしい。アイアイの指は不釣り合いに長く、いちばん長い指は前腕と同じくらいの長さがある。このように適応したアイアイは、とてもすごいことができる。

アイアイはその手を使ってマダガスカルの多雨林の林冠で暮らしているが、とくに目を惹くのがその細長い指の使い方である。その指で木の枝を叩いて音を立て、獲物がいそうな空洞の地図を頭のなかに描き出す。耳を丸くしてわずかな音も捕らえ、動く幼虫を探し出すのだ。見つけたら、歯で木の皮を剝いでから、再び長い指を今度はへらのように使って、獲物の周囲に穴を開ける。それから長い指を穴に突っこみ、フックのようにして獲物をとり出す。このようにはっきりと適応した手のおかげで、アイアイはこのきわめて特殊な環境で繁栄しているのだ。

一方、人間の手は平均的である。けっして何か特定の事柄に適応してはいない。キヴェルがいうには、その手のせいで私たちは「何でも屋」になっているという。ほぼどんな霊長類の手と比べても、環境に対する適応度がもっとも低く、しかも人類誕生以来ほとんど変化していない。テキストメッセージを打ったりキーボードを叩いたりする手と、ジェニー紡績機を操作する手、土のなかに親指で種(たね)を埋めこむ手、ライオンマンを彫った手、オハローⅡ遺跡に死者を埋葬した手、史上初の石器を作った手は、すべて同じである。あなたがこの本を持っている手もそうだ。

しかしそれこそが、人間の手の特徴である。霊長類の手は、それぞれの環境で有利になるよう進化した。それに対して、人間の手にはもっとずっと革命的なことが起こった。

私たちがほかの動物種とちがうのは、仕事にふさわしい道具を進化が提供してくれるのを待つのでなく、認知能力によってそのプロセスを逆転させる点である。ほかの類人猿の手はそれぞれの環境に適応しているが、人間は原始的な手を使って、その手や指が理想的な道具となるような環境を作り出すのだ。

人間の手はその環境に最適化されて、いまでは環境を操る完璧な器官となっている。人間の手が変化してこなかったのは、変化させせようとする進化圧がかからず、現状のままでいまのところは完璧だからだ。

テクノロジーが進歩して、私たちの生活を自動化させる方法が次々に編み出される一方、ある一つの疑問にはいまだ答えが出ていない。今後、この手を何に使うのか、という疑問だ。私は生まれて以降、インターネットのない世界とある世界の両方を経験してきた。これから、手がますます役に立たない第三の時代がやって来るのだろうか？　ばかげているように聞こえるが、その可能性は低いとも思えるし、逆に避けられないようにも思える。

私たちは進化してきた。自分たちの手で操れるような世界を、その目的に合わせて作り上げてきた。いまでは手は、もう一つの世界とやりとりするための欠かせない入力デバイスとなっている。タイプしたりプログラミングしたり、自動化したり新発明をしたりするたびに、トランスヒューマン革命を起動させるスクリーンをそっとタップしているのだ。

今後ますます手仕事が不要になったら、私たちは何をすることになるのだろうか？　こんにちのテクノロジーは、トランスヒューマン未来への入口をこじ開ける段階にすでに達していて、私たちはソフトウエアを介してそのなかに手を突っこもうとしている。隔（へだ）てる幕を手探りでつかんで引き剝がし、大きく開いてそっと身体をねじこむと、そこにあるものはいったい何だろうか？

エピローグ

人間がいまだに自身の手と同じく働きつづけているのは、現在の経済環境では複雑な機械よりも人間のほうがコストがかからないからだ。しかしロボットはどんどんと進歩している。ジェニー紡績機によって労働者が不要になり、機械を破壊する機械化反対主義者（ラッダイト）が登場してから二〇〇年のあいだ、機械はずっと進歩を続けている。

いまや私たちに残された時間はかぎられている。最初に窮地に立たされるのは、もっとも自動化が容易で利益をもたらす分野で、変化はすでにはじまっている。スーパーのレジは、自動化に向けて何年ものあいだ着実に進化している。銀行はいまではほとんど見かけず、私が最後に窓口係と言葉を交わしたのは五年以上前だ。大学の図書館は空港のセキュリティーシステムさながらで、スタンプが押してある本なんてもちろん一冊もない。交通機関はさらにさまざまな面で一変するだろう[1]。

第二の産業革命はすでにはじまっている。自動化や脱工業化への反感、新興経済における雇用不安が表面化して、ブレクジットやトランプといった、誰もが予想していなかったおどろきの政治的出来事が起こりつつある。しかもまだはじまりにすぎない。

人間の身体についていえば、テクノロジーは助けになってくれるかもしれない。数々の問題の原因であると同時に、その解決法になることも多い。たとえばかなり以前から、とくに若者のあいだでは、画面を見ている時間と近視とのあいだに相関性があった。それは因果関係のようにも思えるが、実は単なる相関関係にすぎない。従来、画面は室内で見るものなので、その副作用としてどうしても太陽光を浴びなくなる。しかしスクリーン技術は、現実世界に急速に追いつこうとしている。スマートフォンやiPadやノートパソコンの画面は、いまでは六〇〇ニット以上の明るさになっているし、防水性も上がって屋外でかんたんに使えるようになっている。それ自体は問題の解決策にはならないが、人新世の数百万の人の顔からめがねを外す役には立つだろう。

Garmin、Fitbit、Apple Watchなどのウェアラブルテクノロジーも解決策としてすぐれているように思えるが、やはり問題を抱えている。これらのスマートウォッチはカロリー消費量を記録することができる。売れ行きのよさを見るに、少なくとも健康への関心が高まっていて、多くの人が以前よりも少しだけたくさん身体を動かすようになっているのは確かだ。[2] ウェアラブルテクノロジーは今後数年で急速に進歩しそうだが、現段階では、自分の活動量をどのように把握するかという昔からの問題にしか焦点が当てられていない。

一つ問題なのが、活動していないことよりも活動していることのほうに注意が向きがちなことだ。フィットネストラッカーは、何カロリー消費したかを知るのにはとてもよいが、消費できたはずなのにしなかったカロリーは教えてくれない。実際に行なった運動を定量化するのにはすぐれているが、現代生活のせいで怠ってしまった運動を促してはくれないのだ。

また、多ければ多いほどよいという考えにもつながる。カロリー消費量が多いほど健康になって、メリットを増やせるという考え方だ。しかし運動量と長寿との関連性はけっしてあきらかになっていないし、代謝率が高いほど寿命が短くなることを考えると、テクノロジーだけでなくそれに対する理解ももっと前進させなければならない。[3] 解決策として考えられるのは、バスに乗ったり、エスカレータで立ち止まっていたり、食器洗浄機に皿を入れたり、通販で買った商品を待っていたりすると、ウェアラブルトラッカーが振動して、身体を動かすチャンスを見すごしたことに気づかせてくれるといった仕掛けだろう。

私たちの身体は徐々に動きを止めようとしている。コーヒーマシンやスマート照明、テレビのリモコンやロボット掃除機、洗濯機や食器洗浄機など、家庭での自動化によって、家のなかで動き回る機会が減っている。徒歩や自転車で職場と往復する距離も短くなっている。

仕事で動き回る機会も、あらゆる人でどんどんと減っている。イギリススポーツ医学ジャーナルで最近発表された研究によると、軽負荷の活動の継続時間を延ばすと、「心血管代謝の健康と死亡リスクの低下」に大きな効果があるという。[4]「短時間の軽い活動を頻繁に行なうと、血糖コントロールが改善し、軽い活動を二倍に増やすと早期死の確率が三〇パーセントも低下する」。つまり、軽い活動を一日三〇分やっていた人が、その時間を六〇分に延ばすと、早死にする確率が三〇パーセント下がるということだ。ただし、一時間から二時間に増やしても、あるいは二時間から四時間に増やしても、同じく三〇パーセントしか下がらず、時間を増やせば増やすほどメリットはどんどんと小さくなっていく。

未来、人間の身体はどうなるのだろうか?

私たちの生活のほぼあらゆる側面に、テクノロジーが浸透している。そして過去数百年を見ても、あるいはわずか数年を見ても、そのテクノロジーに応じて、移動方法、消費形態、通信手段、情報入手方法という基本的な事柄が劇的に変化している。テクノロジーさえ十分に進歩すれば数々の大問題は解決するだろうと信じたくもなるが、哲学者のなかには、テクノロジーを信じることこそが問題の根底にあると唱えている人もいる。

テクノロジーの問題とディケンズの『憑かれた男』

マルティン・ハイデガー（一八八九―一九七六）は、現代性と現代生活について著したもっとも重要な哲学者の一人だ。私たちとテクノロジーとの関係性、テクノロジーが生み出した世界、そしてそれによる人間の変化を、かなりの精力を注いであきらかにしようとした。ハイデガーが関心を持ったのは、具体的なものやそれに対する私たちの愛着心ではなく、テクノロジーに基づく考え方や信念が人間性に組みこまれてしまった経緯である。

ハイデガーは、テクノロジーは経験を狭めてしまうととらえた。人間と世界とのあいだにテクノロジーが割って入ることで、人間が世界を見たときに、自分は世界の一部であるという考え方でなく、世界を利用しているのだという考え方が優勢になってしまうのだという。自然、環境、さらには他人といったすべてのものが、テクノロジー的な現象に見えてしまう。そしてテクノロジーが私たちの思考や考え方全体に雲のように広がって、未来に入りこんでくるだけでなく、過去を現在の関心事に基づいてゆがめてとらえるようにもしてしまう（宗教的信仰にも同じことがいえるかもしれない）。

ハイデガーが注目したのは、すべてのテクノロジーではなく、現代的なテクノロジーだけである。初期のヒト族による道具の使用や、手工業および通商術の発達は、それ自体問題ではないととらえた。その一方で、産業革命が私たちと身の回りの世界との関係性を変えてしまったことに対しては、懸念を抱いていた。

ハイデガーが考えるところ、産業革命後にこの世界は、いわば尽きることのないエネルギー貯蔵庫に変わってしまった。人間はこの世界の一部ではなくなり、何らかの形で世界を利用する方法を求めて、あらゆるものを現代的なプロジェクトに徴用するようになったという。この考え方は、化石燃料などの資源だけに当てはまるのではない。人間がレクリエーションのために、あるいは人新世に一つの種として存続するために必要とする、野生で自然な場所といった、まったくかけ離れていて一見したところ問題なさそうな分野にまでおよんでいる。

ハイデガーのいう野生の場所とは、野生のままに保つことが私たち人類にとって何らかの形で役に立つという理由ゆえ、野生のままであることが許された、あるいは指定された場所のことである。私たちの創造活動、知的活動、経済活動は、有用性に完全に支配されている。テクノロジーは生きるための手段で、自然は現代的なプロジェクトにのみ費やされるエネルギーの貯蔵庫である。

ハイデガーが考えるに、テクノロジー以前の経験の世界はすでに過去のものだが、その名残を、絵画や詩、単純な彫刻や儀式、そして、人間の身体の限界と喜びを経験し、受け入れ、夢中になるという、私たちの初期の祖先が行なっていた活動のなかに見出せるかもしれない。これらはいずれも、周囲の世界を「暴露」するための道である。私たちの身体はその暴露のための鍵になるが、その一方で、世界の変化に満足していない現代性が私たちを変えてきたようにも思える。手はその変化を生み出すまさに最前線にあるのだ。

人生は速くすぎゆくが、進化はゆっくりと進む。ここ数千年で人間の身体にはいくつか革新的な変化が起こっているが、現代生活の条件に適応するという点ではほとんどとるに足りない。ランダムな変異によって、背中が正常な状態に戻ったり歯のエナメル質が分厚くなったりするころには、食事や労働習慣が変化しているか、人類がすでに絶滅しているか、またはトランスヒューマンになっていることだろう。

一つの変化として、現代の仕事場や労働習慣では、特定の分野で成功するのにふさわしい精神的特徴を持つ人が選び出されるようになってきている。シリコンヴァレーで行なわれたいくつかの研究では、ある種の自閉症や注意障害の人はプログラマーとしてとくに生産性が高く、有用で有効だとされている。また、特定の身体のタイプ（ひょろ長い外胚葉型の身体、もっと丸っこい内胚葉型の身体、もっと筋肉質の中胚葉型の身体）とそれに関連する病気は、性選択によってますますはっきりと表れてきて、座りっぱなしの未来では内胚葉型の人はどうしても苦労することになるだろう。

やがて遺伝コードがＨＴＭＬのように編集可能になる世界（すでに人間の患者を使った治験が行なわれている）では、不安やうつや痛覚過敏にどのように対処することになるのだろうか？　これらはいずれも、完新世や更新世の人類、とくに捕食者に用心しなければならない人びとにとっては、おどろくほど有用だった。しかし、現代の私たちにとっても役に立つのだろうか？　就職面接で冷や汗をかいたり息を切らしたり、あるいは少し遅れたからと心配したりする必要があるだろうか？

私たちはいかにして前進していくか、それに注意を払わなければならない。二〇一五年、遺伝学者のアダム・ラザフォードは、遺伝子治療がどこまで進んでいるかを次のように簡潔に説明した。「ゲノムの知識によって根絶された病気の数は？　ゼロだ。遺伝子治療によって治った病気の数は？　ゼロだ」[5]。しかし成果が現れるようになるのはもうすぐだ。

あまり有名でないが、チャールズ・ディケンズが書いた『憑かれた男』（あぽろん社刊）というクリスマスの本がある。[6]主人公は理科教師のレドロー、失った人たちの思い出に悲しんでいて、不幸せな思い出にはもう苦しめられたくないと願っていた。その願いは叶えられた。悲しい思いはどこかに消えてしまったが、その新しい安らぎが思いがけない結果を招く。周囲の人とかかわることができなくなったのだ。共感力を失って、残酷で冷たい人間になってしまった。つらいときや失ったものや挫折の記憶をなくしたレドローは、他人と心を通わせられず、理由もなしにしょっちゅう怒った。その

「授かり物」が周囲に伝染すると、周りの人たちも恐ろしいふるまいを見せるようになった。

小説では、幽霊が時計の針を巻き戻して、誰もが幸せな経験だけでなく不幸な経験も思い出すことで、ようやく秩序が戻る。自分自身の経験だけでなく、周囲の世界にある、癒やしうる悲しみや過ちや悩み、その一つひとつの思い出をけっして失ってはならない。それに気づくことで、平和が支配するようになるのだ。

この物語のおもしろいのは、デジタルのトランスヒューマンハックのアナログ版であるという点だ。まるで、レドローが自分のDNAのなかに入りこんで、苦しみの元だと思う部分を削除することで、知らず知らずのうちにゲノムシステムをめちゃくちゃにしてしまったようなものだ。肉体的や感情的に不快な状態は必要なものであって、レドローのようにそれがなくなると、共感や好奇心や興味が失われてしまうのだ。

単純な物語だが、あからさまな真理を突きつけてくれている。私たちの身体は、まさに言葉どおりの意味で、思ったよりも変化に対して敏感なのだ。数千年のあいだに私たちは膨大な知識を獲得してきた。各世代が知識を積み上げて、次の世代に受け渡していった。しかし、何億年にもおよぶ進化の実験と適応によって作られてきた、精巧で複雑な私たちの身体と比べようがあるだろうか？　私たちの身体はその複雑さゆえ、思っているよりも頑固で編集するのは難しいだろう。そこで、いま身体にできることは何だろうかという、重要な疑問が出てくる。

エピジェネティクスの適応性については、まだ解明がはじまったばかりだ。遺伝子は受胎の瞬間にサイコロをふるように決まってしまうものだと誤解されているが、実際にはむしろ、周囲の気配を警戒してそれに反応するミーアキャットのようなものである。そのメカニズムが毎月のようにあきらかになりつつある。エピジェネティクスで鍵となるのが、遺伝子の一部分を活性化したり不活性化したりするメチル化という作用だが、その遺伝性についてはまだほとんどわかっていない。DNA自体は変化しないが、メチル化によってそのふるまいは変化する。一つの命の身体に起こったことが、次の命にどのように受け継がれるか、そのしくみが科学によってあきらかになりつつあるのだ。

人新世の人間は、最低限の基礎代謝量よりも一日約二〇〇から三〇〇キロカロリーを多く消費している。旧石器時代にはその値は、ネアンデルタール人の男性で約一〇〇〇キロカロリー、もしかしたら二〇〇〇キロカロリーにも達していたかもしれない。人新世の人間は、このわずかなカロリーを、駅まで歩くときやちょっとした雑用または活動のときに燃やすが、その合間の長い時間には身体を動かさず、まるで哺乳類の冬眠のようだ。それに対して旧石器時代の人間は、比較的低レベルの活動を一日中やってカロリーを燃やしていた。

このように見ていくと、現代の私たち人類には別の名前を付けたほうがよくないだろうか？　ホモ・サピエンス・イネプトゥス。「ホモ」は人間、「サピエンス」は賢い。「イネプトゥス」は、周囲の環境にある豊富な知識や食糧や安楽に必ずしも適合していないという意味だ。

人間はどうなるのか？

ジョーという男を紹介しよう。ジョーの変わっている点は、「ジョー」がファーストネームでなくて名字であることだ。友達からは「アベレージ」（平均的）と呼ばれている。アベレージ・ジョーは中年で、ふつうの仕事をしている。朝八時に家を出て、車で一時間かけて職場に行く。着いたら、午前中いっぱい机で仕事をする。そしてビルのなかの食堂で昼食を取る。机に戻ったら、終業時間まで仕事をしてから、車で家に帰る。ただし、上司に引き留められて残業することも多い。帰り道の途中でジムに立ち寄り、三〇分ほど軽いウェイトトレーニングをしてから、家に帰って夕食を食べる。かなり疲れているので、夜はくつろいで、ゲームをしたり本を読んだりテレビを見たりしてから、ベッドに入る。

ジムにはほぼ毎日通っていて、行かない日は散歩をする。身体を動かすのはよいことだと思っているからだ。いっさい運動しない同僚たちよりも健康だと信じている。

しかし本人は気づいていないが、ジョーは仕事と家での休息のために、一日約一五時間も座っている。イギリス心臓病支援基金の調査によると、アベレージ・ジョーのこの習慣は、いつも座って仕事をしている成人にとってはふつうのことだという。[7]

アベレージ・ジョーの行く末はもうおわかりのとおりだ。壮年期に何らかの病気にかかるし、腰痛はほぼ確実だ。引退後はフルタイムのヘルパーか老人ホームの世話になる必要がありそうだが、それはそこまで長生きした場合の話だ。さまざまな地域や集団や国での研究によって、一日のうちかなりの時間座っている成人は、とくに心臓血管疾患で早死にするリスクが高いことが証明されている。

そのような未来を避けるためにジョーがなすべきは、運動を続けるとともに、一日を通じてもっと身体を動かすことだけだ。身体はいまよりも多くの活動時間を欲しているので、仕事またはゲームを減らす必要があるだろう。仕事中には頻繁に、そして定期的に立ち上がる必要がある。このように単純でかんたんなことを実践すれば、ジョーの晩年三分の一の人生は大きく変わるだろう。

わざわざそんなことはしないと決めこんで、残業して上司によいところを見せようとしていると、中年以降死ぬまで薬を飲みつづけるか、もっと本格的な治療を受けることになるだろう。友人は、働きすぎはよくないといってあげるべきだ。

本書執筆のために不活動に関する研究論文を読んでいて、私は大きな衝撃を受けた。いつも座って仕事をしている人間として、もっと身体を動かす働き方をしなければならないことに気づかされた。習慣になるまでには何週間かかかったが、一日のうちにもっとたくさんの活動を組みこむ方法を見つけた。

まず、仕事場には家がいちばんだという考え方を改めようとした。いままでは、平均的な日には少なくとも三カ所で書き物をしている。一カ所は相変わらず自宅だが、それ以外の場所は数キロの範囲に散らばっていて、そのあいだは徒歩で移動している。そのおかげで週に六〇キロから八〇キロ歩いているし、別に大変だとは思わない。かんたんだし疲れることもない。気晴らしになるし、腰痛にかなり効いていると確信している。

腰は「治って」はいないが、痛みの発作はいまではたまにしか起こらないし、長く続くこともない。歩いているからだと思う。痛みの原因はある程度コントロールできると考えるだけでも、痛みのストレスに付きまとう不安感は大きくちがってくる。以前は慢性的に腰が痛かったが、いまではいっさい気にせずに一日の大半を乗り切れることも多い。そしてもっとおどろくことに、何カ月も心配せずに済んでいる。いまでもジムに行ったり走ったりしているが、必要以上に激しい運動はしない。義務ではなくて気晴らしとしてやっている。

多くの人のように、山のような薬に未来を頼るアベレージ・ジョーになるのは、もうごめんだ。

現在、イギリスの成人の半数以上が投薬治療を受けているし、アメリカではその割合は七〇パーセント（約二億一〇〇〇万人）にも達する。一年間に処方されている錠剤を一列に並べると、地球を二周する計算になる。イギリスで処方されている薬のほとんどは、高脂血症の薬スタチン、高血圧の薬ベータブロッカー、そして鎮痛剤。もっと気がかりなのが、抗うつ薬が山のように処方されていることで、もらっている階層のパターンにも心配な点がいくつかある。たとえば、低所得の女性では抗うつ薬を飲んでいる人が五人中一人にも達している。私ももらっているぜんそく治療薬は世界ランキングで三二位だが、バイアグラもおどろきの四〇位に堂々とランクインしている。[8]

これらの統計からわかるとおり、もっと病気を予防できる環境を作ることに力を尽くすべきなのに、私たちは治療のほうに熱心になりすぎている。世界中の政府には、病気の予防にどこまで予算をつぎこむつもりがあるのか、あるいはこれからも病気というかまどに札束の山を放りこみつづけるのかという問題が突きつけられている。

遺伝子研究や遺伝子治療に何十億ポンド（何千億円）もの予算がつぎこまれている。明るい未来があるし研究する価値もあるが、これだけたくさんの病気がどうして流行しているのかを考えたほうが、経済的にも社会的にもはるかに意味がある。遺伝子を編集できる時代はすぐ目の前に迫っている。そして科学の歴史が教えてくれているとおり、帝王切開など多くの医療処置は思いがけない結果や問題を引き起こし、その影響はアレルギーのように何十年も、あるいは何世代も経ってから現れてくることも多いのだ。

遺伝子についてはさまざまなことがわかっているが、だからといって、どんな表現型（身体的特徴）が現れるかを確実に予測することはできない。茶色の瞳や赤毛は、けっしてたった一つの遺伝子に対応しているのではない。ある表現型を現れやすくする遺伝子型というものは存在するが、それがあったからといって確実にその表現型が現れるわけではない。複数の遺伝子が互いに協調して働いていて、その関係性を解きほぐすには時間がかかるので、現段階では遺伝子編集はなかなか難しい。

遺伝子とともに、ほとんどの病気の流行に重要な役割を果たしているのが、環境である。環境は柔軟性が高いだけでなく、ＴＡＬＥＮやＺＦＮやＣＲＩＳＰＲといった超高度な遺伝子編集技術を使わなくても変えることができる。ほとんどの場合、環境を少しだけちがうふうに利用するだけで十分だ。

歩いて通勤するだけで問題を解決できるのに、遺伝子編集によって起こりかねない複雑で謎めいた病気にかかるリスクをわざわざとる意味があるだろうか?

世界保健機関の推計によると、世界中の医療費は年間およそ七兆二〇〇〇億ドル（約七二〇兆円）に達するという。アメリカだけでも、一人あたり年間およそ八三六二ドル（約八四万円）を保健医療に使っている。[9] もしも私に任せてくれれば、各国政府や世界中の人びとは、この費用のうち少なくとも八五パーセントは節約できるはずだ。私が持っている特効薬を使えば、人びとが苦しんでいる病的状態の九〇パーセント以上を元に戻すことができる。その解決法はたった一行で表現できる。「世界中の政府が運動不足と肥満にとり組むこと」。それが実現すれば、おもな死因をほぼすべて解消して、これまでどぶに捨てていた五兆五〇〇〇億ドル（五五〇兆円）で盛大なパーティを開くことができるだろう。

一方、自分ができそうなことをやるかどうかは自分次第だ。私や、きっとほとんどの読者にとって、問題は時間である。もっとも迷惑な格言の一つに、「時は金(かね)なり」がある。これは産業革命の最初期に生まれた、最大限まで儲けるための策略にほかならない。

封建制のもとで人びとが暮らしていたころ、それは間違いなく耐えがたい時代ではあったが、経済を支配するのは農村や農業であって、商品やサービスはたいてい対等に交換されていた（手作りの社会）。そのため、収穫や干し草作りなど、生産性の高い集中的な労働の時期が終わった後には、土地も人間も回復できる期間があった。

一七〇五年、哲学者で作家のバーナード・デ・マンデヴィルが書いた『蜂の寓話――私悪すなわち公益』（法政大学出版局刊）という本が物議を醸し、ほとんどの人が憤りを感じた。この本は、現代の資本経済の行く末を示していた。

奴隷が認められていない自由国家においてもっとも確実な資産は、働き者で貧しい民衆である。その上、彼らは部隊や軍隊の絶対確実な養成所でもあり、……彼らを餓死させるべきではなく、そのためには蓄えられるものを何一つ与えるべきではない。……すべての豊かな国にとって利益となるのは、なるべく大勢の貧乏人をけっして怠けさせないと同時に、もらったものを絶えず使わせることである。……幸福な社会を築き、できるかぎり劣悪な環境のなかで人びとを満足させるためには、そのうちの大多数を貧しいとともに無知にさせることが求められる。

人びとはこの本で、自分たちが理不尽にこき使われていることに気づかされた。『蜂の寓話』は、資本家の企みを赤裸々に描き出したのだ。それから数十年のあいだに、哲学の後押しもあって世界は完全に資本主義に傾き、ヨーロッパ中で巻き起こった暴動や革命の嵐のなか、封建制は木っ端微塵に吹き飛んだ。怠惰は、ビジネスや雇い主にとってだけでなく国家にとっても悪になった。それまでは金曜日に三〇分早く仕事を引き上げても大目に見られていたが、これ以降はまるで国家反逆罪のごとく受け止められるようになったのだ。

一九世紀半ばまでに、些細なものを含めあらゆる仕事が、れっきとしたビジネスになった。急成長する観光産業のために、鉄道時刻表と旅行案内書のシリーズ『ブラッドショーガイド』が出版された。そのなかの一冊、『工業地域への手引き』（*Bradshaw's Handbook to the Manufacturing Districts*、一八五四年刊）には、旅行者（いまでいう貧乏バックパッカー）は一部の工場地帯に入るときには注意すべしというアドバイスが記されている。しかしそれは、粗暴な労働者に気をつけろという意味ではない。

経営者の知人の紹介状を持っていないと、立入許可を得るのはかなり難しい。地元当局が当然考えているとおり、経営者は独占したがっている情報が持ち出されかねないことを恐れるし、訪問者が対応者の時間を奪って工場全体の工員の集中力を乱すことになるため、立入許可を頼みこんでも聞き入れられない。これが原因で生じる損失は、容易に推計できる額を超えることが多い。

時はもちろん金だが、ほとんどの場合、それで儲けるのは本人でなく別の人である。こんにちの労働経済のなかでは、金持ちが「新しい便利な」働き方を活かしてくれることなどめったにない。自身では何も所有していないし何も生産していない巨大企業が一時的な雇用者に与える自由は、ひどく金に困っている最貧困層くらいにしか魅力がない。昔と役者は変わっているが、筋書きはほとんど変わっていないように思える。

人新世の人間の身体に見られる特徴は、多くの場合、いわゆる労働倫理というものによって作られてきた。もっと必死に長く働けと耳元でささやき、身体がどうしても欲している活動を、極悪非道な反逆行為、すなわち時間の無駄遣いと断罪するのだ。

いまや、仕事に費やしている時間が私たちの命を絶とうとしている。一九世紀末、イギリスやヨーロッパやアメリカでは、一日八時間労働を義務づけるよう求める運動が起こった。経営者は当然反対したし、もっとも収入の低い労働者階級の一部も、勤務時間が短くなったら生き延びられるだけの給料をもらえなくなると抵抗した。いまでは「九時から五時まで」という言葉は、通常の勤務日、さらにはふつうの労働生活と同義語だ。しかしいまだほとんどの人にとって、一日八時間などというのは理想でしかない。イギリスやアメリカ、オーストラリアやヨーロッパの労働者は、賃金が上がらずに、同じ給料でもっと長い時間働くようになっている。給料が上がっている業種でも（とくに公共部門では）賃金上昇率はインフレ率より何パーセントも低いのがふつうだし、テクノロジーの進歩とともに仕事の多くが楽になるどころか逆にきつくなっている。

私たちはあちこちに縛られて生きている。テクノロジーによって情報が地球の裏側までミリ秒単位で届くし、どこにいてもまるで天から監視されているかのように見つかってしまう。長時間働くのはよくない。長時間労働は、心臓病などの健康リスクと強い相関がある。「休暇は健康によいか」（Are vacations good for your health?）というタイトルの研究論文によると[10]、冠動脈疾患のリスクが高い中年男性の場合、年間の休暇の回数が多ければ多いほど、全死因における死亡リスク、さらには冠動脈疾患による死亡率が低いという。論文の最後は、「休暇をとることは健康によさそうだ」という言葉で締めくくられている。

誰もが職場で送っているこの奇妙な生活、その歴史をさかのぼっていけば、一九世紀の工場と同じくらい有害な環境であることがわかるだろう。空気中に漂う綿ぼこりは減ったかもしれないが、いまのほうがずっと安全だなどとはけっしていえない。生体力学的な数々の問題と、うつやストレスなどの重大な死因を、いわば温室のように育んでいるのだ。

アメリカストレス研究所の推計によると、ストレスがアメリカ経済に与えている損失額は年間三〇〇〇億ドル（約三〇兆円）に上るという[11]。ほとんどのオフィスワーカーにかつての工員と同じくほとんど自律性がないことを考えると、さしておどろくことではない。かつてはラスキンとカーライルも懸念していたし、いまや誰もが心配すべき事柄である。

職場での怪我は減っているが、暴力は増えている。アメリカ労働省は、「毎年二〇〇万人近いアメリカ人労働者が、職場で暴力を受けたと訴えている」と警鐘を鳴らしている[12]。職場での生活は、少なくとも私たちが経験するような形では、人間に合っていない。一九世紀、投げやりな工場経営者のせいで怪我をしたり命を落としたりした労働者に対して、補償が行なわれることはめったになかった。しかし、そのころにはじまった法制度がやがて成熟し、いまでは私たちの身は以前に比べてよく守られている。精神の健康問題は身体的な問題と同じく測定可能で、ストレスや自発的残業、長時間労働の文化が及ぼす影響を、雇用者や政府がいまよりももっときちんと監視できない理由なんてどこにもない。この問題に世界的にとり組むには、まず問題自体を知る必要がある。

誰でも知っているとおり、長く働いたからといって仕事がはかどるとはかぎらない。生産性は上がらないのだ。チャールズ・ディケンズは、一四篇の長篇小説と数えきれないほどの短篇小説、そして少なくとも五篇の中篇小説を書いた。その傍らでいくつもの連載を持ち、何篇かの戯曲を書き、アマチュアの演劇制作にかかわり、自作の公演を行ない、何千通もの手紙を書き、一日三〇キロ以上歩き、一〇人の子どもを育て、何篇かの詩と史劇を手早く書き上げたが、それでも午後まで仕事をすることはなかった。チャールズ・ダーウィンによると、ディケンズは庭をぶらついてるときに最高の仕事をしたという。

アベレージ・ジョーも、あそこまで時間を細かく管理して疲れきることがなければ、平均的(アベレージ)でなくて少しは特別な人間になれるのだろうか?

前に述べたように、カロリーの摂取量と消費量が時代にかかわらず一定であると考えるのは間違っている(一八世紀と一九八〇年代に西洋の食事の回数が変わったときに変化した)。また、現在の労働パターンは昔から変わっておらず、これからも変えようがないと考えるのも間違っている。解決策は、ヨガや立ち机、アレクサンダー式療法やストレッチではない。本当に必要なのは、仕事のしかたを徹底的に見直して、生きるために必要な方法に合わせることだ。

身体にどんなことをすれば長生きできるのか。それを知りたがる人もいるだろうが、それはまるでオーケストラの管楽器エリアのすぐそばに座るようなもので、がなり立てるアドバイスのコーラスで何も聞こえなくなってしまう。高負荷の運動をしなさいとよくいわれるが、長生きするにはそれは理想的ではない。運動選手は長寿ではないが、座ってばかりの人よりは健康的な生活を送れる。長期的な健康のためにはどんなタイプの運動をすべきか、それが鍵だろう。

健康のために外に出ろといっているわけではない。ほとんどの人は、身体を動かさないとはどういうことなのかを理解しておらず、運動不足とかまったく運動しないこととかと同じだと決めつけている。アベレージ・ジョーと同じように、座りっぱなしの習慣にともなうあらゆるリスクを冒していながら、週に五回ジムに通っている人もいるだろう。まったくジムに行かない人よりはましだろうが、それでも、座りっぱなしの習慣にともなうあらゆる病気のリスクは抱えている。そしてその習慣は、環境によって作られる。

二〇一〇年にアメリカ予防医学ジャーナルで発表された研究では、[13] 五五五六人を調査して次のような結果が得られた。

もっとも長い時間（一四時間以上）テレビを見ているグループを特定して、人口統計学的特徴（世帯収入が低い、離婚または別居している）、身体的および精神的健康状態（全般的な健康状態が悪い、BMIが高い、うつになることが多い）、行動的特徴（テレビを見ながら夕食を食べる、たばこを吸う、肉体的活動をあまりしない）の組み合わせに基づいて分類した。結果、日常的にテレビを見る時間がもっとも長かったサブグループは、テレビを見ながら夕食を食べ、収入が低く、健康状態が悪かった。また長時間のテレビ視聴は、近隣環境の悪さ（交通量と犯罪が多い、街灯がない、景観が悪い）と相関していた。

環境と座りっぱなしの習慣とは強く関連していて、それがほかのさまざまな病気につながっていく。人間には座ってやる活動にふける自由があるはずだし、それ自体は何も悪くはないが、人間の作った環境のせいで座りっぱなしの習慣が運命づけられているように思えてきたら、少なくとももう一度見直してみるべきだ。

私たちはどうしても、何か一種類の運動といった単純な解決法を望むものだ。ディケンズの憑かれた男のように、たった一つの規則で生活スタイルを変えて、身体のなかにある数十兆の細胞の欲求を叶えてやることを望む。手っとり早い解決法がもてはやされるこの文化では、高負荷のトレーニングをたった七分で済ませてすぐに仕事に戻ろうといった発想が植え付けられてしまう。データによれば確かに何もしないよりは代謝にメリットがあるが、週に数分だけ運動すれば、あとは座りっぱなしの生活を送っていてもその悪影響を打ち消せるという考え方は、ばかげているだけでなく無責任だ。

高強度インターバルトレーニング（ＨＩＩＴ）は、身体にいわば魔法をかけてくれて、座りっぱなしでいるよりもはるかにメリットがある。インスリン感受性が高まるし、心臓血管や代謝の値を見ると、運動中には酸素が効率的に消費されて筋肉量が増える。いずれもよいことだ。しかしＨＩＩＴをやったからといって、座りっぱなしの生活をやめることはできないし、動かなくなってしまった関節が再び動くようにもならないし、低強度の持久力トレーニングほどに心臓が強くなることもない。筋肉を本来の働きに慣れさせることもできないし、屋外運動とちがって精神の健康にもたいしたメリットはない。これらのメリットの多くは、すぐには表れないような形で身体に効いていることが、日々の新たな研究で裏付けられている。
オーストラリアのブラックドッグ研究所が三万四〇〇〇人のノルウェー人を一一年にわたって追跡調査したところ、週にたった一時間か二時間運動するだけで、うつ病を防ぐ著しい効果があることがあきらかとなった。[14] 世界保健機関によると、うつ病にかかっている人は全世界で三億人にも達すると考えられている。

エセックス大学の環境科学者マイク・ロジャーソンは、イギリス王室野生生物財団と共同で、健康を高めるよう考えられた作業を被験者にさせてその精神的健康状態を追跡調査した。その作業とは、水路を掘って鳥の餌台を組み立てるというもの。開始前、参加者の三九パーセントが、自分は不幸せだと答えた。しかし一二週間にわたって手を泥だらけにしたところ、その割合は半分の一九パーセントに下がった。[15] 人間の身体は、何十万年ものあいだ見慣れて居心地よく感じていた環境のなかで、もっと長い時間すごしたいと願っているのだ。

それに対して、コンクリートやオフィスビルという現代の環境は、私たちに深刻なストレスを与えている。かなり多くの人に身体の炎症反応が見られる。炎症は怪我や感染に対する身体の防御機構の一環で、正常な場合には、神経が意図的に敏感になって傷ついた部位がとても痛くなり、本人に休めという指示を出す。しかし困ったことに、傷が治っても炎症反応が収まらないことがある（さらに困ったことに、歳をとるほどそうなりやすく、結果として痛みが何カ月も、あるいは何年も続く場合がある）。

炎症反応は、免疫系の救急サービスのようなものだ。何か問題が起こると、ふつうは血中のC反応性タンパク質（ＣＲＰ）のレベルが上がるため、それを調べれば、最近、免疫炎症反応が起こったかどうかがわかる。しかしアレルギーの人は、つねに何らかの炎症と闘っているため、体内のＣＲＰレベルがもともと高いことが多い。二〇〇三年にナデル・リファイとポール・リドカーが発表した研究では、アメリカの全集団にわたって健康な人にも炎症反応が見られるという、かなり気がかりな結果が得られた。心臓病も慢性アレルギーもわずらっていない健康そうな人でも、CRPのレベルを測定すると、炎症反応が持続していることがわかったのだ。[16]

かなり異常な現象で、とても不安だ。

一方で別の集団を対象とした研究では、慢性的炎症についてアメリカとはちがうパターンが見つかっていて、どうやら人新世の人間には何かおかしなことが起こっているらしい。その研究では、「時間変化のパターンが以前の研究結果と異なり、慢性的な軽度炎症の証拠は見られなかった」[17]。その研究で調査したのはエクアドルの平野部で、被験者を数週間にわたって追跡調査したところ、感染があるときにはCRPのレベルが上がるが、健康が回復するとゼロに戻ったのだ。

この研究結果から考えるに、人新世の人間では免疫系の調節機構が変化していて、慢性的な炎症状態になっているのかもしれない。炎症はとても悪い徴候だ。炎症があると、うつ病や2型糖尿病や心臓血管疾患など、危険な病気にかかるリスクがはるかに高くなる。

この二つの研究結果が気がかりなほど食いちがっている正確な原因はいまのところわからないが、工業化された生活によって私たちが病気になっている、あるいは少なくとも、あたかも病気であるかのように身体が反応していることはあきらかだろう。

一九世紀から二〇世紀にかけて自然科学の知識が大きく前進し、その結果としてさまざまなテクノロジーが次々に現れて、食事、医療、娯楽、セックス、コミュニケーションなど、人間生活のあらゆる側面に浸透した。

私たちはすでにサイボーグのようなもので、トランスヒューマン革命はすでにはじまっている。二〇〇七年六月二九日のｉＰｈｏｎｅ発売以降、私たちはこれまでになく互いにつながっている。指先に、誰一人把握できないほどたくさんの知識を持っている。スマートウォッチに、紅茶を入れてくれと頼むこともできる。確かにスマートウォッチは何もできないが、声を聞いて解釈し、内容を理解して、できませんと答えることならできる。

高度に連結したこの世界なのに、孤独がはびこっている。手のなかでは膨大な人間や情報がつねに門戸を開いて待ち構えているが、けっして満足できずに、逆にいらいらさせられる。まるで、鍵のかかった家のなかでにぎやかなパーティが開かれているのに、自分は玄関先で一人立ちつくしているかのようだ。

ポケットに入れて持ち歩いているさまざまなテクノロジーのせいで、私たちは二三〇万年におよぶ人類史のなかでかつてなかったほど座りっぱなしの生活を送っている。スマートフォン、ノートパソコン、デスクトップパソコン、インターネットは、新たな消費の可能性を開いて私たちの行動を変えただけでなく、身体やライフスタイルや寿命をも変えようとしている。これらのテクノロジーが人類という動物種を変えようとしているといっても大げさではない。

人類はすでに進化の次の段階に入っている。これからも身体を手放したくないのであれば、身体をケアしてやらなければならない。身体が何を望んでいるかを理解するだけでなく、身体を本来の形で働かせて、身体に役に立つことをするための、新たな方法を見つけなければならない。

手は、いま私たちが暮らしているこの場所を、さらにはこの世界を作ってきた。それとともに、その生活と私たちの首を絞めようとしている。まるで自分自身を絞め殺そうとしているかのようだ。

がらくたがきれいに片付けられてしまった人新世に順応するためには、自分たちが作ってきた世界を変えようという壮大な意思表示が必要である。

なかなかイメージが湧かないが、更新世の終わり（一万二〇〇〇年前）に世界の人口はおそらく一万人にまで減少し、その後、気候が好転して、現在までに約七三万パーセント急増したという。あくまでも国連の推計だが、世界の人口の急上昇は今世紀末まで続くという。そうだとすると、更新世末からの人口増加率は一一二万パーセントに達する計算になる。[18]

肥満や精神疾患や早期死などの幅広い健康問題は、私たち人類が作った環境が原因である。だから、病気を引き起こして肥満を招くような環境のなかで暮らしていて、かぎられた選択肢しか持っていない各個人に責任を押しつけるのは、もうやめよう。

私たちが作ってきたこの世界にもっと目を向けて、その世界をどのように生かすかを考え、身体が何を望んでいるかをいま一度考えなおすべきだ。そうすれば、かつて地上の大森林からかんたんに得られていたものを、もう少しは享受できるかもしれない。

謝辞

謝辞のなかで編集者に感謝の意を表して、構想から完成までずっと力を尽くしてくれたと述べるのは、形式的な決まり事になってしまっているが、ロミリー・モーガンはそんな決まり文句の意味を変えてしまった。忍耐強さとタフさと精力をそれぞれ同じくらい兼ね備えていて、一九世紀のある小説に登場する大胆で上品なヒロインにも比べたいところだが、ロミリーならきっとその部分に赤線を引いて消してしまうだろう。本当にありがとう。オクトパス社の人たちと仕事ができたことにも満足で、とくにジャック・ストーリー、ポリー・ポールター、キャロライン・ブラウン、マット・グリンドンは、当初から本書に熱心にとり組んでくれた。

草稿を書き上げるために休暇をとることを許してくれた、ケント大学の同僚たちに感謝する。気前よく時間を割いてくれたエレナー・アドキンス、ジェニー・バチェラー教授、サラ・ライアンズ博士、エイミー・サックヴィルは、初期の原稿を読んで意見をくれ、できるかぎり間違いを見つけては指摘してくれた。ノンフィクションの権威で並外れた代理人であるジェーン・グレアム＝モーと、ＧＭＣ社の人たちには、的確な指導とアドバイス、そして、多方面にわたるたっぷりの効果的な思いやりを与えてくれて感謝している。

何人もの専門家が時間を割いて、取材に応じてくれたり専門知識を授けてくれたり、原稿に目を通してくれたりした。ゲイリー・ウォード、ジャンニ・ペス博士、グレアム・ルーク教授、トレイシー・キヴェル教授、イラクリ・ロラッツ博士、マット・スキナー博士、マイク・アダムズ教授に感謝する。お約束の断り書きのとおり、本書に残っている間違いはもちろん私の責任である。ウェンディー・パーキンス教授とキャサリン・ブレルトンも、いくつかの節を読んで意見をくれた。デイヴィッド・サーマンは、見事なペンさばきでイラストを描いてくれた。

本書を書いたのは、書斎、オフィス、列車のなか、数えきれないほどのコーヒーショップ、ホテルの部屋、ソファの上、パブ、図書館、果てはキルトの掛け布団の下だが、書きはじめのころに部屋（ときには小屋）を貸してくれた、エンマ・ボールチとオリヴァー・ボールチには感謝してもしきれない。親友のニコラ・イッバ博士は、サルデーニャ島で摂氏五〇度の暑さのなか、エアコンの真下に陣どる私にじっと我慢してくれた。執筆作業の後半になると、リン・トラスも部屋と小屋を貸してくれた。執筆作業を少しだけ楽にしてくれて、何年にもわたって励まして友情を注いでくれた彼ら全員に、心から感謝する。

リテラチャー&ラッテ社とＤＥＶＯＮシンク社の人たちは、コンピュータ画面の向こう側で素晴らしい働きをしてくれて、この手の本の執筆をよりかんたんで愉快なものにしてくれた（ＤＥＶＯＮシンク社を紹介してくれたクリストファー・メイヨー博士にも感謝する）。

最後に大勢の人が、執筆の進み具合を熱心に尋ねてくれたり、手助けや支援や励ましをくれたりした。シンクレア家のエリカとアダムとラルフとリバティー、フェアハースト家のレベッカとマイクとロイドとエリオット、リード家のジョンとローレンとナターシャ、姉代わりのサンドラ・クライアン、ジュリアン・シュッツ、アドキンス家のショーンとマーティン、および、ピアー・プロダクションズのヒュー・ベヴァン、イアン・ゴールドストン、アラン・ジェンキンス、メフメット・コラルタン、ケイト・マコール、BBCのアイラ・マクファイル、ケヴィン・ムーズリー、読書のしかたを教えてくれたフロリアン・スタッドラー、スカーレット・トーマス教授、トマス・G・ウェイツ、デイヴィッド・フラスフェダー、そして、よい母親たることを何から何までしてくれる私の母ジョアンナ・リード。さてアダム、お前のことはどう書こうか？　執筆の進展具合をほとんど毎日目にして、休日や週末を邪魔され、あらゆる事実や推測に興味津々で耳を傾け、決していやがることもなかった。代わりにお前に何をしてあげられただろうか？　最後に、あらゆる友情関係の基準になってくれたシアン・プライムに本書を捧げる。

訳者あとがき

本書『サピエンス異変』は、「人新世(じんしんせい)」問題を大胆に提起したノンフィクション*Primate Change: How the world we made is remaking us*（Cassell, 2018）の日本語訳である。二〇一八年九月にイギリスで刊行された本書は、ガーディアン紙に「壮大なスケールで人類史を描いた」と賛辞を寄せられ、フィナンシャル・タイムズ紙の「二〇一八年ベストブック」の一冊に選出されるなど高い評価を得ており、二〇一九年三月にはBBCワールドサービスで番組化（全三回）されることが決定している。

本書のキーワードである「人新世」は、日本ではまだなじみが薄い地質学の概念だ。地質学上の年代区分によれば、最終氷期以降、つまり約一万一七〇〇年前から現在までを「完新世(かんしんせい)」と呼ぶのがこれまでの通説だった。ところが近年、地球は新たな地質年代に突入したと考えられるようになってきている。二〇〇〇年、この新しい地質年代の名称として「人新世」（アントロポセン＝anthropocene）を発案したのが、ノーベル化学賞受賞者のパウル・クルッツェンだった。ちなみに「人新世」は、「人間」を意味するギリシャ語のanthropos、そして「新しい」を意味するやはりギリシャ語のkainosに由来する。

こうした流れを受けて、国際地質科学連合が二〇〇九年に人新世の証拠を集める作業部会を立ち上げた。調査の結果、作業部会は地球が人間によって永遠に変化させられたことを示す証拠は十分にあると結論づけた。人類が発明した多数の新化合物、核実験による放射性同位体、土壌に含まれるリン酸塩と窒素（人工肥料の成分）、プラスチック片、コンクリート粒子、ニワトリの骨などが地球上のいたるところで確認され、いずれも最終氷期が地球に残した爪痕に負けず劣らず証拠として強力だった。ニワトリの骨が人新世の根拠となるのは、人類が消費したおびただしい数のニワトリの骨が急速に化石記録の一部となりつつあるからだ。

人新世はあと一年ほどで国際地質科学連合に正式に認定される予定になっている。この新たな地質年代「人新世」を生きる私たちの身体にいま激変が起きている、というのが本書の著者の主張だ。しかも、この変化は進化によって起きたのではなく、私たち自身がつくり上げた環境に対する身体の反応だったという。進化が起きる速度はあまりに緩慢なので、私たちの身体は自身が環境に与える影響についていけない。その結果、人類の身体は環境に適応しきれていない――。

農業革命、産業革命、都市革命、デジタル革命によって、人類の食性、労働、ライフスタイルに著しい変化がもたらされ、私たちの身体にそうした変化の痕跡が刻みこまれた。土踏まず（アーチ）が消え、腰痛や骨粗鬆症（こつそしょうしょう）などが頻発するようになった。家畜化によって、薬剤耐性を持つ病原体も続々と出現している。現代人は、いわゆる「ミスマッチ病」に悩まされるようになった。2型糖尿病やアレルギー鼻炎など、その昔アフリカのサバンナを駆け抜けた人びとにはあまり縁のなかった病気だ。

著者はさらに、ある気がかりな可能性を指摘する。人新世の影響で、作物がかつてより大量の糖を生産するようになり、ほかの栄養素が減っているかもしれないという。いまあなたが食べるニンジンは、しばらく前のニンジンとは別物だというのだ。原因は複合的と思われる。おそらく、私たちが甘い作物を好み、作物の収量と外見を優先したことがおもな理由だろう。著者にいわせれば、人新世のニンジンは私たちそのものなのだ。

インターネットの普及により、スマートフォンやタブレットを操作する現代人の手は酷使されていると一般に考えられている。しかし、そうではない、手はむしろ昔より弱くなっていると著者は反論する。それに、デジタルデバイスの操作に手が必要なくなる日はまもなくやってくる。視線や音声などで事は足りるからだ。ヒトの手はほかの霊長類に比べて原始的なのだそうだが、環境に働きかけるための理想的な道具となるよう進化してきた。だが、その手が必要とされなくなったらどうなるのだろう?

私たちはどんどん身体を使わなくなってきている。昔ほど歩かないし、カロリー過多の食物を好んで食べ、座りっぱなしで、とかく快適さを求める。巻末近くで、著者はこう提案する。これからも身体を手放したくないなら、身体の本来の機能を理解し、その能力を十分に活かすことを心がけよう、と。

本書の各部の最後に、人新世を生き抜くための著者の助言がある。もっと歩く、観葉植物を取り入れるなど簡単なものも多いので、実践してみてはいかがだろう。人新世が地球史に残らないほど一瞬で終わらないために。

鍛原多惠子

二〇一八年一一月

原　注

プロローグ

1）以下を参照。George E Ehrlich "Low Back Pain", *Bulletin of the World Health Organization* 2003, 81:9, pp 671–676; Health and Safety Executive, "Work-related Musculoskeletal Disorders（WRMSDs）*Statistics in Great Britain* 2017", www.hse.gov.uk/Statistics/causdis/musculoskeletal/msd.pdf（2018/3/14アクセス）; Office for National Statistics, "Sickness Absence in the Labour Market: February 2014"（2018/3/14アクセス）; Rodrigo Dalke Meuci, et al. "Prevalence of Chronic Low Back Pain: Systematic Review" *RSP*, 2015, 49:1; "Back Pain 'Leading Cause of Disability,' Study Finds", March 25 2014, www.nhs.uk/news/lifestyle-and-exercise/back-pain-leadingcause-of-disability-study-finds/（2018/3/7アクセス）; Damian Hoy, et al. "The Global Burden of Low Back Pain: Estimates From the Global Burden of Disease 2010 Study", *Annals of the Rheumatic Diseases*, ard.bmj.com/content/early/2014/02/14/annrheumdis-2013-204428（2018/3/7アクセス）.

第Ⅰ部

1）Kevin G Hatala, et al., "Footprints Reveal Direct Evidence of Group Behavior and Locomotion in Homo Erectus", *Scientific Reports*, July 2016, 6.

第1章

2）Andrew Whiten, "The Evolution of Deep Social Mind in Humans" in *The Descent of Mind: Psychological Perspectives on Hominid Evolution*, eds Michael Corballis and Stephen E G Lea（Oxford: Oxford University Press, 1999）.

3）Michael Newton, Savage Girls and Wild Boys: a History of Feral Children（London: Faber, 2002）を参照。

4）目の中にある光受容器で、一般に錐体細胞と呼ばれる。大半のヒトは三種の受容器を持つ（ハチも同じ）。魚類と鳥類は四種の受容器を持つが、イヌ、フェレット、ハイエナなど多くの哺乳動物は二種のみ。

5）Teruo Hashimoto, et al., "Hand Before Foot? Cortical Somatotopy Suggests Manual Dexterity is Primitive and Evolved Independently of Bipedalism", *Philosophical Transactions of the Royal Society*, 19 November 2013, 368: 1630.

6）Dennis Bramble and Daniel Lieberman, "Endurance Running and the Evolution of Homo" *Nature*, Nov 18 2004, 432, pp. 345-52.

7）Erik Trinkaus and Hong Shang, "Anatomical evidence for the antiquity of human footwear:

Tianyuan and Sunghir", *Journal of Archaeological Science*, 2008, 35:7, pp. 1928-1933.

第2章

8）John Nutt, *Diseases and Deformities of the Foot*（New York: E B Treat, 1915）, p. 157.
9）Marshall Sahlins "Notes on the Original Affluent Society" in *Man the Hunter*, eds R B Lee and I DeVore（New York: Aldine, 1968）, pp. 85-9を参照。
10）以下を参照。Karen Gasper and Brianna L Middlewood, "Approaching Novel Thoughts: Understanding Why Elation and Boredom Promote Associative Thought More Than Distress and Relaxation" *Journal of Experimental Social Psychology*, May 2014, Volume 52, pp. 50-57; Sandi Mann and Rebekah Cadman, 'Does Being Bored Make Us More Creative?" *Creativity Research Journal*, 2014, 26:2, pp. 165-173; Charlotte C Burn, "Bestial Boredom: A Biological Perspective on Animal Boredom and Suggestions for Its Scientific Investigation" in *Animal Behaviour*, August 2017, 130, pp. 141-151.
11）Habiba Chirchir, Tracy L Kivell, et al., for "Recent Origin of Low Trabecular Bone Density in Modern humans", *PNAS* January 13, 2015, 112:2, pp. 366371.
12）Alison A Macintosh, et al., "Prehistoric Women's Manual Labor Exceeded that of Athletes Through the First 5500 Years of Farming in Central Europe" *Science Advances*, 29 Nov 2017, 3:11.
13）"Species Loss: Wetland Species Disappear" World Wildlife Fund, wwf.panda.org/our_work/water/freshwater_problems/species_loss/（2017/11/14アクセス）.
14）Juan I Garaycoechea, et al., "Alcohol and Endogenous Aldehydes Damage Chromosomes and Mutate Stem Cells" *Nature*, 03 January 2018, 553, pp. 171–177; Zhou F C, et al., "Alcohol Alters DNA Methylation Patterns and Inhibits Neural Stem Cell Differentiation" *Alcoholism, Clinical and Experimental Research*, Apr 2011, 35:4, pp. 735-46.

第Ⅱ部

1）以下を参照。D Nadel, "Ohalo II: A 23,000-Year-Old Fishe-Hunter-Gatherer's Camp on the Shore of Fluctuating Lake Kinneret（Sea of Galilee）" in Y Enzel & O BarYosef eds, *Quaternary of the Levant: Environments, Climate Change, and Humans*（Cambridge: Cambridge University Press, 2017）, pp. 291-294; Steven Mithen, *After the Ice: a Global Human History, 20,000 – 5,000 BC*（Cambridge, Massachusetts: Harvard University Press, 2006）（『氷河期以後――紀元前二万年からはじまる人類史』、青土社刊）p. 20; Ehud Weiss, et al., "Plant-food preparation area on an Upper Paleolithic Brush Hut Floor at Ohalo II, Israel" Journal of Archaeological Science, 2008, 35, pp. 2400–2414; D Nadel, D, et al., From the Cover: Stone Age Hut in Israel Yields World's Oldest Evidence of Bedding, *PNAS*, April 27, 2004, 101: 17, pp.

6821-6826.

第3章

2）Ainit Snir, et al., “The Origin of Cultivation and Proto-Weeds, Long Before Neolithic Farming” *PLOS One*, July 22, 2015, doi.org/10.1371/journal.pone.0131422（2018/3/7アクセス）.

3）以下を参照。E C Ellwood, et al., “Stone-Boiling Maize With Limestone: Experimental Results and Implications for Nutrition Among SE Utah Preceramic Groups” Journal of Archaeological Science, 2013, 40:1, pp. 3544; K Nelson, “Environment, Cooking Strategies and Containers”, *Journal of Anthropological Archaeology*, 2010, 29:2, pp. 238-247; University of Leiden, “How People Prepared Food in Prehistoric Times” *Science Daily*, 16 March 2016, sciencedaily.com/releases/2016/03/160316105806.htm（2018/3/10アクセス）; Cathy K Kaufman, *Cooking in Ancient Civilizations*（Westport, Connecticut: Greenwood, 2006）; A V Thoms “Rocks of Ages: Propagation of Hot-Rock Cookery in Western North America”, *Journal of Archaeological Science*, 2009, 36:3, pp. 573591.

4）Richard Wrangham, Catching Fire: How Cooking Made Us Human（New York: Basic Books, 2010）（『火の賜物――ヒトは料理で進化した』、NTT出版刊）を参照。

5）Oral Health Foundation, Facts and Figures, http://www.nationalsmilemonth.org/facts-figures/（2017/12/11アクセス）. 以下も参照。Adult Dental Health Survey 1978 and 2009（England, Wales and Northern Ireland）; The Scottish Health Survey: Volume 1: Main Report ; NHS Dental Epidemiology Programme for England; Oral Health Survey Of Five Year Old Children, 2011/2012; NHS Dental Epidemiology Programme for England; Oral Health Survey of Five Year Old Children, 2007/2008; Oral Health – Special Eurobarometer February 2010, 330; British Dental Health Foundation Survey, 2010; British Dental Health Foundation Survey, 2013.

6）Padmaja Sharma, et al., “Age Changes of Jaws and Soft Tissue Profile”, *The Scientific World Journal*, 2014

7）Daniel Lieberman, et al., “Effects of Food Processing on Masticatory Strain and Craniofacial Growth in a Retrognathic Face”, *Journal of Human Evolution*, June 2004, 46:6, pp. 655-677.

8）Noreen von Cramon-Taubadel, “Global Human Mandibular Variation Reflects Differences in Agricultural and Hunter-Gatherer Subsistence Strategies”, *PNAS* November 21, 2011.

9）Noreen von Cramon-Taubadel, “Incongruity between Affinity Patterns Based on Mandibular and Lower Dental Dimensions following the Transition to Agriculture in the Near East, Anatolia and Europe”, *PLOS One*, 2015.

10）Prof. Alan Mann. Douglas Main, “Ancient Mutation Explains Missing Wisdom Teeth”, March 13, 2013, www.livescience.com/27529-missingwisdom-teeth.html（2018/1/18アクセス）に引用。

11) Yoel Melamed, et al., "The plant Component of an Acheulian Diet at Gesher Benot Ya'aqov, Israel", *PNAS*, 2016.
12) Cornejo O E, et al., "Evolutionary and Population Genomics of the Cavity Causing Bacteria Streptococcus mutans", *Molecular Biology and Evolution Society*, 2012.
13) David Frayer, et al., "Prehistoric dentistry? P4 Rotation, Partial M3 Impaction, Toothpick Grooves and Other Signs of Manipulation in Krapina Dental Person 20", *Bulletin of the International Association for Paleodontology*, 2017, 11:1, pp. 1-10.
14) Stefano Benazzi, et al., "Earliest Evidence of Dental Caries Manipulation in the Late Upper Palaeolithic", *Scientific Reports* 2015, 5:12150.
15) F Bernardini, et al., "Beeswax as Dental Filling on a Neolithic Human Tooth" *PLOS One*, September 19, 2012.
16) "History of Dentistry", American Dental Education Association, www.adea.org/GoDental/Health_Professions_Advisors/History_of_Dentistry.aspx(2017/8/6アクセス).
17) W H Bowen, "The Stephan Curve Revisited", *Odontology*, Jan 2013, 101:1, pp. 2-8.
18) G Fond, et al., "Fasting in Mood Disorders: Neurobiology and Effectiveness. A Review of the Literature", *Psychiatry Research*, Oct 30 2013, 209:3, pp. 253-258.
19) V D Longo and M Mattson, "Fasting: Molecular Mechanisms and Clinical Applications", *Cell Metabolism*, Feb 2014, 19:2, pp. 181-192.
20) M Mattson, et al., "Meal Frequency and Timing in Health and Disease", *Proceedings of the National Academy of Sciences*, Nov 2014, 111:47, pp. 16647-53. まだ予備的段階だが、最近の研究によれば、断食は別の老齢関連の入り口疾患である骨粗鬆症の予防にも有効らしい。二〇一七年の論文で、著者らは断食が骨粗鬆症の「影響の軽減にきわめて効果的である」と結論づけた。Seyed Mohammad Amin Kormi, et al., "The Effect of Islamic Fasting in Ramadan on Osteoporosis", *Journal of Fasting and Health*, Spring 2017, 5:2, pp. 74-77.

第4章

21) "Fact Sheet: World Malaria Report 2016" – World Health Organization www.who.int/malaria/media/world-malaria-report-2016/en/(2017/6/8アクセス).
22) セントラルフロリダ大学の研究によれば、牛肉、牛乳、バター、ヨーグルトなどの乳製品や、ウシの糞を肥料にして育てた野菜によく見つかる細菌(ヨーネ菌)は、私たちが持つ二つの遺伝子と特別な関係にある。ヨーネ菌はヒトの二つの変異遺伝子 PTPNと PTPN22を活性化すると考えられ、これによって宿主の免疫系が過剰な反応を起こす。これらの遺伝子は、1型糖尿病などほかの自己免疫疾患と関連づけられてきた。どちらも、免疫系が自分自身の組織を攻撃してしまう病気だ。これらの遺伝子と関連する「謎の」病気もある。関節リウマチである。長い年月にわたって人を苦しめるこの病気の症状は、関節の腫れ、こわばり、痛みで、とくに手、手首、足に

現われる。この病気の患者は、アメリカで一〇〇万人以上、イギリスで約五〇万人いる。多くの疾患と同じく、それは炎症性疾患だ。関節リウマチは(この病気の正体はまだわからないそうだが)、遺伝子の変異を持って生まれ、農業革命以前にはなかったような環境上のトリガーに遭遇した結果だという。得られた数字は絶対的なものではないとはいえ(関節リウマチの治験に参加した被験者の七八・六パーセントに PTPN2遺伝子の変異が認められた)、関連性は疑いを入れる余地がないほど強力だ。

23) Richard P Evershed, et al., "Earliest Date for Milk Use in the Near East and Southeastern Europe Linked to Cattle Herding", *Nature*, September 2008, 455, pp.528–531.

24) E Patin, et al., "Deciphering the Ancient and Complex Evolutionary History of Human Arylamine N-Acetyltransferase Genes", *American Journal of Human Genetics,* Mar 2006, 78:3, pp. 423-36.

25) Israel Hershkovitz, et al., "Detection and Molecular Characterization of 9000-Year-Old Mycobacterium Tuberculosis from a Neolithic Settlement in the Eastern Mediterranean", *Plos One*, 2008.

26) これは、過去三世紀でインフルエンザのパンデミックが九回起きたことにもとづく数学的な推測だ。最後のパンデミックは、半世紀前の一九六八年から一九六九年の香港インフルエンザで、一〇〇万人以上が死亡した。その前には、約二〇〇万人が死亡した一九五七年から一九五八年のアジアインフルエンザ、そしてもちろん一九一八年のスペインインフルエンザがある。最近では、二〇〇九年に「豚インフルエンザ」で合計二万人弱が死亡している。

第5章

27) ここには、興味深い類似性が認められる。ビールで賃金を支払う方式は続かなかったが、一九世紀には労働者はパブに集まって一週間の賃金を受け取った。パブの主人とボスは勘定をつけにすると示し合わせた上で、ボスはわざと非常に遅い時間になってからパブに姿を現わした。賃金から飲み代を差し引き、残りを酔っぱらった労働者に支払った。

28) A M Herskind, et al., "The heritability of human longevity: a population-based study of 2872 Danish twin pairs born 1870-1900", Human Genetics, Mar 1996, 97:3, pp. 319-23.

29) Stacy L Andersen, et al., "Health Span Approximates Life Span Among Many Supercentenarians: Compression of Morbidity at the Approximate Limit of Life Span", *Journal of Gerontology Series: Biological Sciences and Medical Sciences*, Apr 2012, 67A:4, pp. 395–405.

30) Office for National Statistics, "An overview of lifestyles and wider characteristics linked to Healthy Life Expectancy in England: June 2017", www.ons.gov.uk/peoplepopulationandcommunity/healthandsocialcare/healthinequalities/articles/ healthrelatedlifestylesandwidercharacteristicsofpeoplelivinginareaswiththehighestorlowesthealthylife/june2017(2017/6/28アクセス).

31）Public Health England, "Physical inactivity levels in adults aged 40 to 60 in England 2015 to 2016", 24 August, 2017, www.gov.uk/government/publications/physicalinactivity-levels-in-adults-aged-40-to-60-in-england/physical-inactivity-levels-in-adults-aged-40-to-60-inengland-2015-to-2016（2018/6/12アクセス）

32）https://www.nhs.uk/oneyou/active10/home?utm_source=PR&utm_medium=PR&utm_campaign=Active10（2018/6/12アクセス）を参照。

33）N A Duggal, et al., "Major Features of Immunesenescence, Including Reduced Thymic Output, Are Ameliorated by High Levels of Physical Activity in Adulthood", *Aging Cell*, Apr 2018, 17:2.

第Ⅲ部

1）William Dodd, *A Narrative of the Experience and Sufferings of William Dodd a Factory Cripple*（London: 1841）; William Dodd, The Labouring Classes of England（Boston: 1847）; John Brown and Robert Blincoe, *A Memoir of Robert Blincoe, an Orphan Boy; Sent from the Workhouse of St Pancras, London, at Seven Years of Age, to Endure the Horrors of a Cotton - Mill Through his Infancy and Youth*（Manchester, 1832）.

2）Charles Wing, *Evils of the Factory System: Demonstrated by Parliamentary Evidence*（London, 1837）.

3）"Factory Children" in *Accounts and Papers: Trade and Navigation, Factories, Post Office, etc., for the Session 31 January – 17 July* vol 12 of 15,（London, 1837）, pp. 1-8.

4）"Factory Children" in *Accounts and Papers: Trade and Navigation, Factories, Post Office, etc., for the Session 31 January – 17 July* vol 12 of 15,（London, 1837）, pp. 1-8を参照。以下も参照。Roderick Floud and Bernard Harris, "Health, Height, and Welfare: Britain, 1700-1980" in *Health and Welfare During Industrialization*, eds Richard H Steckel and Roderick Floud,（Chicago: University of Chicago Press, 1997）, pp. 91-126; Peter Kirby, *Child Workers and Industrial Health in Britain, 1780-1850*（Woodbridge: Boydell, 2013）, p. 112.

5）"Male Body Ideals Through Time", lammily.com/magazine/male-body-ideals-through-time/（2017/7/10アクセス）を参照。

6）このたくましい体つきは、一九六〇年代や一九七〇年代の極端に細いカウンターカルチャーが訪れるまで続いた。新たな「ロックスター」の身体は、父親世代の男性、つまり社会規範との明確な訣別だった。それは活発な肉体活動の世界から、肌を焼き、激情に流され、麻薬に溺れる心理社会的な快楽の世界への転換だった。一九八〇年代には、すべてが大きく、硬く、頑丈になった。女性ファッションは、鮮やかな色使い、エッジの効いたデザイン、肩パッドに特徴づけられた。男性では、ボディービルダーが映画やテレビで主流になり、アーノルド・シュワルツェネッガー、シルヴェスター・スタローン、ドルフ・ラングレンなどがもてはやされた。現在はこ

の中間のような、筋肉質でアスレティックな身体に人気がある。

7）Peter Gaskell, *The Manufacturing Population of England, Its Moral, Social, and Physical Conditions, and the Changes Which Have Arisen from the Uses of Steam Machinery*（London: 1833）.

8）Chandra Prakash Pal, et al., "Epidemiology of knee osteoarthritis in India and related factors", *Indian Journal of Orthopaedics*, Sept 2016, 50:5, pp. 518–522.

9）Osteoarthritis in General Practice – Data and Perspectives（Arthritis Research UK）, July 2013.

10）Ian J Wallace, et al., "Knee Osteoarthritis Has Doubled in Prevalence Since the Mid-20th century", *PNAS*, 2017, 114:35, pp. 9332-9336.

11）私は教育法から一世紀を経た一九七〇年代に教育を受けたが、まだ低能帽を被らせたり杖で叩いたりというような体罰があり、左手が利き手の生徒は右手で字を書くように矯正された。私は引き算のやり方を忘れたときに顔をぶたれたのを覚えている――まだ六歳だったというのに。

12）環境心理学者が試行を行なったところ、両親たちは特定の活動（たとえばテレビやビデオゲーム）によって症状が悪化すると答えた。Frances Kuo, et al., "A Potential Natural Treatment for Attention-Deficit/ Hyperactivity Disorder: Evidence from a National Study", *American Journal of Public Health*, Sept 2004, 94:9, pp. 1580-1586. 当然、緑の多い（自然な）屋外の環境は（屋内や都会の環境とちがって）症状を緩和した。

13）二〇一〇年のある論文が、クラスでいちばん年少の生徒が注意欠陥・多動性障害と診断されることが多いという証拠を示した。「多くの診断は、好ましくない行動にかんする教師の先入観にもとづいている」という。T E Elder, "The Importance of Relative Standards in ADHD Diagnoses: Evidence Based on Exact Birth Dates", *Journal of Health Economics*, Sep 2010, 29:5, pp. 641-56.　この障害と診断される年齢はたいてい七歳だ（クラスでいちばん年長の生徒とのほぼ一年という差は、やや大きなマージンといわねばならない）。

第6章

14）Alison Matthews David, *Fashion Victims: The Dangers of Dress Past and Present*（London: Bloomsbury, 2015）, p. 8.

15）GBD 2015 Mortality and Causes of Death Collaborators, "Global, Regional, and National Life Expectancy, AllCause Mortality, and Cause-Specific Mortality for 249 Causes of Death, 1980–2015: A Systematic Analysis for the Global Burden of Disease Study 2015", 8 October 2016, 388:10053, pp. 1459–1544.

16）Daniel L Belavý, et al., "Running Exercise Strengthens the Intervertebral Disc", *Scientific Reports*, 2017, 7:45975.

17）以下を参照。Peter Buckle, et. al., *Work-Related Neck and Upper Limb Musculoskeletal*

Disorders,(European Agency for Safety and Health at Work, 1999), (とくに section 3.4); "Standing Up for Workplace Wellness, a White Paper", *Ergotron*, 2011, p. 8; B Husemann, et al., "Comparisons Of Musculoskeletal Complaints and Data Entry Between a Sitting and a Sit-Stand Workstation Paradigm" *Human Factors: The Journal of Human Factors and Ergonomics Society*, June 2009, 51: 3, pp. 310-320.
18) Eli Dolgin, "The Myopia Boom–Short-Sightedness Is Reaching Epidemic Proportions. Some Scientists Think They Have Found a Reason Why", *Nature*, 18 March 2015, www.nature.com/news/themyopia-boom-1.17120(2017/11/27アクセス); "Short-sightedness(myopia)", NHSChoices, www.nhs.uk/conditions/short-sightedness/(2017/11/27アクセス); Rohit Saxena, et al., "Is Myopia a Public Health Problem in India?" *Indian Journal of Community Medicine*, 2013 38:2, pp. 83–85; "13% Schoolchildren Myopic in India: AIIMS", The Indian Express, March 14, 2016 indianexpress.com/article/lifestyle/health/13-schoolchildren-myopic-in-indiaaiims/(2017/11/27アクセス); Hassan Hashemi, et al., "The Prevalence of Refractive Errors in 5–15 Year-Old Population of Two Underserved Rural Areas of Iran", *Journal of Current Ophthalmology*, September 2017, 29:3 pp. 143–232.
19) R W Morgan, et al., "Inuit myopia: an environmentally induced 'epidemic'?" *Canadian Medical Association Journal*, Mar 1975, 112:5, pp. 575–577.
20) J A Guggenheim, et al., "Role of Educational Exposure in the Association Between Myopia and Birth Order" in *JAMA Ophthalmology*, 2015, 133:12, pp. 1408-14.
21) K A Rose, et al., "Myopia, lifestyle, and schooling in students of Chinese ethnicity in Singapore and Sydney", *Archives of Ophthalmology*, 2008, 126:4, pp. 527-30.
22) K A Rose, et al., "Outdoor Activity Reduces the Prevalence of Myopia in Children" in *Ophthalmology*, 2008, 115:8, pp. 1279-85.
23) 以下を参照。S Holm, "The ocular refraction state of the Palae Negroids in Gabon, French Equatorial Africa" *Acta Ophthalmologica Supplementum* 1937, 13: pp. 1–299; Loren Cordain, et al., "An evolutionary analysis of the aetiology and pathogenesis of juvenile-onset myopia", *Acta Ophthalmologica Supplementum*, April 2002, 80: 2, pp. 125–135; D S London et al., "A Phytochemical-Rich Diet May Explain the Absence of Age-Related Decline in Visual Acuity of Amazonian Hunter-Gatherers in Ecuador", *Nutrition Research*, 2015, 35:2, pp. 107-17.
24) 赤ちゃんは生まれたときはみな遠視だ。成長するにつれて眼球の形が変わり、オートフォーカスのカメラのように、最適な屈折度を得るようになる。カメラを持っている人なら知っているように、レンズが焦点を合わせられなければ、カメラが最適と判断して撮った写真はぼやけてしまう。発達中の子どもの目はこれに少々似ている。ふさわしい照明がなければ、目は理想的な焦点を決められず、カメラと同じように完璧にはほど遠い「最適」な判断をする。
25) Damian Carrington, "Three-quarters of UK Children Spend Less Time Outdoors Than

Prison Inmates – Survey", *The Guardian*, www.theguardian.com/environment/2016/mar/25/three-quarters-of-ukchildren-spend-less-time-outdoors-than-prisoninmates-survey（2017/3/13アクセス）.

26）"Monitor of Engagement with the Natural Environment Pilot Study: Visits to the Natural Environment by Children", *Natural England Commissioned Report* 208, 10 February 2016. 次も参照。Patrick Barkham and Jessica Aldred, "Concerns Raised Over Number of Children Not Engaging With Nature", *The Guardian*, www.theguardian.com/environment/2016/feb/10/concerns-raisedover-amount-of-children-not-engaging-with-nature（2017/3/13アクセス）.

27）B A Holden, et al., "Global Prevalence of Myopia and High Myopia and Temporal Trends from 2000 through 2050", *Ophthalmology*, May 2016, 123:5, pp. 1036-42.

第7章

28）それは燃料として低水準で、周囲を汚し、以前の石炭より燃えつきるのが速かった。大量の硫黄など有毒な成分を多く含んでいた。

29）1919年、森林管理体制がひどく混乱して国家的懸念が生じたことで、森林委員会が創設された。以下を参照。Oliver Rackham, *Woodlands*（London: Collins, 2015）,（とくに Chapter 3）; Oliver Rackham, *Ancient Woodland: Its History, Vegetation and Uses in England*（Castlepoint, 2003）; "The State of the UK's Forest, Woods and Trees: Perspectives from the Sector", The Woodland Trust 2011; "What Shaped Britain's Forests?", Forestry Commission, https://www.forestry.gov.uk/forestry/INFD-8Y5BSY（2017/8/4アクセス）; Bibi van der Zee, "England's forests: a brief history of trees", *The Guardian*, www.theguardian.com/travel/2013/jul/27/history-of-englands-forests（2017/8/4アクセス）.

30）John Evelyn, *Fumifugium: or The Inconveniencie of the Aer and Smoak of London Dissipated*（London, 1661）.

31）John Graunt, Natural and Political Observations Mentioned in a following Index and made upon the Bills of Mortality … with reference to the Government, Religion, Trade, Growth, Air, Diseases and the several Changes of the said City, 1676, in William Petty, *The Economic Writings of Sir William Petty*, ed. Charles Henry Hull (Cambridge, 1899）, 2, pp. 393-94.

32）Josiah Cox Russell, *British Medieval Population*,（Alberqueque, University of New Mexico Press, 1948）, pp. 263, 269. 次も参照。John Graunt, "Natural and Political Observations Mentioned in a Following Index, and Made Upon the Bills of Mortality", in *Mathematical Demography*, eds David P Smith Nathan Keyfitz（Springer-Verlag: Berlin, 1977）, pp. 11–20.

33）Emma Griffin, "Why was Britain First? The Industrial Revolution in Global Context", *Short History of the British Industrial Revolution*（London: Palgrave, 2010）, p. 163-5.

34）Emma Griffin, "Why was Britain First? The Industrial Revolution in Global Context", *Short*

History of the British Industrial Revolution (London: Palgrave, 2010), p. 168.
35) Stephen Mosley. Jim Morrison, "Air Pollution Goes Back Way Further Than You Think" www.smithsonianmag.com/science-nature/air-pollution-goes-back-way-further-you-think180957716/#6Y7FJM1kDE2xzm6l.99（2017/8/3アクセス）に引用。
36) J Bostock, "Of the Catarrhus Æstivus, or Summer Catarrh", *Medico - Chirurgical Transactions*, 1828, 14:2, pp. 437–446.
37) Charles Blackley, *Hay Fever: Its Causes, Treatment, and Effective Prevention Experimental Researches* (London, 1880).
38) Morell Mackenzie, *Hay Fever and Paroxysmal Sneezing: Their Etiology and Treatment – an Appendix on Rose Cold* (London, 1887).

第Ⅳ部

1) 以下を参照。1861 Census of England and Wales, *General Report: with appendix of tables* (1863 LIII(3221) 1); Census of England and Wales, 1891, *Ages, condition as to marriage, occupations, birth - places and infirmities*, Vol. III BPP 1893–4 CVI.
2) A E Staiano, et al., "Sitting Time and Cardiometabolic Risk in US Adults: Associations by Sex, Race, Socioeconomic Status and Activity Level", *British Journal of Sports Medicine* in Feb 2014, 48:3, pp. 213-9.
3) A V Patel, et al., "Leisure Time Spent Sitting in Relation to Total Mortality in a Prospective Cohort of US Adults", *American Journal of Epidemiology*, Aug 2010, 172:4, pp. 419-29.
4) M T Hamilton, et al., "Role of Low Energy Expenditure and Sitting in Obesity, Metabolic Syndrome, Type 2 Diabetes, and Cardiovascular Disease", *Diabetes*, Nov 2007, 56:11, pp. 2655–67.
5) N Owen, et al., "Too Much Sitting: A Novel and Important Predictor of Chronic Disease Risk?", *British Journal of Sports Medicine*, 2009, 43, pp. 81–83.
6) T Y Warren, et al., "Sedentary Behaviors Increase Risk of Cardiovascular Disease Mortality in Men", *Medicine and Science in Sports and Exercise*, May 2010, 42: 5, pp. 879–85.
7) A V Patel, et al., "Leisure time spent sitting in relation to total mortality in a prospective cohort of US adults", *American Journal of Epidemiology*, August 2010, 172:4, pp. 419–29.
8) M Du, et al., "Physical Activity, Sedentary Behavior, and Leukocyte Telomere Length in Women", *American Journal of Epidemiology*, March 2012, 175:5, pp. 414– 22.
9) M E Benden, et al., "The Evaluation of the Impact of a Stand-Biased Desk on Energy Expenditure and Physical Activity for Elementary School Students", *International Journal of Environmental Research and Public Health*, Sep 2014, 11: 9, pp. 9361–9375.
10) S A Clemes, et al., "What Constitutes Effective Manual Handling Training?", *Occupational*

Medicine, Mar 2010, 60:2, pp. 101–107.
11）F Saeidifard, et al., "Differences of Energy Expenditure While Sitting Versus Standing: A Systematic Review and Meta-Analysis", *European Journal of Preventive Cardiology*, Jan 2018, 25:5, pp. 522–538.
12）R Baker, et al., "A Detailed Description of the Short-Term Musculoskeletal and Cognitive Effects of Prolonged Standing for Office Computer Work", *Ergonomics*, 2018, 61:7, pp. 877…890.
13）I B Lin, et al., "Disabling Chronic Low Back Pain as an Iatrogenic Disorder: A Qualitative Study in Aboriginal Australians", *BMJ Open*, 2013, 3:4.
14）H M Rice, et al., "Footwear Matters: Influence of Footwear and Foot Strike on Load Rates During Running", *Journal of Medicine & Science in Sport & Exercise*, Dec 2016, 48:12, pp. 2462–2468.
15）J Laurance, "Why are Our Feet Getting Bigger", *Independent*, Tuesday 3 June 2014, www.independent.co.uk/life-style/health-and-families/features/why-ourfeet-are-getting-bigger-9481529.html（2017/10/13アクセス）
16）以下を参照。A Aenumulapalli, et al., "Prevalence of Flexible Flat Foot in Adults: A Cross-sectional Study", *Journal of Clinical and Diagnostic Research*, Jun 2017, 11:6, AC17–AC20; U B Raö, et al., "The influence of Footwear on the Prevalence of Flat Foot", *Journal of Bone & Joint Surgery*, 1992; N B Holowka, et al., "Foot Strength and Stiffness Are Related to Footwear Use in a Comparison of Minimally – vs. Conventionally-shod Populations", *Scientific Reports*, 2018, 8: 3679.
17）K Hollander, et al.,"Growing-up (Habitually) Barefoot Influences the Development of Foot and Arch Morphology in Children and Adolescents", *Nature: Scientific Reports*, 7:1, p. 8079.

第8章

18）"Life Expectancy at Birth and at Age 65 by Local Areas in England and Wales", Office for National Statistics, 4 Nov 2015, www.ons.gov.uk/peoplepopulationandcommunity/birthsdeathsandmarriages/lifeexpectancies/datasets/lifeexpectancyatbirthandatage65bylocalareasinenglandandwalesreferencetable1; "Life Expectancy Rises 'Grinding to Halt'", 19 July 2017, www.ucl.ac.uk/iehc/iehc-news/michael-marmot-life-expectancy,（2017/9/25アクセス）.
19）Edwin Ray Lankester, *Degeneration: a Chapter on Darwinism*（London, 1880）, pp. 26–32 を参照。
20）J Varney, et al., "Everybody Active, Every Day: Two Years On: an Update on the National and Physical Activity Framework" *Public Health England*, 2017.
21）"Avoiding the Consequences of Obesity", World Obesity Federation, www.obesityday.worldobesity.org/world-obesity-day-2017. 次も参照。"Our Data" http://www.obesityday.

worldobesity.org/ourdata2017（2017/12/10アクセス）.
22）N J Farpour-Lambert, et al., "Childhood Obesity Is a Chronic Disease Demanding Specific Health Care – a Position Statement from the Childhood Obesity Task Force（COTF）of the European Association for the Study of Obesity（EASO）", *Obesity Facts*, 2015, 8:5, pp. 342–9.
23）V K Ridaura, et al., "Gut Microbiota from Twins Discordant for Obesity Modulate Metabolism in Mice" *Science*, Sep 2013 6:341.
24）C D Gardner, et al., "Effect of Low-Fat vs LowCarbohydrate Diet on 12-Month Weight Loss in Overweight Adults and the Association with Genotype Pattern or Insulin Secretion: The DIETFITS Randomized Clinical Trial", *JAMA*, Feb 2018 20:319, pp. 667-679.
25）J R Kelly, et al., "Transferring the Blues: Depression-Associated Gut Microbiota Induces Neurobehavioural Changes in the Rat", Journal Psychiatric Research, Nov 2016, 82, pp. 109–18.
26）Chi Pang Wen, et al., "Stressing Harms of Physical Inactivity to Promote Exercise", The Lancet, July 2012, 380: 9838, pp. 192–193.
27）GBD 2015 Mortality and Causes of Death Collaborators, "Global, Regional, and National Life Expectancy, All-Cause Mortality, and Cause-Specific Mortality for 249 Causes of Death,1980–2015: A Systematic Analysis for the Global Burden of Disease Study 2015", *The Lancet*, October 2016, 388:10053, pp. 1459–1544.
28）D Dabelea, et al., "Prevalence of Type 1 and Type 2 Diabetes Among Children and Adolescents from 2001 to 2009", *JAMA*, May 2014 7:311, pp. 1778–86.
29）S M Virtanen, et al., "Microbial Exposure in Infancy and Subsequent Appearance of Type 1 Diabetes Mellitus-Associated Autoantibodies: A Cohort Study", *JAMA Paediatrics*, Aug 2014, 168:8, pp. 755–63.
30）World Health Organization, "Q&A on the carcinogenicity of the consumption of red meat and processed meat", www.who.int/features/qa/cancerred-meat/en/（2017/6/10アクセス）
31）World Anti-Doping Agency, "WADA issues alert on GW501516", www.wada-ama.org/en/media/news/2013-03/wada-issues-alert-on-gw501516（2017/8/8アクセス）
32）NCD Risk Factor Collaboration, "Worldwide Trends in Diabetes Since 1980: A Pooled Analysis of 751 Population-Based Studies With 4・4 Million Participants", *Lancet*, 2016, 387, pp. 1513–30.16
33）Lamar Smith, "Don't Believe the Hysteria Over Carbon Dioxide", www.dailysignal.com/2017/07/24/dont-believe-hysteria-carbon-dioxide/（2017/9/1アクセス）
34）Irakli Loladze, "Hidden Shift of the Ionome of Plants Exposed to Elevated CO2 Depletes Minerals at the Base of Human Nutrition", *eLife*, 2014, 3, e02245.
35）Irakli Loladze, "Rising atmospheric CO2 and human nutrition: toward globally imbalanced plant stoichiometry?", *Trends in Ecology & Evolution*, Oct 2002, 17:10, pp. 457–461.

36）データセットが「ノイズ」（変動性）に対して小さすぎたため、論理的結論、つまりロラッツがいうところの「思考実験」の結果を経験的に裏付けることはできなかった。

37）Irakli Loladze, "Hidden Shift of the Ionome of Plants Exposed to Elevated CO2 Depletes Minerals at the Base of Human Nutrition", *eLife*, 2014, 3, e02245.

38）Klementidis Y C, et al., "Canaries in the Coal Mine: A Cross-Species Analysis of the Plurality of Obesity Epidemics", *Proceedings Biological Sciences and the Royal Society*, Jun 2011, 7: 278, pp. 1626–32.

39）J O Hill, et al., "Obesity and the Environment: Where Do We Go From Here?", *Science*, Feb 2003 7:299, pp. 853–5.

第V部

1）Vybarr Cregan-Reid, "From perspiration to world domination – the extraordinary science of sweat" *The Conversation*,（theconversation.com/from-perspiration-to-world-domination-the-extraordinaryscience-of-sweat-62753）を参照。

第9章

2）以下を参照。International Telecommunications Union, "ICT Facts and Figures", https://www.itu.int/en/ITU-D/Statistics/Pages/stat/default.aspx（2018/6/14アクセス）; "Countries with the highest number of internet users as of June 2017（in millions）", www.statista.com/statistics/262966/number-ofinternet-users-in-selected-countries/; International Telecommunications Union, "ICT Facts and Figures 2017", www.itu.int/en/ITU-D/Statistics/Documents/facts/ICTFactsFigures2017.pdf; "Statistical bulletin: Internet users, UK: 2018", Office for National Statistics, www.ons.gov.uk/businessindustryandtrade/itandinternetindustry/bulletins/internetusers/2018.

3）以下を参照。RSI.org, RSI Awareness – Upper Limb Disorders: an Overview, rsi.org.uk/pdf/ULDs_Overview.pdf（accessed 26 October 2017）; "No progress over RSI injuries", news.bbc.co.uk/1/hi/health/7889091.stm（2017/10/26アクセス）; Pamela Brown, "Britain counts the cost of RSI and backache", thetimes.co.uk/article/britain-counts-the-cost-of-rsiand-backache-q5kwv7b6knx（2017/10/26アクセス）.

4）Peter Buckle and Jason Devereux, "Work-Related Neck and Upper Limb Musculoskeletal Disorders", *Applied Ergonomics*, May 2002, 33:3, pp. 207–17.

5）サセックス州の海沿いの町ライに引きこもった作家ヘンリー・ジェイムズの作品『メイジーの知ったこと』（一八九七、『ヘンリー・ジェイムズ作品集』国書刊行会刊）は、夫婦の醜い離婚の様子を子供の視点から描いた物語で、そのような内容の小説としては初の作品だったが、二通りの方法で書かれた小説としては初めてではなかった（ウィルキー・コリンズの『月長石』（東京創

元社刊）も、コリンズが幻痛を抑えるためにアヘン剤を大量に飲んだせいで、ペンと口述筆記の両方で書かれた）。ジェイムズは、膨大な量の文章を書くのは苦痛だと突然気づいて、頭に思い描いた小説の内容を口述筆記させるつもりでタイピストを雇った。誰もが感づいたとおり、その日を境にヘンリー・ジェイムズの文体は様変わりして、文が信じられないほど長くなり、必ずしもすべては必要のない情報がくどくどと並べられ、従属節が何重にも入れ子になり、主語の代わりに目的節が使われ、代名詞が混乱し、従属関係節が埋め込まれ、説明が冗長になり、全般的に息をつく箇所がなくなった。

口述筆記者を雇う前のジェイムズは、完全に現代風の物書きで、立ちながら文章を書いていた。その独特の執筆スタイルだけでジェイムズの RSIを説明できそうにはないが、原因の一つではあった。その痛みは、複雑な比喩的表現と登場人物の意識の解剖的描写とが入り交じった、長くてあてどなくさまようジェイムズの文の遺伝子に書き込まれている。ジェイムズは口述筆記を続け、『厄介な年頃』（一八九九、あぽろん社刊）、『鳩の翼』（一九〇二、講談社刊）、『大使たち』（一九〇三、岩波書店ほか刊）、『金色の盃』（一九〇四、講談社ほか刊）を書いた。ヘンリー・ジェイムズはＲＳＩになったことで、遅まきながら形式主義を追求して次々に作品を発表し、極端なまでに多弁であることを知らしめたが、一九世紀の労働者としては驚くほど寡黙だった。

6）Arthur Munby, 21st August 1860, in Derek Hudson, *Munby, Man of Two Worlds: the Life and Diaries of Arthur J Munby, 1812-1910*（Cambridge: Gambit, 1974）, p. 71

7）William Dodd, *The Labouring Classes of England*（Boston: 1847）, p.116.

8）Health and Safety Executive, "Work-related Musculoskeletal Disorders（WRMSDs）Statistics in Great Britain 2017",（www.hse.gov.uk/statistics/より）. 以下も参照。www.rsiaction.org.uk（2018/6/14アクセス）; Lisa Salmon, "Why Repetitive Strain Injury is on the rise", www.irishnews.com/lifestyle/2016/01/27/news/rsi-becoming-increasinglycommon-experts-warn-389271/（2018/6/14アクセス）.

9）Chartered Society of Physiotherapy, "Sharp rise in rates of repetitive strain injury – physiotherapists call for urgent action by government and employers", www.csp.org.uk/press-releases/2008/02/26/sharprise-rates-repetitive-strain-injury-physiotherapistscall-urgent-act（2017/10/26アクセス）

10）Pierre Lemelin and Daniel Schmitt, "On Primitiveness, Prehensility, and Opposability of the Primate Hand: The Contributions of Frederic Wood Jones and John Russell Napier" in Tracy L Kivell, et al., *The Evolution of the Primate Hand: Anatomical, Developmental, Functional, and Paleontological Evidence*（Springer: New York, 2016）, pp. 5–13. F Wood Jones, *Man's Place Among the Mammals*（London: Edward Arnold, 1929）も参照。

11）Frederic Wood Jones, *Arboreal Man*（London: Edward Arnold, 1916）.

12）John Russell Napier, *Hands*（New York: Pantheon Books, 1980）.

エピローグ

1）『バック・トゥ・ザ・フューチャー』も『ブレードランナー』も、上空を空飛ぶ車が行き交うようになると予想していた。しかしどちらの映画も、人間がそれを運転しているという点では完全に間違っていた。我々が生きているうちにハンドルはますます存在意義を失い、数年のうちに自家用車やタクシーは機械が運転するようになるだろう。

2）もっと活動的な習慣を促す目的で、万歩計の役割を評価しようという初の本格的な研究が、アメリカのスタンフォード大学の研究チームによって行なわれた。それまでの膨大な研究結果を再調査したところ、万歩計を身につけると活動量が一日約二一〇〇歩増えることがわかった（Bravata, et al. "Using Pedometers to Increase Physical Activity and Improve Health: a Systematic Review", *JAMA* Nov 21, 2007を参照）。

3）「生命活動速度理論」というものが昔から唱えられている。一九〇八年に生理学者のマックス・ルブナーが最初に提唱したこの理論は、たとえばマウスとゾウの寿命のちがいを説明しようとするもので、代謝の遅い大きな動物ほど長生きするとしている。思い浮かべられる理想的な例として、ゾウガメは生きるペースが遅いぶん寿命が長く、一五〇年を超えるものも多い。しかし実情はかなり複雑で、目が回るくらい膨大な要因がかかわっている。もっと最近の研究によると、代謝がさかんなほど、有害なフリーラジカルの生成量は少ないようだという。

4）S F M Chastin, et al., "How Does Light-Intensity Physical Activity Associate With Adult Cardiometabolic Health and Mortality? Systematic Review With Meta-Analysis of Experimental and Observational Studies", British Journal of Sports Medicine, Apr 2018, 25.

5）Adam Rutherford, *A Brief History of Everyone Who Ever Lived: the Stories in Our Genes* (London: Weidenfeld & Nicolson, 2016)（『ゲノムが語る人類全史』、文藝春秋刊）.

6）Charles Dickens, *The Haunted Man, or the Ghost's Bargain* (London, 1848)（『憑かれた男』、あぽろん社刊）.

7）British Heart Foundation, Physical Inactivity and Sedentary Behaviour Report 2017.

8）Laura Donnelly and Patrick Scott, "Pill nation: half of us take at least one prescription drug daily", www.telegraph.co.uk/news/2017/12/13/pill-nation-half-ustake-least-one-prescription-drug-daily/; Mayo Clinic, "Nearly 7 in 10 Americans Take Prescription Drugs, Mayo Clinic, Olmsted Medical Center Find", newsnetwork.mayoclinic.org/discussion/nearly-7-in-10-americans-take-prescription-drugs-mayo-clinicolmsted-medical-center-find/（2016/5/15アクセス）.

9）"Global Health Observatory (GHO) data", www.who.int/gho/health_financing/en/

10）B B Gump and K A Matthews, "Are Vacations Good for Your Health? The 9-Year Mortality Experience After the Multiple Risk Factor Intervention Trial", *Psychosomatic Medicine Sep-Oct 2000*, 62:5, pp. 608–12.

11）American Institute of Stress, "Workplace Stress", www.stress.org/workplace-stress/

（2018/4/26アクセス）．
12）United States Department of Labor, "Workplace Violence", www.osha.gov/SLTC/workplaceviolence/,（2018/4/26アクセス）．
13）A C King, et al., "Identifying Subgroups of US Adults at Risk for Prolonged Television Viewing to Inform Program Development", *American Journal of Preventive Medicine*, Jan 2010, 38:1, pp. 17–26.
14）Samuel B Harvey, et al., "Exercise and the Prevention of Depression: Results of the HUNT Cohort Study", *American Journal of Psychiatry*, October 2017, 175:1, pp. 28-36.
15）Mike Rogerson, et al., "The Health and Wellbeing Impacts of Volunteering with The Wildlife Trusts", *Report for The Wildlife Trusts*, 2017.
16）N Rifai and P M Ridker, "Population Distributions of C-Reactive Protein in Apparently Healthy Men and Women in the United States: Implication for Clinical Interpretation", *Clinical Chemistry*, Apr 2003, 49:4, pp. 666–9.
17）Thomas W McDade, et al., "Analysis Of Variability of High Sensitivity C-Reactive Protein in Lowland Ecuador Reveals No Evidence of Chronic Low-Grade Inflammation". *American Journal of Human Biology 5*: pp., 675-81. 以下も参照。Thomas W McDade, et al., "Population Differences in Associations Between C-Reactive Protein Concentration and Adiposity: Comparison of Young Adults in the Philippines and the United States" *American Journal of Clinical Nutrition*, Apr 2009, 89:4, pp. 1237–1245; Thomas W McDade, "Early Environments and the Ecology of Inflammation, *PNAS*, Oct 2012, 16:109, pp. 17281– 17288.
18）The UN's Department of Economic and Social Affairs in "World population projected to reach 9.7 billion by 2050" estimates the population by 2100 as being 11.2 billion. ww.un.org/en/development/desa/news/population/2015-report.html（2018/6/15アクセス）を参照。

参考文献

Charles Dickens, *Our Mutual Friend* (London: 1864)（『我らが共通の友』、筑摩書房刊）
Thomas More, *History of King Richard Ⅲ* (London: 1557)（『リチャード三世伝』、千城刊）
Ian Tattersall and Jeffrey H Schwartz, *Extinct Humans* (Boulder: Westview, 2000).
Charles Darwin, *The Descent of Man* (London, 1871)（『人間の由来』、講談社ほか刊）
Andrew Whiten, "The Evolution of Deep Social Mind in Humans" in *The Descent of Mind: Psychological Perspectives on Hominid Evolution*, eds. Michael Corballis and Stephen E G Lea (Oxford: Oxford University Press, 1999)
Wilfred G Lambert, *Babylonian Wisdom Literature* (Oxford: Oxford University Press, 1960)
Jonathan Swift, *Gulliver's Travels* (London: Penguin, 2003)（『ガリバー旅行記』、角川書店ほか刊）
Dan Buettner, *The Blue Zones: Nine Lessons for Living Longer from the People Who' ve Lived the Longest* (Washington DC: National Geographic Society, 2008)（『ブルーゾーン――世界の100歳人に学ぶ健康と長寿のルール』、ディスカヴァー・トゥエンティワン刊）
Roger Corder, *The Wine Diet* (London: Sphere, 2009)
Charles Dickens, *Oliver Twist* (Oxford: Oxford University Press, 1998)（『オリヴァー・ツイスト』、新潮社ほか刊）
Friedrich Engels, *The Condition of the Working Class in England* (London: Penguin, 2009)（『イギリスにおける労働者階級の状態』、岩波書店刊）
William Cowper, *The Task: a Poem, in Six Books* (London: 1785)（『ウィリアム・クーパー詩集――『課題』と短編詩』、慶応義塾大学法学研究会刊）
Charles Dickens, *Hard Times, for These Times* (London: Penguin, 1995)（『ハード・タイムズ』、あぽろん社ほか刊）
Thomas Carlyle, Chartism (London, 1839); *Signs of the Times* (London, 1829); *Latter - Day Pamphlets* (London, 1850); *Past and Present* (London, 1843), Chapter 4 "Captains of Industry"（『カーライル選集』、日本教文社）
John Ruskin, The Stones of Venice, in Ruskin, *The Works of John Ruskin*, eds Edward Tyas Cook and Alexander Wedderburn, 39 vols. (London: George Allen, 1903-12)（『ヴェネツィアの石』、法藏館ほか刊）. John Ruskin, *Seven Lamps of Architecture* (London: George Allen, 1903)（『建築の七灯』、岩波書店ほか刊）
William Morris, *News from Nowhere and Other Writings* (London: Penguin, 1993)
William Dodd, *The Labouring Classes of England* (Boston: 1847)
Edward W Duffin, *On Deformities of the Spine* (London, 1848)
Wojciech Jastrzebowski, *An Outline of Ergonomics or Science of Work based upon truths*

drawn from the science of nature（London, 1857）（『エルゴノミクス概説――自然についての知識から導かれる真理に基づく労働の科学』、公益財団法人大原記念労働科学研究所の機関誌「労働科学」に論文として所収）

Roger Bacon, *The "OPUS MAJUS" of Roger Bacon*, edited by John Henry Bridges（Oxford, 1897）.

Jane Austen, *Pride & Prejudice*（London: Penguin, 1996）（『高慢と偏見』、光文社ほか刊）

Charlotte Brontë, *Shirley*（London: Penguin, 2006）（『ブロンテ全集』、みすず書房ほか刊）

Thomas Malthus, *Essay on the Principle of Population*（London, 1798）（『人口論』、光文社ほか刊）

Benjamin Disraeli, *Sybil, or the Two Nations*（London, 1845）.

E M Forster, *Howards End*（London: Edward Arnold, 1910）（『ハワーズ・エンド』、集英社ほか刊）

Jill Cook, *Ice Age Art: the Arrival of the Modern Mind*（London: British Museum Press, 2013）.

Bernard de Mandeville, *The Fable of the Bees: or, Private Vices, Public Benefits*（London, 1705）（『蜂の寓話――私悪すなわち公益』、法政大学出版局刊）

Bradshaw's Handbook to the Manufacturing Districts（London, 1854）.

図版クレジット

p.25, 28 Author: Dbachmann, CC BY-SA 4.0, Wikimedia Commonsより

p. 67 "Ohalo II H2: A 19,000-year-old skeleton from a water-logged site at the Sea of Galilee, Israel", I Hershovitz, M S Speirs, D Frayer et al, *American Journal of Physical Anthropology* © 2005 John Wiley and Sonsより

p. 71左 Des Bartlett/Science Photo Library

p. 71右 Sabena Jane Blackbird/Alamy Stock Photo

p. 123, 163, 164 On Deformities of the Spine, Edward W Duffin, John Churchill, London 1848より

p. 139左 DeAgostini/Getty Images

p. 139右 Vybarr Cregan-Reid

p. 145 CC0, Wikimedia Commonsより

p. 147 liliegraphie/123RF

p. 171 Science Museum, London/Wellcome Collection CC BY SA 4.0

p. 254, 281 左、右 Vybarr Cregan-Reid

p. 283 "Human hand-like use in Australopithecus Africanus – finger density", Matthew M Skinner et al, 2015より。The American Association for the Advancement of Scienceの許諾を得て再掲

［著者］
ヴァイバー・クリガン＝リード（Vybarr Cregan-Reid）
英ケント大学准教授。専門は環境人文学と19世紀英文学だが、扱うテーマは人類史、古典文学、健康、環境問題まで幅広い。ケント大学の名物教授として学生に絶大な人気をほこり、2015年には同大の「ベスト・ティーチャー賞」を受賞。ガーディアン紙、インディペンデント紙、ワシントン・ポスト紙などに寄稿多数。
人類が生み出した文明の速度に、人類の進化が追いついていない問題を大胆に提起した本書『サピエンス異変』は、フィナンシャル・タイムズ紙の「2018年ベストブック」に選出され、BBCワールドサービスで番組化（全3回）が決定しているなど、大きな反響を呼んでいる。

［訳者］
水谷　淳（みずたに・じゅん） 担当：第Ⅳ部〜謝辞、および原注
翻訳家。東京大学理学部卒業、同大学院修了。訳書にバラット『人工知能 人類最悪にして最後の発明』、チャム&ホワイトソン『僕たちは、宇宙のことぜんぜんわからない』（以上、ダイヤモンド社）、アル＝カリーリ＆マクファデン『量子力学で生命の謎を解く』（SBクリエイティブ）、ブキャナン『歴史は「べき乗則」で動く』（早川書房）、ムロディナウ『この世界を知るための 人類と科学の400万年史』（河出書房新社）他多数。

鍛原多惠子（かじはら・たえこ） 担当：プロローグ〜第Ⅲ部
翻訳家。米国フロリダ州ニューカレッジ卒業（哲学・人類学専攻）。訳書にコルバート『6度目の大絶滅』（NHK出版）、ニコレリス『越境する脳』、ワイナー『寿命1000年』、ソネンバーグ&ソネンバーグ『腸科学』（以上、早川書房）、リドレー『繁栄』『進化は万能である』（共訳、早川書房）、アル=カリーリ『サイエンス・ネクスト』（河出書房新社）他多数。

サピエンス異変（いへん）――新たな時代「人新世（じんしんせい）」の衝撃

2018年12月31日　第1刷発行
2019年3月22日　第2刷発行

著　者　ヴァイバー・クリガン＝リード

訳　者　水谷 淳・鍛原多惠子

発行者　土井尚道

発行所　株式会社飛鳥新社
〒101-0003　東京都千代田区一ツ橋2-4-3　光文恒産ビル
電話　03-3263-7770（営業）
　　　03-3263-7773（編集）
http://www.asukashinsha.co.jp

印刷・製本　中央精版印刷株式会社

ISBN 978-4-86410-662-7

装　幀　坂川朱音

編集担当　富川直泰